A g i l e
Software

스크럼

Development
with Scrum

Agile
Software

스크럼

Development

팀의 생산성을 극대화시키는 애자일 방법론

켄 슈와버·마이크 비들 지음 | 박일·김기웅 옮김

with Scrum

스크럼 - 팀의 생산성을 극대화시키는 애자일 방법론

초판 1쇄 발행 2008년 10월 3일 **5쇄 발행** 2020년 6월 29일 **지은이** 켄 슈와버, 마이크 버들 **옮긴이** 박일, 김기웅 **펴낸이** 한기성 **펴낸곳** 인사이트 **편집** 김강석 **제작·관리** 신승준, 박미경 **본문디자인** 디자인플랫 **출력·인쇄** 현문인쇄 **용지** 에이페이퍼 **후가공** 이레금박 **제본** 자현제책 **등록번호** 제2002-000049호 **등록일자** 2002년 2월 19일 **주소** 서울시 마포구 연남로5길 19-5 **전화** 02-322-5143 **팩스** 02-3143-5579 **블로그** http://blog.insightbook.co.kr **이메일** insight@insightbook.co.kr **ISBN** 978-89-91268-47-0 13560 책값은 뒤표지에 있습니다. 잘못 만들어진 책은 바꾸어 드립니다. 이 도서의 국립중앙도서관 출판예정도서목록(CIP)은 서지정보유통지원시스템 홈페이지(http://seoji.nl.go.kr)와 국가자료종합목록 구축시스템(http://kolis-net.nl.go.kr)에서 이용하실 수 있습니다(CIP제어번호: CIP2008002921).

차례

옮긴이 글 박일 • xi | 김기웅 • xiv

추천 글 김창준 • xvii | 로버트 C. 마틴 • xix | 마틴 파울러 • xxi

들어가는 글 • xxiii

1장 스크럼을 시작하며 ———————————— 1

스크럼이 사용되는 현장 ⋯⋯⋯⋯⋯⋯⋯⋯⋯⋯⋯⋯⋯ 4

스크럼에 대한 간략한 소개 ⋯⋯⋯⋯⋯⋯⋯⋯⋯ 12

스크럼에 대한 증언들 ⋯⋯⋯⋯⋯⋯⋯⋯⋯⋯ 16

제프 서덜랜드로부터 • 16 | 켄 슈와버로부터 • 26 | 마이크 비들로부터 • 29

이 책의 구성 ⋯⋯⋯⋯⋯⋯⋯⋯⋯⋯⋯⋯⋯⋯⋯ 32

2장 스크럼 준비 ———————————— 35

스크럼은 다르다 ⋯⋯⋯⋯⋯⋯⋯⋯⋯⋯⋯⋯⋯⋯ 35

소란스러운 프로젝트 ⋯⋯⋯⋯⋯⋯⋯⋯⋯⋯⋯⋯ 41

행동으로 소란을 잠재우다 ⋯⋯⋯⋯⋯⋯⋯⋯⋯ 42

자기 조직화 ⋯⋯⋯⋯⋯⋯⋯⋯⋯⋯⋯⋯⋯⋯⋯⋯ 44

경험적으로 반응하라 ⋯⋯⋯⋯⋯⋯⋯⋯⋯⋯⋯⋯ 45

프로젝트에 하루 단위의 가시성을 부여하기 ⋯⋯ 46

점진적인 제품 인도 ⋯⋯⋯⋯⋯⋯⋯⋯⋯⋯⋯⋯⋯ 47

3장 스크럼의 실천법 —————————— 49

스크럼 마스터 ·· 50

제품 백로그 ·· 52

　　제품 소유자 한 사람만이 제품 백로그를 관리한다 • 55

　　백로그를 개발하는 데 필요한 노력 추정하기 • 56

스크럼 팀 ·· 57

　　역동적인 팀 • 57 ｜ 팀의 크기 • 59

팀의 구성 ·· 59

팀의 책임과 권한 ·· 61

작업 환경 ·· 62

일일 스크럼 회의 ·· 64

회의실 만들기 ·· 66

닭과 돼지 ·· 66

회의 시작하기 ·· 67

일일 스크럼의 형식 ·· 69

장애 요소 식별하기 ·· 71

의사결정 ·· 72

후속 회의 개최하기 ·· 74

스프린트 계획 회의 ·· 75

스프린트 계획 회의의 개요 ··· 75

다음 스프린트의 목표 선정과 제품 백로그 확정 ··················· 76

스프린트 목표에 맞게 스프린트 백로그 정의하기 ················· 78

스프린트 ·· 80

제품 증분은 혼돈의 산물이다 ·· 81

방해 금지, 난입 금지, 잡상인 금지 ···································· 82

스프린트의 동작 메커니즘 ·· 83

비정상적인 스프린트 중단 ·· 85

스프린트 검토 ·· 86

4장 스크럼 적용하기 ───────────── 91

스크럼 실천하기 ───────────── 91
신규 프로젝트에서 스크럼 실천하기 • 92
진행 중인 프로젝트에서 스크럼 실천하기 • 94
엔지니어링 실천법 개선하기 • 95

협업을 통한 비즈니스 가치 구현 ───────────── 97
스크럼 관리의 예시 • 100

경험주의적인 관리 ───────────── 106
직접적인 관찰을 빈번하게 하라 • 108
백로그, 진척 상황 평가하기와 미래 예측하기 • 110

스프린트 관리하기 ───────────── 112
스프린트 성향 • 116

릴리스 관리하기 ───────────── 121
비용, 날짜, 품질, 기능 관리하기 • 124 │ 트레이드오프의 기본 원리 • 124

5장 왜 스크럼인가? ───────────── 129

일상의 잡음 ───────────── 130
시스템 개발 프로젝트에서 일어나는 잡음 ───────────── 132
왜 기존의 시스템 개발 방법론은 통하지 않나? ───────────── 137
왜 스크럼은 될까? ───────────── 146
사례 연구 ───────────── 150

6장 왜 스크럼은 통할까? ───────────── 153

스크럼 이해하기 ───────────── 153
신제품 개발이라는 관점 ───────────── 155
리스크 관리와 예측의 관점 ───────────── 159
패러다임 전환적 관점 ───────────── 161
지식 생성의 관점 ───────────── 162

복잡계 과학의 관점 ·· 165

   정의 · 165 ㅣ 특징 · 166 ㅣ 스크럼 조직, 프로세스, 규칙 · 169

인류학적 관점 ··· 172

시스템 역학적 관점 ·· 174

정신 분석적 관점 ··· 176

럭비의 메타포 ··· 177

7장 스크럼 적용 고급편 ——————— 179

여러 프로젝트가 연관되어 있는 곳에 스크럼 적용하기 ·········· 179

첫 번째 애플리케이션 ··· 180

재사용성 ··· 182

초기 설정과 공용 자원 스크럼 팀 ·· 183

두 번째 애플리케이션 개발하기 ·· 185

더 많은 애플리케이션 개발하기 ·· 187

각 기법에 대한 복습 ··· 187

스크럼을 더 큰 프로젝트에 적용하기 ······································· 188

동작하는 첫 프로토타입과 최초 개발팀 ···································· 189

재사용성 ··· 190

   초기 설정과 공용 자원 스크럼 팀 · 190

   두 번째 개발팀을 통해 개발하기 · 191

   더 많은 내부 개발팀을 통해 개발하기 · 192

   여러 연관된 프로젝트에 대한 사례 연구: 연금 보험회사 · 192

변화의 서막 ·· 195

   두 번째 애플리케이션 · 197

더 많은 애플리케이션들 ··· 198

큰 프로젝트에서의 사례 보고 : 아웃소싱 회사 ·························· 198

8장 스크럼과 조직 —————————————— 205

조직에 미치는 영향 ····························· 205

장애물 예 1 ································· 207

변화를 이끌어내는 스크럼 마스터 ················ 208

장애물 예 2 ································· 210

장애물 예 3 ································· 211

계속 지켜보기 ······························ 212

장애물 예 4 ································· 212

장애물 예 5 ································· 213

조직의 침해 ································· 214

장애물 예 6 ································· 215

스크럼과 사명 ······························ 216

9장 스크럼의 가치 —————————————— 217

자발적 헌신 ································· 218

집중 ····································· 220

개방성 ···································· 223

존중 ····································· 225

용기 ····································· 227

참고문헌 • 229

찾아보기 • 232

이 책을 제프 서덜랜드, 켄트 벡 그리고 나의 가족들에게 바친다.

그들 없이는 이 책이 나올 수 없었다.

– 켄 슈와버 –

내게 사랑과 인내를 보여주고 영감을 주었던 로라, 데이비드

그리고 다니엘에게 이 책을 바친다.

– 마이크 비들 –

"자, 11시입니다. 모여주세요." 리니지2 개발팀은 2년 전 스크럼을 도입한 후로 아침마다 다 같이 모여 일일 스크럼 회의를 합니다. 일일 회의에서는 책에서처럼,

1. 따로 회의실을 잡지 않고

2. 일어선 채로 최대 15분을 넘기지 않고

3. 어제 한 일과 오늘 할 일, 일하는 데 방해가 되는 것 세 가지를 돌아가며 얘기합니다.

이렇게 쉬워 보이는 실천법 덕분에, 스크럼이라는 단어는 소프트웨어 개발 회사와 게임 개발사에서 큰 인기를 끌고 있습니다. KGC(Korea Game Conference) 2007에서 애자일과 스크럼 관련 포럼에 패널로 참가했을 때 얼마나 많은 분들이 관심을 가지고 있는지를 몸으로 느낄 수 있었습니다. 특히, 주 4일 근무나 짝 프로그래밍 같은 급진적인(?) 주장 때문에 XP나 애자일 방법론의 도입을 꺼리던 회사에서도 스크럼만큼은 큰 저항 없이 도입하고 있습니다. 그것은 스크럼이 쉬우면서도 Agile의 장점과 기존 방법론의 장점을 동시에 가지고 있고, 무엇을 어떻게 해야 할지가 철학책 같은 느낌의 익스트림 프로그래밍(XP)보다는 스크럼이 훨씬 단순하고 명확하기 때문일 것입니다.

단순히 스크럼을 알고 싶다면 16장짜리 「Scrum in five minutes」같은 문서를 읽으시길 추천 드리며 『Scrum and XP from the Trenches』에서는 컬러 사진과 함께 어떻게 백로그를 만드는지, 번다운 차트는 어떻게 그리는지를 보실 수 있습니다. 둘 다 인터넷에서 쉽게 찾아보실 수 있습니다. 하지만, 이것만으로는 스크럼을 성공적으로 도입하기 어려울 것입니다.

왜냐고요? 스크럼은 딱히 명문화된 실천법이 없기 때문입니다. 일일 스크럼 회의, 번다운 차트, 백로그 같은 기본 개념은 같지만, 이것을 실제로 적용하는 과정에서는 각 팀마다 갖고 있는 개성에 따라 다양한 방법이 사용됩니다. 백로그를 예로 들어보면, 포스트잇에 할 일을 써서 사무실 벽에 붙여두는 팀도 있지만, 위키를 쓰거나, 심지어 엑셀로 정리를 하는 팀도 있습니다. 개발팀마다 고유하게 지닌 다양한 개성에 맞는 스크럼을 도입하려면, '어떻게'가 아닌 '왜'를 알아야 합니다. 그래서 이 책이 필요합니다.

『스크럼(Agile Software Development With Scrum)』은 단순히 실천법만 나열하는 책이 아닙니다. 오히려 실천법에 있어서는 정말 간단한 몇 가지만 언급하고 있습니다. 하지만, 이 책을 통해서 여러분은 저자들이 수십 년 간 여러 프로젝트를 해오면서, 때로는 팀이 크게 성공하기도 하고, 때로는 절망 속에서 프로젝트가 실패했던 경험을 생생하게 느끼실 수 있습니다. 그리고 그 과정에서 스크럼이 어떻게 생겨나고, 스크럼을 통해서 절벽 끝에 몰려 있던 팀이 성공적인 팀으로 거듭날 수 있었는지를 알게 됩니다. 경험 공유야말로 스크럼을 배울 수 있는 가장 좋은 방법입니다. 이를 통해, 스크럼의 겉모습이 아닌 정신을 팀에 적용할 수 있습니다. 또한, 복잡계 이론이나 지식변환(Knowledge Conversion) 같은 관련 지식도 덤으로 얻을 수 있습니다.

마지막으로, 스크럼이나 애자일이 팀의 목표가 되어 가는 건 아닌지를 항상 조심해야 합니다. 책에서도 여러 번 강조합니다만, 팀의 목표는 프로젝트의 성공이고 가치 창출이지, 외견상 드러나는 새로운 방법론의 성공적인 도입만

이 되어서는 안 됩니다. 팀이나 회사의 분위기상 Waterfall 방식이 프로젝트의 성공에 더 적합하다면 주저하지 말고 그 방식을 이용해야 합니다. 또한, 팀원들에게서 스크럼이나 애자일 방법론을 도입해 보자는 얘기를 듣게 된다면, 왜 그런 얘기가 나오는지를 먼저 생각해봐야 합니다. 정말 새로운 방법론을 도입해서 프로젝트를 더 성공적으로 만들고 싶어서인지, 아니면 야근에 지쳐 애자일이 약속하는(혹은 약속하는 것처럼 보이는) 행복한 인간 중심의 개발 환경을 원해서인지를 살펴봐야 할 것입니다.

스크럼을 꾸준히 지속해 온 리니지2 개발팀 덕분에 스크럼의 장점을 실제로 느낄 수 있었고, 소신 있게 이 책을 번역할 수 있었습니다. 베타리딩을 해주신 심우근, 한주영, 황승현, 남기룡, 황상철, 조동환 님께 감사드립니다. 원문 전체를 번역본과 비교해 가면서 꼼꼼히 챙겨주신 인사이트 김강석 님과 한기성 사장님 그리고 어려운 문장의 번역을 도와준 친구 테드(Ted)에게도 감사합니다. 저를 후원해 주시는 부모님과 옆에서 힘이 되어주는, 사랑하는 유영에게도 감사의 마음을 전합니다.

책에 대한 질문이나 오류 문의, 스크럼에 대한 토론 등은 http://andstudy.net 위키나 인사이트 이메일(insight@insightbook.co.kr)을 이용해 주세요. 감사합니다.

박일 드림

'스크럼'을 여러분께 소개하게 되어서 무척 기쁩니다. 이 기회를 통해 여기서는 제가 스크럼을 직접 실천하거나, 다른 사람들이 실천하도록 도와주는 과정에서 얻게 된 교훈들을 공유하고자 합니다.

스크럼을 도입하는 데 있어서, 가장 중요한 것은 믿음입니다. 그 이유는 무수한 반대들에 직면하여, "내가 틀린 것은 아닐까?"라는 자기 회의에 빠지기 쉽기 때문입니다. 만약 그런 상황이 닥친다면, 다음을 추천 드립니다.

- 스스로 실천해보고, 확신을 가지세요. 여러분이 믿지 못한다면, 그 누구도 설득시킬 수 없습니다. 반면에 여러분이 모범을 보이면, 따라오는 동료들도 생겨납니다.

- 관련 모임에 참석하세요. 그곳에서 "넌 미치지 않았어."라고 확인해줄 사람들을 만나 보세요. (만약 시간이 없다면, 관련 메일링 리스트나 블로그를 활용하는 방법도 있습니다.)

- "상식은 보편적이지 않다(Common sense isn't common)."는 말을 기억하세요.

후원자를 찾으세요. 후원자는 당신을 지지하고 방어해주는 사람을 말합니다. 그는 누구나 다 알만한 업적을 가진 임원일 수도 있고, 신뢰할 만한 동료이거나, 바로 옆에 있는 유능한 부하직원일 수도 있습니다. 중요한 것은, 그가 여러분의 시도가 외압으로 꺾이는 것을 막아주고, 필요한 자원들을 제공해주며, 정신적으로 탈진해 있을 때 사기를 북돋워준다는 점입니다.

연착륙을 시도하세요. 이상적으로 어떻게 해야 하는지에 대해서 이야기하는 책은 많습니다. 그러나 여러분의 상황에서 실제로 지금 당장 어떻게 해야 하는가를 알려주는 책은 어디에도 없습니다. 따라서 중간 단계(baby steps)를 신중하게 설정하는 것은 매우 중요합니다.

- 작게 시작하세요. 절대로 하루아침에 회사 전체에 적용하려고 하지 마세요. 자신부터 시작해서, 같이 일하는 동료, 그와 일하는 다른 동료······ 이런 식으로 서서히 퍼져나가도록 하십시오.

- 할 수 있는 것부터 시작하세요. 완벽하게 하려고 미루다가 하지 않는 것보다는 작은 거라도 일단 실천하는 게 좋습니다. 프로그래머라면 자신의 코드에 단위 테스트를 삽입할 수 있고, 프로젝트 관리자라면 일일 스크럼 회의를 할 수 있습니다. 예를 들어, 이른 아침, 함께 일하는 동료에게 커피를 한잔 건네면서, 어제 한 일과 오늘 하려는 일을 물어보세요. 그게 시작입니다.

- 이름 없이 시작하세요. 많은 사람이 변화를 싫어합니다. 그게 거창한 이름을 달고 있다면 더욱더 그렇습니다. 낯선 용어, 특히 영어로 된 용어는 절대 사용하지 마세요.

- 호의적인 사람들에 집중하세요. 변화에 부정적인 사람을 변화시키려고 하면, 그 사람도 괴롭고 여러분도 많은 에너지가 소모됩니다. 반면에 호의적인 사람에게 집중하면, 그 사람도 즐겁고 훨씬 적은 수고로도 성과를 닐 수 있습니다. 그리고 다른 사람들도 하나 둘씩 호의적으로 변해갈 것입니다.

가치에 집중하세요. 스크럼을 한마디로 정의하면, "피드백을 좀더 일찍, 좀

더 자주, 좀더 많이, 좀더 지속적으로 주고받자."라고 할 수 있습니다. 스크럼은 그것을 통해서 장애물을 적시에 시각화하고, 상식을 적용해서 문제를 해결해 나갑니다. 나머지는 이것을 어떻게 보다 효과적이고, 효율적으로 실천할 것인가를 풀어놓은 것에 지나지 않습니다.

마지막으로 이 책이 나올 수 있게 도와주신 분들께 감사드립니다. 제가 지쳐있을 때, 이 책의 상당량을 번역해주신 박일 님, 그리고 저를 믿고 원고를 기다려주신 인사이트의 김강석 님과 한기성 사장님께도 감사드립니다. 더불어 이 책을 번역하는 사이에 소천하신 이철 님을 기립니다. 멘토이자 형, 그리고 친구였던 당신이 없었다면, 저의 인생은 많이 달라졌을 겁니다.

질문이 있으신 분은 betterways.tistory.com이나 agile4kay@gmail.com 혹은 인사이트 이메일(insight@insightbook.co.kr)을 통해서 연락주시기 바랍니다.

김기웅 드림

스크럼은 단순하다. 전체 규칙을 설명하는 데에 10분도 안 걸리는 방법이다. 스크럼을 설명하는 데에 한 권의 책이 필요하다는 것 자체가 이상할 정도이다. 하지만, 사실 스크럼의 규칙을 모두 알게 되는 데에는 10분이 걸리지만, 스크럼의 철학과 "왜"를 이해하는 데에는 10일이 걸릴 수도 있고, 스크럼을 제대로 행하는 데에는 10주가 넘게 걸릴 수도 있다. 그렇지만 여전히 스크럼은 간단하다.

간단하다는 것은 많은 이들에게 매력으로 작용한다. 사람들은 스크럼을 우습게 본다. 그 정도의 변화라면 나에게 뭐 해가 될 게 없겠지 하고 안심하고 시작한다. 하지만 사실 그렇지 않다. 스크럼은 간단해 보이지만 사실 엄청난 변화를 요구한다.

스크럼을 적용하면 순식간에 문제점들이 많아진다. 스크럼이 만든 문제가 아니다. 이제까지 땅속에 묻어뒀던 문제들이다. 하지만 그것은 발전이다. 묻어둔 문제를 파내는 것 자체가 발전이다. 이제는 그 문제를 합심하여 해결하기만 하면 된다. 하지만 이를 위해서는 썩어 문드러진 고약한 문제를 함께 해결할 의지가 있어야 한다. 그것이 스크럼에서 가장 어려운 부분이다.

그렇지만 여전히 스크럼 초심자에게 저항감을 덜 느끼게 한다는 것은 큰 장점이다. 그래서 스크럼은 비교적 쉽게 퍼졌다. 국내에서도 스크럼을 사용하는 조직이 많이 있다. 하지만 국내에 스크럼의 고전이라고 불리는 이 책이 번역되질 않았었다. 그런 중에서도 스크럼이 많이 퍼질 수 있었던 것은 역시 스크럼의 단순성 덕분이다. 이 책을 통해 국내에 더 많은 스크럼이 퍼지길, 그래서 더 많은 문제를 발굴할 수 있기 바란다.

마지막으로 번역에 대해 한마디. 이 책을 번역한 박일 님과 김기웅 님은 꽤 오래전부터 자신이 속한 회사에서 애자일을 몸소 실천해 왔다. 그런 분들이 이 책의 번역을 맡아 무척 다행이라고 생각했다. 일반적 기술서적과 달리 번역이 어려웠을 것이라 생각이 드는데, 여러 차례에 걸쳐 교정을 하면서 많은 노력을 쏟아 부었던 것 같다. 사명감이 없으면 할 수 없는 일이다. 번역자들에게 박수를 보낸다.

애자일 컨설팅 대표
김창준

"우리는 일을 통해서 자신의 고양(高揚)을 경험할 수 있고, 또 그래야만 한다." 애자일 소프트웨어 프로세스에 대한 가장 합리적이면서 실용적인 책 중 하나인 『스크럼 : 팀의 생산성을 극대화시키는 애자일 방법론(원제 : Agile Software Development with Scrum)』은 이런 문장으로 시작합니다.

소프트웨어 프로세스는 이 시대의 가장 뜨거운 화제 중 하나입니다. 익스트림 프로그래밍(eXtreme Programming, 이하 XP), 적응형(Adaptive) 소프트웨어 개발, 크리스탈 클리어(Crystal Clear), RUP(Rational Unified Process) 등과 같은 여러 프로세스들이 등장했습니다. 또한, 방해받지 않고 일할 수 있게 해 주는 인간 중심적인 소프트웨어 프로세스의 보급을 목표로 애자일 동맹(Agile Alliance)이 발족되었습니다. 프로세스 관리 그 자체만을 위한 상용 소프트웨어 제품도 나왔습니다. 이런저런 프로세스들을 찬양하는 (수백 가지는 아니더라도) 수십 개의 관련 도서, 강연, 강좌와 기사들도 보아왔습니다.

이런 소란 속에서, 켄 슈와버(Ken Schwaber)와 마이크 비들(Mike Beedle)은 스크럼(Scrum)을 소개하려고 합니다. 스크럼은 이미 성공적인 적용 사례들이 있는 애자일 소프트웨어 개발 기법입니다. 여러분은 이 책을 통해서 스크럼의 탄생 과정과 스크럼을 통해 개발했던 프로젝트들에 대해 알게 될 것입니다. 요구사항이 금세 변경되는 상황에서 저자들이 프로젝트를 완수하기 위해 어떻게 해왔는지, 그리고 그 중에서 어떤 것이 효과가 있었고, 어떤 것은 그렇지 않았는지, 즉 두 사람이 직면했던 문제들과 해법에 대해서도 알게 될 것입니다. 마지막으로 이런 성과를 어떻게 여러분이 처한 상황에 맞게 적용시킬 수 있을지에 대해서도 배울 수 있을 것입니다.

마이크와 켄은 이런 책을 쓰기에 둘도 없는 적임자입니다. 두 사람은 소프트웨어 분야에서 수십 년에 걸쳐 경력을 쌓아 왔습니다. 마이크는 여러 소프트웨어 프로젝트 관리자를 역임했고, 현재는 소프트웨어 컨설팅 업체를 운영하고 있습니다. 마이크는 수많은 프로세스 전장을 경험했기 때문에, 어떤 것이 효과가 있고, 어떤 것은 효과가 없는지를 잘 알고 있습니다. 한편 켄도 오랜 기간 동안 소프트웨어 프로세스와 관련된 일을 했습니다. 켄은 중량 소프트웨어 프로세스(heavyweight software process)를 자동화하는 소프트웨어 제품을 개발해, '방법론 자동화'(methodology automation)라는 산업을 만들어 냈습니다. 이런 경험을 바탕으로 켄은 기존의 개발 프로세스들이 실제 현장에서 소프트웨어를 만들어내는 데 적합하지 않다는 사실을 깨달았습니다. 이와 관련된 자세한 이야기는 뒤에서 보게 될 것입니다. 또한 켄은 수십 개의 프로젝트 팀을 도와 그들이 목표를 달성하게 한 유명한 경영 컨설턴트이기도 합니다.

이 책은 기업의 경영진, 소프트웨어 관리자, 프로젝트 리더와 프로그래머를 위해 쓰였습니다. 이 책은 그와 같은 자리에 있는 사람들이 스크럼의 단순하면서도 효과적인 원칙과 기법을 어떻게 적용할 수 있는지에 대해 분명한 어조로 설명하고 있습니다. 만약 여러분이 프로젝트를 완수해야 하는 상황에서 필요할 때 도움이 되고, 프로젝트가 정체된 상태에서 빠져나올 수 있게 해 주는 프로세스를 써 보고 싶다면, 이 책을 꼭 읽어보시길 바랍니다. 분명 경험을 통해 고양될 수 있는 촉매 역할을 할 것입니다.

로버트 C. 마틴(Robert C. Martin)

추천 글

저는 18살에 고등학교를 마치고, 대학에 진학하기 전에 일 년 동안 일을 했습니다. 그리그 대학에서 전자 공학을 전공하면서 공학적인 접근법을 통해 무언가를 만들어 내는 법을 배웠습니다. 대학을 졸업하고 소프트웨어 개발을 시작했을 때에는, 시각적인 모델을 이용한 방법론(graphical modeling methodologies)에 매료되었는데, 이런 방법론들이 공학 분야의 지식을 소프트웨어 개발에 응용하는데 도움을 주었기 때문입니다.

공학적 접근법의 핵심은 설계(design)와 시공(construction)의 분리입니다. 시공은 작업의 대부분을 차지하고, 예측 가능한 프로세스입니다. 그러나 시간이 지나면서 이런 구분이 제가 소프트웨어를 개발하는데 있어 그다지 유용하지 않다는 것을 알게 되었습니다. 설계와 시공, 두 부분으로 분리시키기 위해서는 실제 소프트웨어 개발에 별 필요도 없는 태스크를 엄청 많이 해야 했습니다. 게다가 시공 작업은 예측이 불가능했고, 설계 단계 역시 공학적 접근법이 예상한 것보다 훨씬 오래 걸렸습니다.

제 2장에서, 켄은 듀폰(DuPont)의 프로세스 엔지니어링 전문가들과 만나 이런 사실을 뼈저리게 느낀 순간을 묘사합니다. 이를 통해 켄은 명시적인(defined) 프로세스와 경험주의적인(empirical) 프로세스와의 차이점을 배우고, 경험주의적인 프로세스를 활용해서 소프트웨어 개발을 제어할 필요가 있음

을 깨닫게 됩니다.

소프트웨어 개발의 본질에 대해서 이런 의문을 제기한 사람이 우리 둘 밖에 없는 것은 아닙니다. 이미 경험주의적인 접근법을 바탕으로 하는 소프트웨어 프로세스, 즉 애자일 방법론(Agile Methodologies)이라 불리는 진영에서 이러한 활동이 활발해지고 있습니다.

소프트웨어 프로젝트는 상황에 맞게 제어되어야 합니다. 많은 이들이 명시적인 프로세스에서 벗어나게 되면 프로젝트가 혼돈에 빠질 것이라고 걱정합니다. 그러나 켄은 듀폰에서 프로세스가 미리 명시적으로 정의되지 않아도 제어할 수 있다는 것을 배웠습니다. 켄과 마이크는 이 책을 통해 프로세스를 사전에 명시하지 않고도 제어할 수 있는 방법을 하나 제시합니다. 스프린트(sprint), 스크럼 회의(scrum meeting)와 백로그(backlog) 같은 실천법은 스크럼을 적용했던 사람들이 혼돈에 빠진 프로젝트를 제어하기 위해 사용했던 기법입니다.

앞으로 우리는 스크럼에 대한 수요가 증가하고, 스크럼을 적용하는 많은 프로젝트를 보게 될 것입니다. 소프트웨어 개발 과정을 통제하는 것은 늘 어렵습니다. 최근의 연구들은 프로젝트의 실제 개발 기간이 처음 추정의 평균 두 배에 다다른다는 것을 보여줍니다. 스크럼의 가장 중요한 핵심은 명시적인 프로세스를 위해 설계된 시스템으로 경험주의적인 프로세스를 통제하려 든다면 실패할 수밖에 없다는 점입니다. 소프트웨어 프로젝트의 대부분이 본질적으로 경험주의적이어서 스크럼 같은 프로세스가 필요하다는 사실이 점점 분명해지고 있습니다. 변화하는 비즈니스 세계에서, 그리고 요구사항이 어렵고 불확실한 상태에서 프로젝트를 맡고 있거나, 소프트웨어를 구매해야 한다면 스크럼 같은 기법이 필요할 것입니다.

마틴 파울러(Martin Fowler)

들어가는 글

우리는 이 책을 쓸 때 독자를 세 부류로 가정했다. 첫 번째 독자층은 애플리케이션 개발 관리자인데, 소프트웨어 개발에 내재된 리스크를 완화하는 동시에 짧은 개발 기간 내에 제품을 인도해야만 하는 부류다. 두 번째 독자층은 넓은 의미에서의 소프트웨어 개발 커뮤니티다. 그들에게 보내는 이 책의 메시지는 심오하다. **스크럼은 우리가 소프트웨어를 작성하거나 구성할 때마다 그 소프트웨어가 이전과는 다른 새로운 제품이 된다는 가정을 바탕으로 한 새롭고 보다 정확한 소프트웨어 개발법이다.** 일단 이 전제를 이해한 뒤 수용하고 나면, 소프트웨어가 많은 연구와 창조성을 필요로 한다는 결론에 도달하는 것은 어렵지 않다. 따라서 스크럼은 소프트웨어 개발에서 발생하는 리스크와 불확실성을 감소시키는 동시에 자기 조직적인 구조(self-organizing structure)를 만들어내는 새로운 실천법이다.

마지막으로 우리는 일반적인 독자들, 다시 말해서 변화가 끊임없이 일어나고 예측 불가능한 사건들이 발생하곤 하는 프로젝트에 관련된 사람들을 위해서 이 책을 썼다. 이런 분들에게 스크럼은 변화를 오히려 즐기고, 예상치 못한 일에도 쉽게 적응할 수 있게 하면서 프로젝트를 완료시키는 범용적인 프로젝트 관리 시스템을 제공한다.

이 책에서 말하는 '새로운 제품(new product)'으로서의 소프트웨어는 지난

20년간 소프트웨어 산업의 표준으로 받아들여졌던 '공산품(manufactured product)'으로서의 소프트웨어와는 근본적으로 다르다. 제조업 방식의 소프트웨어 개발 기법에서는 명시적이고 반복 가능한 프로세스나 조직, 개발자의 역할 규정을 통해 예측이 가능하다고 가정한다. 반면 스크럼에서는 프로세스와 조직, 그리고 개발 관련 역할들이 창발적이지만 통계적으로 예측 가능하다고 가정한다. 그리고 그러한 것들은 단순한 실천법과 패턴, 규칙을 적용할 때 생기게 된다고 가정한다. 사실 스크럼은 제조업 방식의 프로세스보다 훨씬 더 예측 가능하며 효과적이다. 그 이유는 스크럼의 패턴과 규칙들 그리고 실천법을 꾸준히 적용하면 그 결과물이 언제나 1) 더 생산적이며 2) 적응성(adaptability)이 높고 3) 리스크와 불확실성은 더 낮을 뿐만 아니라 4) 훨씬 더 사용하기 편하기 때문이다.

이 책에서 제공하는 사례들을 살펴보면, 스크럼으로 인해 얻게 되는 생산성 향상이 5~25% 정도가 아니라는 사실을 발견하게 될 것이다. 스크럼에서 생산성이 높다고 말할 때에는 종종 서너 자리, 즉 수백 퍼센트 더 높다는 것을 의미한다. 한편 적응성이 높다는 것은 급격한 변화에도 대처할 수 있다는 것을 의미한다. 이 책의 사례 연구들 중에는 한 분야에서만 사용되던 단순한 애플리케이션이 다양한 분야에 걸쳐 사용되는 복잡한 애플리케이션으로 새롭게 탈바꿈한 프로젝트도 있다. 스크럼은 프로젝트와 관련된 사람들을 편하게 해 주면서도 프로젝트는 잘 통제한다. 마지막으로 우리는 여러 사례 연구들을 통해서, 스크럼은 모든 관계자들이 프로젝트에 관련된 모든 것들을 일찍 그리고 자주 파악할 수 있게 해준다는 것을 보여주고자 한다. 동시에 그에 따라 프로젝트를 가능한 일찍 재조정할 기회들을 제공함으로써, 리스크와 불확실성을 감소시킨다는 것도 보여줄 것이다.

이 책 전반에서 우리가 전달하려고 하는 세 가지 핵심 사항은 다음과 같다. 1) 신제품 개발로서의 소프트웨어라는 새로운 사고방식이 왜 필요한지에 대한 이해 2) 이 새로운 사고방식과 많은 사례들을 이어주는 스크럼의 실천법에 대한 상세한 설명 3) 지난 6년간 얼마나 많은 사람이 스크럼을 통해서 다양한 종류의 프로젝트를 성공으로 이끌었는지 보여주는 수많은 사례 연구들.

이중 마지막 항목이 우리의 주장을 뒷받침해주는 설득력 있는 근거다. 스크럼의 성공은 눈부실 정도다. 현재 스크럼은 운영 소프트웨어 시장에서 수십억 달러를 만들어내고 있으며, 그 분야는 재무, 비즈니스, 은행, 통신, 공제 조합, 건강 관리, 보험, 전자상거래, 제조업 그리고 심지어는 과학에 이르기까지 매우 다양하다.

여러분이 좀더 예측 가능하고 더욱 편안하면서 훨씬 생산성이 높은 개발 환경에서 일하길 소망하는 일개 개발자이든지 혹은 결과적으로 소프트웨어를 확실하게 개발할 수 있는 방법론을 원하는 관리자이든지 간에, 우리는 이 책의 독자인 여러분이 스크럼의 혜택들을 누릴 수 있길 바란다.

마지막으로 이 책을 검토해주었던 마틴 파울러, 짐 하이스미스(Jim High-smith), 켄트 백, 그랜트 헥(Grant Heck), 제프 서덜랜드, 앨런 버핑턴(Alan Buffington), 브라이언 매릭(Brian Marick), 게리 폴리스(Gary Pollice)와 토니 디안드레아(Tony D'Andrea)에게 감사한다. 켄은 개인적으로 크리스, 캐리와 발레리에게, 마이크는 로라, 데이비드, 다니엘과 사라에게 감사하고 싶다. 또한 물론 스크럼의 성립에 많은 공헌을 한 제프 서덜랜드와 우리가 이 책을 쓰길 촉구했던 켄트 벡만큼이나 프렌티스 홀(Prentice Hall) 출판사의 담당 편집자인 앨런 앱트, 로버트 마틴에게도 감사의 말을 전한다.

시카고에서 마이크 비들

보스턴에서 켄 슈와버

스크럼을 시작하며

오늘날과 같이 경쟁이 치열하고 급변하는 신제품 개발 경쟁 속에서 속도(speed)와
유연성(flexibility)은 필수이다. 점점 더 많은 기업들이 순차적으로 신제품을 개발하는 전통적인
방법이 별 효과가 없다는 사실을 깨닫고 있다. 대신 일본과 미국의 기업들은 전체성을 지향하는
기법(holistic method)을 사용하는데, 이것은 럭비 경기에서 팀 동료들 간에 공을
재빨리 돌려서 전체 팀이 경기장에서 마치 한 몸처럼 움직이는 것과 비슷하다.[1]

이 책은 시스템 개발 프로세스 관리에 대해서 근본적으로 전혀 다른 접근법을
제시한다. 스크럼은 공정 제어 이론(process control theory)을 바탕으로 한 경험
주의적인(empirical) 접근법을 사용하며, 이 접근법은 시스템 개발에 유연성, 적
응성, 생산성을 재도입했다. 우리가 '재도입(reintroduces)'이라는 표현을 사용
하는 이유는 이런 가치들이 지난 20년 동안 대부분 유실되었기 때문이다.

 이 책은 시스템을 구축하는 데 스크럼을 사용했던 우리의 경험을 설명하는
실무적인 책이다. 이 책에서는 사례 연구들을 통해 스크럼을 기반으로 하는
프로젝트와 관리가 어떤 것인지 '감'을 갖도록 해준다. 그런 다음, 여러분들

---

1 『하버드 비즈니스 리뷰』의 허가 하에 재인용: 「신제품 개발 경쟁의 새로운 국면」, 타케우치 히로타카
  (Hirotaka Takeuchi), 노나카 이쿠지로(Ikujiro Nonaka), 1986년 1월. 1986년부터 하버드 비즈니스
  스쿨이 모든 권리를 보유하고 있음.

이 프로젝트에서 사용할 수 있는 기초적인 실천법들을 보여줄 것이다.

제5장과 제6장에서는 왜 스크럼이 효과가 있는지 설명한다. 이 두 개 장의 목적은 시스템을 구축하는 최선의 방법에 대한 근거 없는 논쟁을 끝내려는 것이다. 산업 공정 제어 이론은 역설적으로 왜 스크럼은 효과가 있고, 다른 접근법들은 성공하기 어려울 뿐만 아니라 부적합한지를 증명해준다. 제5장과 제6장에서는 공정 제어 이론이 시스템 개발에 대해서 무엇을 말하고 있으며 이러한 규율과 이론으로부터 스크럼이 어떻게 생겨났는지에 대해서 설명한다. 또한 시스템 개발과 관련된 전문 용어와 프레임워크도 소개한다. 시스템 개발에 대한 경험주의적이고 현실 적응적인 접근법은 이 전문 용어와 프레임워크를 살펴봄으로써 점점 풍부해질 수 있다.

스크럼 [Takeuchi and Nonaka]은 일본에서부터 사용하기 시작한 제품 개발 프로세스의 한 유형을 가리키는 용어다. 이 용어는 노나카 이쿠지로와 타케우치 히로타카가 생산성에서 경쟁자들을 압도하는 일부 기업들의 제품 개발을 설명하기 위해 1987년에 처음으로 사용하기 시작했다. 스크럼은 럭비에서 공이 경기장 바깥으로 나가서 플레이를 다시 시작할 때 취하는 전술 대형[2]을 말한다. 스크럼이 배제하려고 하는 제품 개발 프로세스와 럭비 경기 사이의 유사성 때문에 우리는 스크럼이라는 이름에 반해 버렸다. 둘 다 현실 적응적이고, 기민하며, 자기 조직적이다. 쉴 틈이 별로 없다.

---

2 (옮긴이) 경기 흐름이 일시적으로 중단되었거나 사소한 반칙이 발생되었을 경우, 양측 선수들은 안전하고 공정하게 경기를 재개하기 위해 스크럼을 형성한다.

시스템을 구축한다는 것은 어려운 일일 뿐 아니라, 점점 더 어려워지고 있다. 많은 수의 프로젝트들이 초기에 약속했던 비즈니스 가치들을 만들어내는데 실패하곤 한다. IT 산업을 더욱 안정적이고 예측 가능하게 만들고자 하는 무수한 노력에도 불구하고 통계적으로 볼 때, 그 부분은 그다지 향상되지 않았다. 한편 몇몇 연구에 의하면 예산을 훨씬 초과하는 프로젝트가 전체의 2/3에 달하는 것으로 밝혀졌다 [McConnell].

우리는 복잡하고 긴급한 요구사항이 조악하고 불안정한 기술과 결합했다는 사실을 알게 되었다. 고도로 숙련된 개발자들이 모인 의욕 충만한 팀들이 때때로 성공을 거두긴 하지만, 어디에서 이런 사람들을 쉽게 구한단 말인가? 만약 여러분이 문제 프로젝트를 되살릴 수 있는 즉각적이고 직접적인 방법을 찾고 있다면, 혹은 만약 여러분이 새로운 프로젝트를 성공시킬 만한 저렴하면서도 효과적인 방법을 찾고 있다면, 스크럼을 한번 시도해보라. 스크럼은 단 하나의 프로젝트에서도 적용할 수 있으며, 프로젝트의 성공 가능성을 극적으로 높여줄 것이다.

스크럼은 비즈니스 요구를 충족시키는 소프트웨어를 개발하는 데 초점을 맞추기 위해서 복잡함을 제거하는 관리 및 제어 프로세스이다. 스크럼은 기존의 엔지니어링 실천법, 개발 방법론 혹은 표준들을 아우르고 포괄한다. 또한 스크럼은 익스트림 프로그래밍(Extreme Programming)의 실천방법으로 사용한다. 경영진과 팀은 요구사항과 기술들을 놓치는 것 없이 잘 갈무리하여 작동하는 소프트웨어를 전달할 수 있다. 스크럼은 1개월 안에 돌아가는 기능을 만들 수 있게 한다.

스크럼은 주로 팀 수준의 사안들을 다룬다. 스크럼은 사람들이 효과적으로 협업할 수 있게 해주며, 또한 그렇게 함으로써 복잡하고 정교한 제품을 생산할 수 있게 해준다. 즉, 스크럼은 협력을 촉진함으로써 모든 관련자의 성취감을 충족시키는 것을 목적으로 하는 일종의 사회 공학이다. 경영진의 적극적인 보살핌과 후원 속에서 개발팀이 자율적으로 일을 추진할 때 협력이 발생한다. 스크럼을 사용하면, 팀은 점진적 그리고 경험적으로 제품을 개발하게 된다. 개발팀은 사전에 수립된 프로젝트 계획보다는 자신의 지식과 경험을 따르게 된다. 결국 스크럼을 적용한 거의 대부분의 프로젝트에서 생산성이 급격하게 증가한다.

스크럼의 창안자인 우리들은 스크럼을 전통적인 방법론과 프로세스에 대한 효과적인 대안으로 사용하면서 진화시켜 왔다. 우리는 여러분이 우리의 생각을 이해하고, 우리의 경험을 공유하며, 우리가 맛보았던 성공을 여러분이 속한 조직에서 재현할 수 있도록 하기 위해서 이 책을 썼다.

지금부터 우리는 이 책에서 우리, 마이크 혹은 켄 대신 '나'라는 단어를 사용할 것이다. 따로 언급되어 있지 않는 한 제6장과 제7장에서 '나'는 마이크 비들을 가리키며, 다른 곳에서는 켄 슈와버를 가리킨다.

스크럼이 사용되는 현장

스크럼을 이해하는 가장 좋은 방법은 현장에서 스크럼이 어떤 역할을 하는지 살펴보는 것이다. 스크럼을 이용해서 상용 소프트웨어 제품을 개발한 이후, 나는 다른 회사의 시스템 구축을 돕기 위해서 스크럼을 사용했다. 최초로 스크럼을 시험하고 갈고 닦은 곳은 바로 1996년의 인디비쥬얼 사(Individual, Inc.) 였다.

그 당시 인디비쥬얼 사는 어려움을 겪고 있어서 경영진은 스크럼이 그 문제들을 해결하는 데 도움이 되길 바랐다. 인디비쥬얼 사는 뉴스페이지(NewsPage) 라고 불리는 온라인 뉴스 서비스를 제공했다. 초기에 뉴스페이지는 독점 기술(proprietary technology)로 구축되어 여러 회사들에 라이선스되었다. 인터넷이 출현하자, 인디비쥬얼 사는 개인용 웹사이트인 퍼스널 뉴스페이지(Personal NewsPage, 이하 PNP)를 제공하기 시작했다.

여덟 명의 고도로 숙련된 기술자들로 PNP 개발팀이 구성되었다. 그 팀은 내가 함께 일해본 팀들 중에서 최고였지만, 인디비쥬얼 사 내부에서는 평판이 형편없었고, 그로 인해 개발팀은 고통을 받고 있었다. 회사 내에서 PNP 팀은 아무것도 만들어낼 수 없는 완전한 '재앙 덩어리'였다. 거의 9개월 동안 새로운 PNP가 나오지 않았다는 사실이 이런 믿음을 뒷받침해주고 있었다. 1996년 당시는 인터넷이 아직 업계를 장악하지 않은 시점이었지만, 그럼에도 불구하고 9개월은 굉장히 긴 기간이었다. 이 상황에 대해 마케팅, 제품 관리, 영업 부서와 이야기를 나누었을 때, 그들은 내게 도대체 문제가 뭔지 모르겠다는 말을 했다. 그들은 분명한 어조로 자신들이 바라는 바를 PNP 팀에 전달했지만, 요청했던 기능이 한 번도 제대로 인도된 적이 없다고 얘기했다. 반면 나름대로 불만에 가득 찬 PNP 팀과 상의했을 때는 다른 사람들이 그들을 가만히 놔두지 않는 바람에 코드에 전념할 수 없었다는 느낌을 받았다. 이에 대해 PNP 팀의 기술자는 '소방 훈련(fire drill)'이라는 표현을 사용했다. PNP 팀이 다른 부서에서 요청한 기능을 어떻게 구현할지를 생각한 다음 작업에 착수할 즈음이면, 순식간에 새로운 아이디어 구현을 위해서 다른 작업에 강제로 끌려가 버리고 말았다는 것이다. PNP 팀이 프로젝트에 집중하려 해도 제품 관리자가 금방 생각을 고쳐먹는다거나, 마케팅 담당자가 뭔가 다른 걸 시킨다거나, 영업 담당자가 와서는 빨리 만들어내야 하는 끝내주는 아이디어가 있다고 해 대는 바람에 집중할 수 있는 충분한 시간을 가져본 적이 없었다는 것이다.

상황은 더 이상 견딜 수 없을 정도였다. 모두 실망한 채로 남 탓만 하고 있었다. 반목의 기미마저 보였다. 나는 제품 관리 부서의 책임자인 러스티(Rusty)에게 사람들이 PNP에 들어가야 한다고 생각하는 모든 것들을 목록으로 만들어 달라고 요청했다. 그러나 그는 이미 그런 목록을 가지고 있었기 때문에 또다시 모두를 찾아 다니면서 물어보기 귀찮아했다.

"PNP 팀이 지금까지 우리가 얘기한 걸 아무것도 만들어 내지 못했는데, 왜 그런 목록을 또 다시 만드는 생고생을 해야 하는 겁니까?"

하지만, 러스티는 내 부탁을 들어주었고 종합적인 목록을 만들어 주었다. 또한 러스티는 PNP 팀과 만나서 요구사항을 실현하는 데 필요한 기술적인 변경사항에 대해서 알고 있는지 확인했다. 이 모든 것이 하나의 목록으로 정리되었다. 그는 각 항목에 우선순위를 부여했고, PNP 팀은 예상되는 개발 기간을 알려주었다. 그리고 어떤 기능이 개발하는 데 큰 수고를 들이지 않고도 큰 매출을 기대할 수 있는지 혹은 고생에 비해 매출에 기여하는 바가 미비한지, 이런 사항이 분명해질 때마다 러스티는 각 항목들의 우선순위를 변경했다.

나는 러스티에게 제품의 요구사항을 관리하는 프로세스를 바꾸어 달라고 요청했다. 당시 사람들은 PNP 팀에게 직접 가서 제품의 새로운 특징이나 기능을 추가해 달라고 요구하곤 했다. 나는 PNP 팀이 작업 요청을 받는 창구를 하나로 만들어, 이런저런 일로 중간에 방해받지 않는다면 생산성이 향상될 거라고 생각했다. 그러기 위해 러스티는 모든 사람에게 요청할 것이 있다면 자기를 거치도록 했다. 러스티는 요청을 받으면 그것을 자신의 목록에 추가했다. 그런 후 각 기능의 중요도와 (PNP 팀원과 얘기해 본 후 도출해 낸) 구현에 필요한 기간 그리고 목록에 있는 다른 기능들을 기준으로 해서 우선순위를 정했다. 나는 러스티에게 어떤 요청이든지 목록에 추가하라고 조언했다. 러스티는 "안 됩니다" 라고 얘기할 필요가 없었다. 대신 우선순위를 정하기만 하면 되었다. '나쁜' 아이디어란 없었다. 단지, 도저히 구현될 것 같지 않은 아이디어만 있을 뿐이었다. 그는 PNP 팀이 오직 자신의 우선순위 목록에 따라 업무를 처리할 거라는 사실을 인디비쥬얼 사의 모든 사람에게 알렸다. 그러고는 자신의 목록을 제품 백로그 목록(Product Backlog list)이라고 부르기 시작했다.

러스티는 제품 백로그 목록을 좋아했다. 그는 제품을 출시할 때까지 결코 요구사항을 확정하지 않았다. 대신 그는 해당 시점에서 그에게 주어진 최고의 정보들을 바탕으로, 제품에 무엇이 필요한지가 적힌 목록을 관리할 따름이었다. 이 목록은 언제나 볼 수 있게 항상 최신의 상태를 유지했다. 그는 조직 내 누구나 접근 가능한 서버에 제품 백로그 목록이 담긴 스프레드시트를 놓아두었고, 덕분에 누구나 앞으로 제품에 어떤 기능이 추가될 것인지를 알 수 있었다. 또 다른 장점은 PNP 팀이 예전만큼 방해를 받지 않았다는 사실이었다. 인디비쥬얼 사는 작은 회사였고, 모든 사람이 서로 알고 지냈다. 때문에 사람들이 PNP 팀에 직접 요청하는 것을 막기가 어려웠다. 때때로 사람들은 PNP 팀의 아는 사람에게 가서 "그러지 말고 이 기능 하나만 좀 몰래 끼어 넣어줘. 이번 한 번만."이라고 부탁하곤 했다. 그러나 러스티는 PNP 팀의 모든 기술자에게 이런 요청에 응하지 말라고 강력히 요구했다. 러스티는 모든 요구사항을 우선순위대로 나열한 제품 백로그 목록의 수호자가 되었다.

나는 예전에 사용해본 적이 있는 실천법(practice), 즉 반복적(iterative)이고 점진적인(incremental) 개발 방법을 인디비쥬얼 사에 제안했다. 나는 한 번의 반복 주기(iteration)를 스프린트(Sprint)로, 그리고 그 반복 주기의 결과물을 제품 증분(Product Increment)이라고 불렀다. 나는 PNP 팀이 방해 받지 않고 제품의 기능을 구현하는 태스크에 집중할 수 있도록 스프린트 사용을 권장했다. 스프린트를 사용하면 PNP 팀이 "어떻게 되어가나? 다음 걸 만들 준비는 된 거야? 저번 거는 다 구현했나?" 같은 이야기를 반복해서 듣지 않을 터였다. 스프린트는 팀 스스로 자신의 시간과 운명을 통제할 목적으로 고안되었다. 동시에 나는 매 스프린트의 길이를 동일하게 할 것을 제안했다. 이에 대해서 PNP 팀은 30일을 요구했고, 그 정도면 추가 기능들을 구축하고 테스트하는 데 충분한 시간이라고 생각했다. 또한 PNP 팀은 매 스프린트가 끝날 때마다, 제품 증분을 웹 서버에 올려두자고 제안했다. '인터넷을 이용한 월간 릴리스'를 제안한 것이었다! 이전에 패키지 소프트웨어를 개발할 때에는 모든 고객에게 일일이 배포해야 했고, 고객들은 별도의 시간을 할애해서 패키지 소프트웨어를 실행해야만 했었다. 하지만 PNP는 인터넷 제품이었기 때문에 서버만 업데이트 하면, 모든 사용자가 업데이트 결과를 바로 확인할 수 있었다. 물론 제대로 작동하지 않는 기능이 추가된다면, 모든 고객은 즉시 영향을 받을 것이므로 테스트의 중요성이 새롭게 부각되었다.

PNP 팀은 러스티와 만나서 첫 스프린트에서 무엇을 개발할 것인가를 논의했다. 이 회의에서 요구사항의 세부적인 내용과 그것을 어떻게 구현할 것인가에 대한 장시간의 토론과 함께 많은 협상들이 오갔다. 그리고 구현의 세부 사항을 깊게 고민하고 추정치의 일부를 변경했다. 첫 스프린트에서 개발할 항목들 중에는 우선순위가 낮은 제품 백로그 항목들도 포함되었는데, 그 이유는 우선순위가 높은 제품 백로그 항목들을 구현하고 나면, 나머지 사소한 것들을 구현하는 것은 거의 거저먹기나 다름없었기 때문이었다. 이 회의가 끝날 즈음, PNP 팀은 이번 스프린트 동안 일정량의 제품 백로그를 구현하겠다고 약속했고, 설계와 구현의 세부 사항에 대한 대략적인 생각들을 정리했다. 다음 30일 동안 PNP 팀이 무엇을 하려는지 모든 사람이 알게 되었다.

물론 이후에도 PNP 팀은 (심지어 러스티를 포함한) 많은 사람으로부터 해당 스프린트의 제품 백로그에 할당되지 않은 기능을 개발해 달라고 끊임없이 요청 받았다. 이런 요청을 한 사람들에게는 원하는 것을 제품 백로그에 추가하고 기다려 달라고 했다. 만약 그들의 요청이 제품 백로그에서 최우선순위가 되더라도, 다음 스프린트에서나 그 기능들이 구현되었다. 스프린트는 겨우 30일밖에 되지 않기 때문에, 다들 이번 스프린트가 끝날 때까지 기다려 달라는 요구를 받아들일 수 있었다.

제품 지원과 유지보수가 필요한 경우를 제외하고 PNP 팀은 첫 스프린트 동안 방해를 받지 않고 업무에 집중할 수 있었다. PNP 팀은 약간 불안정했었는데, 그 이유는 '응급' 기능 구현 요청을 할 때마다 과거의 참을성 없고 부적절한 프로세스가 작동하곤 했기 때문이었다. 기존 방식은 기술 지원 팀에서 가장 신참인 개발자가 버그를 잡는 방식이었다. 하지만, 이들 신참 개발자들은 아직 코드가 익숙하지 않아 버그를 고치기 어려워했다. 이 문제를 해결하기 위해 나는 다음과 같은 방침을 정했다. "누구든 코드를 작성한 사람이 그 코드를 영원히 책임집니다." 새로운 정책은 PNP 팀이 스프린트 작업에 열중하는 걸 약간 방해하긴 했지만, 코드의 품질을 금세 향상시킬 수 있었다.

첫 스프린트 동안 PNP 팀은 내게 무슨 엔지니어링 테크닉을 사용해야 하고, 어떤 종류의 문서가 필요하며, 어떤 설계 산출물을 만들어야 하는지 물어보았다. 결과적으로 기술 지원에 대한 컨설팅이 끝난 후, 팀이 어떻게 일할지는 그 팀에게 달려 있다는 결론에 도달했다. 특히나 각 팀원들이 자신이 쓴 코드들을 영원히 책임져야 했기 때문에 더욱 그럴 수밖에 없었다. 대신 매 스프린트(와 릴리스)마다 제품 설계와 코드를 이해하는 데 사용될 기술 자료를 만들어내도록 했다.

첫 스프린트가 끝날 즈음, PNP 팀은 약속한 것 이상을 구현해냈다. 자신들의 업무에 집중할 기회를 가져본 것이 처음이었기 때문에 기대 이상의 성과를 거두었다. PNP 팀은 해당 스프린트의 제품 증분, 즉 새로운 릴리스를 제공할 준비가 되어 있었다. 러스티는 PNP 팀으로 하여금 경영진과 일부 고객에게 새로운 릴리스를 시연하도록 했다. 참석자들은 몹시 기뻐하면서 PNP 팀이 새로운 기능을 웹 서버에 올리도록 했다. 9개월 간의 가뭄 끝에 PNP 팀은 한 달 만에 새로운 릴리스를 만들어낸 것이다. PNP 팀은 이런 성과를 반복해서 보여주었다. 그 후로 PNP 팀은 내가 떠나기 전까지 다섯 번의 또 다른 릴리스를 만들어냈다.

PNP 팀이 첫 스프린트에 열중하는 동안에도, 인디비쥬얼 사의 나머지 사람들은 여전히 '부탁'을 멈추지 않았다. 서로가 친구처럼 잘 아는 작은 조직이 었기에 더욱 심했다. PNP 팀은 그런 요청들을 거절하느라 무척 고생했다. 그 래서 나는 팀을 위해서 악역을 자처하기로 결정했다. 매일 모든 사람들이 각 자 자기가 무엇을 하고 있는지 밝히는 짧은 회의를 열었다. 누군가가 이번 스 프린트의 제품 백로그에 있지 않은 일을 하고 있다는 것을 발견하면, 그 팀원 에게 회의 후에 자세히 보고해 달라고 요구했다. 그리고 그 팀원에게 누가 이 부가 업무를 요청했는지 물어보고, 그 일을 중단하라고 지시했다. 또한 요청 한 사람에게는 왜 요청한 일이 처리될 수 없는지 설명하고, 러스티에게는 누 가 규칙을 어겼는지 알렸다. 나는 PNP 팀이 해내기로 약속한 일들을 하고, 그 외에 것들은 전혀 하지 않도록 했다. 나는 PNP 팀과 변화하는 요구사항 및 끊 임없는 압력들 사이의 완충지대가 되었고, 팀이 스프린트의 목표 달성에 집중 하도록 도왔다. 내가 수행했던 역할은 나중에 스크럼 마스터(Scrum Master)라 고 불리게 되었다.

회의실의 부족으로 일일 회의를 개최하는데 어려움을 겪었다. 방 하나를 발 견하면, 모든 사람에게 방이 어디에 있고 언제 사용할 수 있는지 알려줘야 했 다. 불가피하게도 몇몇 사람에게는 공지가 전해지지 않아서 모든 사람이 늘 참석하지는 못했다. 새로운 요구사항들이 이러한 틈새들 사이로 빠져나가 버 렸다. 나는 경영진에게 PNP 팀에게 사무실을 하나 마련해 달라고 요청했고, 제공 받은 사무실을 설계 회의와 일일 현황 회의를 위해 단장했다. 이 회의는 나중에 일일 스크럼(Daily Scrum)이라고 불리게 되었으며, 매일 같은 시간, 같 은 장소에서 열렸다.

PNP 팀 전원이 이 회의에 참석했는데, 그 이유는 일일 스크럼이 업무에 도 움이 되었기 때문이었다. 나는 PNP 팀이 예기치 않은 장애에 부딪히면 그것 을 제거하기 위해 최선을 다했다. PNP 팀의 모든 사람이 이 사실을 알게 되자,

그들이 생각하기에 내가 해결해줄 수 있을 거라고 생각하는 여러 문제를 들고 왔다.

우리(PNP 팀과 나)는 매일 일일 스크럼 회의를 가졌다. 나는 그 회의에 15분을 할당했지만, 처음에는 그 시간을 지키기가 어려웠다. 누군가가 자신이 한 일을 보고하면, 다른 사람들이 그것의 설계에 대해서 묻기 시작했다. 그리고 곧 팀 전체가 그 설계를 최적화하기 위한 토론에 휩싸여 버렸다. 최선의 공학적 실천법에 대한 철학적인 논쟁이 벌어졌고, 한 가지 결정을 내리려고 할 때마다 팀 전체가 거기에 매달리게 되었다. 한편 인디비쥬얼 사의 다른 사람들이 일일 스크럼에 대해서 알게 되어 회의에 참석하기 시작했다. 더구나 그들도 회의 증에 질문을 던지고 몇 가지를 제안하자 모든 것이 점점 더 느려지기 시작했다. 비록 이 방문객들이 좋은 의도를 갖고 있었다지만 그들의 의견과 제안으로 인해서 PNP 팀으로 향해야 할 초점이 흐려졌다. 일일 스크럼 회의는 혼돈스러운 난투로 변해갔고 그 효용성이 매일매일 떨어졌다.

일일 스크럼 회의에서 다양한 일들이 벌어졌기 때문에 나는 회의 시간을 미리 추정하기가 어려웠다. 더욱 나쁜 점은, PNP 팀 전체 회의가 끝날 때까지 거기에 묶여 있어야 한다는 사실이었다. 스크럼은 팀의 생산성 증가를 가져왔지만, 일일 스크럼은 팀의 시간을 낭비하고 있었다. 나는 이 문제를 해결하고 일일 스크럼을 원래대로 돌리기 위해서 아주 간단한 몇 가지 대안을 내놓았다. 그것은 첫째, 오직 팀원들만이 발언할 수 있다. 그 외에 누구도 발언할 수 없다. 만약 팀원이 아닌 사람이 참석을 원한다면 조용히 지켜만 봐야 한다. 둘째, 팀원들은 오직 세 가지 주제에 대해서만 말할 수 있다. 1) 지난 일일 스크럼 회의 이후로 무엇을 했고 2) 다음 일일 스크럼 전까지 무엇을 할 계획이며 3) 무엇이 작업을 방해하고 있는가. 나는 팀원들에게 시계 방향으로 돌아가며 모든 사람이 마칠 때까지 한 사람씩 보고하도록 했다.

나는 PNP 팀을 위해서 일일 스크럼을 운영했기 때문에, 내가 관리 업무를 수행하고 있다는 사실이 점점 명확해졌다. 나는 간섭을 차단하고 장애물을 제거하는 한편, 팀이 계속해서 업무에 집중하도록 하고 신속한 결정을 내리도록 도왔다. 이것은 이전에 관리자가 해온 것과는 전적으로 다른 획기적인 전환이었다. PNP 팀은 무엇을 어떻게 할 것인가를 스스로 결정했다. 이러한 새로운 차원의 관리 업무에서 가장 주요한 부분은 팀의 생산성을 극대화하는 것, 즉 팀이 최선을 다할 수 있도록 돕는 것이었다.

내가 인디비쥬얼 사를 떠날 즈음에는 세 개의 주요 제품군에서 스크럼을 모두 시행했다. 그 당시, 인디비쥬얼 사는 경영상의 완전한 변화, 즉 창업자를 내보내고 새로운 사람을 영입하는 와중이었음에도, 개발팀들은 스크럼을 사용해 업무에 집중하여 새로운 릴리스를 꾸준히 내놓을 수 있었다.

스크럼에 대한 간략한 소개

인디비쥬얼 사에서의 경험 이후, 나는 스크럼을 설명할 수 있는 한 더미의 특수 용어(nomenclature)들과 실천법을 갖게 되었다. 그러면 스크럼에 대해서 간단히 살펴보도록 하자. 그림 1.1은 스크럼 프로세스의 도해다.

스크럼은 시스템 개발 프로젝트 초기에 많이 사용된다. 먼저 시스템이 해결해야 하거나, 시스템에 포함되어야 할 모든 것, 즉 기능(functionality), 특성(features)과 기술을 모두 나열한다. 이 목록이 바로 **제품 백로그(Product Backlog)**다. 제품 백로그란, 제품의 모든 요구사항을 우선순위에 따라 나열한 목록을 말한다. 제품 백로그는 결코 확정되지 않는다. 오히려 제품과 함께 성장하고 진화한다. 제품 백로그에서 우선순위가 가장 높은 항목이 가장 필요한 항목이다. 누구나 제품 백로그의 내용들을 제안할 수 있다. 사용자, 고객, 영업 부서, 마케팅 부서, 고객 서비스 부서와 기술부서 모두 이 제품 백로그 항목을 제출할

그림 1.1 **스크럼의 도해**

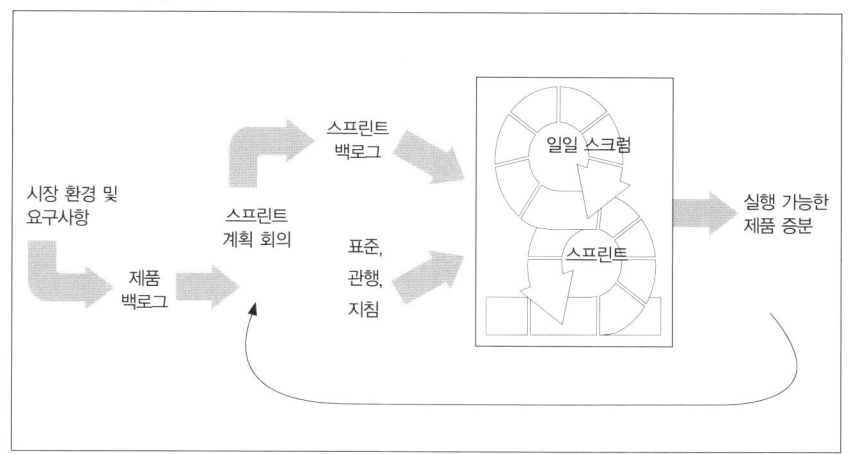

수 있다. 그러나 오직 **제품 책임자**(Product Owner)만이 제품 백로그 항목들에 우선순위를 부여할 수 있다. 제품 책임자는 어느 것이 먼저 개발될 것인지를 사실상 결정한다.

작은 교차기능(cross-functional; 여러 기능들을 수행할 수 있는) 팀이 모든 개발을 수행한다(스크럼 팀). 이 팀들은 자신들이 생각하기에 30일의 반복주기, 즉 한 **스프린트**(Sprint) 동안에 개발 가능하다고 생각한 만큼의 제품 백로그를 선택한다. 매 스프린트 끝에는 새로운 기능이 추가되어 실행 가능한 제품이 인도되어야 한다. 아키텍처와 설계는 첫 스프린트에서 완료되는 것이 아니라 여러 번의 스프린트를 거쳐야 서서히 드러나게 된다. 어떻게 새로운 스프린트가 형성되는가를 이해하기 위해서 그림 1.2 '새로운 스프린트에 들어갈 것을 결정하는 과정'을 살펴보자.

복수의 팀이 동일한 제품 백로그를 놓고, 병렬로 여러 개의 제품 증분을 개발할 수 있다. 스크럼 팀들은 자기 조직적(self-organizing)이며 완전히 자율적이다. 스크럼 팀들은 오직 그들이 속한 조직의 표준과 관행 그리고 그들이 선택

그림 1.2 **새로운 스프린트에 대한 들어갈 것을 결정하는 과정**

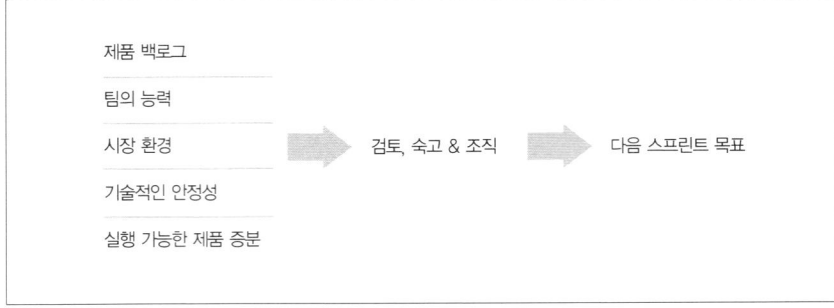

제품 백로그

팀의 능력

시장 환경 ➡ 검토, 숙고 & 조직 ➡ 다음 스프린트 목표

기술적인 안정성

실행 가능한 제품 증분

한 제품 백로그에 의해서만 제약을 받는다. 선택한 제품 백로그를 어떻게 제품 증분으로 만들 것인가는 전적으로 개발팀의 결정에 달려 있다. 팀은 해당 스프린트에서 수행할 태스크의 목록, 즉 **스프린트 백로그**(Sprint Backlog)를 관리한다.

스크럼이 잘 되기 위해서는 팀이 자발적이며 신념이 있어야 한다. 스프린트 동안 관리자 즉, **스크럼 마스터**(Scrum Master)는 팀원들이 스크럼의 실천법을 실천하도록 강제하고, 팀이 결정을 내리거나 혹은 필요한 자원을 얻을 수 있도록 돕는다. 스프린트 동안 팀은 팀 외부의 어느 누구에 의해서도 방해를 받거나 지시를 받아서는 안 된다.

스크럼 팀은 매일 **일일 스크럼**(Daily Scrum)이라고 불리는 짤막한 현황 회의를 갖는다. 일일 스크럼에서 관리자는 진행 상황을 검토하고, 제거해야 하는 장애물을 확인한다. 일일 스크럼은 팀의 진척 정도를 확인할 수 있는 아주 멋진 방법이다.

스프린트가 끝날 때, 팀은 스프린트 검토 회의(Sprint Review Meeting)에 관리자와 함께 모여 이번에 개발한 제품 증분에 대해 검토한다. 개발팀은 이전에 개발된 것을 바탕으로 개발하거나, 쓸만한 것을 끌어 모았거나 혹은 필요없는 것을 폐기시켰을 수도 있다. 하지만, 이전에 개발된 것 위에 구축하라는 압박이 더 거셀 것이다. 스프린트 기간을 30일로 고정하면, 최악의 경우라도 개발 팀이 아무런 유용한 기능도 만들지 못한 채로 한 달을 날려먹는 것 이상의 피해는 막을 수 있게 된다.[3]

제품 증분을 테스트하고 나면, 관리자는 대개 팀의 성과를 활용할 수 있도록 제품 백로그를 재정리한다. 제품 백로그는 부분적으로 개발된 제품에 비추어 봤을 때 더 큰 의미를 갖는다. 때때로 제품이 예상보다 많이 개발되어서, 경영진이 제품을 원래 일정보다 빨리 릴리스하기로 결정할 수도 있다. 이 경우, 다음 스프린트는 제품을 릴리스하는 데 사용할 수 있다.

일단 제품 백로그가 안정되면, 팀은 다음 스프린트에 다시 제품 백로그 중 가장 우선순위가 높은 항목들을 고른다. 그 다음 앞서 한 과정을 반복하고, 다시 스프린트를 완수한다. 이 순환 구조는 - 경험주의적인 관리 비용, 시간 그리고 기능과 품질을 바탕으로 평가해서 - 제품이 잠재적으로 릴리스 가능하다는 판단이 들 때까지 계속된다. 이런 과정에서 제품의 릴리스에 대비해서 릴리스 스프린트(Release Sprint)를 계획한다.

스크럼은 직설적이다. 스크럼은 부적절하고 성가신 관리 관행들을 날려버리고 오직 업무 그 자체만을 남겨둔다. 스크럼은 팀을 자유롭게 놓아두고 업무에 집중하도록 하며, 가능한 최고의 제품들을 만들 수 있도록 해준다. 비록 스크럼 프로세스가 간단하고 별거 없어 보여도, 스크럼은 개발자들로 하여금 업무에 집중해서 재빨리 고품질의 제품을 만들어 내도록 하는데 필요한 모든 관리 및 통제권을 제공한다.

---

3 (옮긴이) 속된 말로 삽질하는 기간을 최대 30일로 줄일 수 있다는 것은 큰 의미가 있다.

스크럼에 대한 증언들

기술자들의 문제는 변화를 혼돈으로 받아들인다는 데 있다. 특히나 약간의 오류만으로도 전체 시스템을 뻗게 만들 수 있는 경우에는 더더욱 그렇다. 하지만, 변화란 기회일 수도 있다. 단순하게 생각해 보자. 제품에 원하는 기능을 어렵지 않게 추가할 수 있을 시간이 우리에게 있다면, (약간 더 무리해서) 얼마간의 위험을 감수한다면 더 많은 기능을 추가할 수 있지 않을까? 이런 식으로 프로젝트는 서서히 미쳐 돌아가기 시작하게 된다. 우리는 감당할 수 있는 최대한의 위험을 감수하려는 경향이 있는 것이다.

– 제임스 배치(James Bach), 커터 인포메이션 사의 동의 하에 인용.

제프 서덜랜드로부터

제프는 켄 슈와버가 스크럼을 정립하고 상용화하기 이전

초창기 스크럼에 대한 여러 가지 생각과 실천법을 고안해냈다.

이 글은 스크럼과 이를 다섯 회사에서 적용했던 그의 경험에 대한 회고를 다루고 있다.

스크럼은 1994년 당시 내가 객체 기술 부문 부사장으로 있었던 이젤 사(Easel Corporation)의 소프트웨어 팀들로부터 비롯되었다. 우리는 초창기 스크럼을 기반으로 한 프로젝트에서 순환 공학(round-trip engineering)[4]이 내재된 최초의 객체지향 설계 및 분석 도구를 개발했다. 스크럼 기반의 두 번째 프로젝트는 대기업 환경에서 완전히 자동으로 객체들 간의 관계를 매핑하는 최초의 제품을

---

4 (옮긴이) 설계 모델 작성 시 구현 코드를 통해 작업의 결과를 볼 수 있고, 구현 코드 변경이 설계 모델로 즉시 반영되는 것을 의미한다.

구현하는 것이었다. 당시 나는 세계 정상급 개발자 두 명과 함께 일을 했는데, 그들은 현재 익스트림 프로그래밍(XP) 컨설턴트인 제프 맥케나(Jeff McKenna)와 래셔널 사(Rational Corporation)의 객체지향 설계도구 개발 리더가 된 존 스컴니오테일스(John Scumniotales)이다.

1995년 이젤 사는 VMARK에 인수되었는데, 내가 기술 부문 부사장으로 인디비쥬얼 사에 합류한 1996년까지 스크럼을 지속적으로 적용했다. 나는 켄 슈와버에게 인디비쥬얼 사의 개발 프로세스에 스크럼을 통합할 수 있도록 도와달라고 요청했다. 같은 해, 내가 IDX의 기술 및 제품 개발 수석 부사장 및 최고 기술 경영자(CTO) 자리를 맡게 되면서, IDX에도 스크럼을 도입하게 되었다. IDX는 가장 큰 의료 소프트웨어 회사 중 하나였는데, 그곳은 여러 개의 팀들로 이루어진 스크럼 실험장이었다. 이때, 나는 600명 이상의 개발자들을 이끌고 수십 개의 제품을 개발하고 있었다. 그리고 2000년에는 이동기기 및 무선 의료 플랫폼 회사인 페이션트키퍼(PatientKeeper)에 스크럼을 소개했다. 즉, 켄 슈와버로부터 컨설팅을 받았던 세 회사들을 포함해서 모두 다섯 곳에서 스크럼을 시행해본 경험이 있다. 이 다섯 회사들은 갓 창업한 업체와 막 상장한 업체에서 중견 기업과 30년의 역사를 가진 대기업에 이르기까지 기업의 크기와 성장 단계가 매우 다양했다.

이젤 사가 스크럼을 도입할 때 영향을 끼친 몇 가지 중요한 요소들이 있다. 『Wicked Problems, Righteous Solutions』[5][DeGrace]이라는 책에서는 소프트웨어 개발에 폭포수(waterfall)식 접근법이 왜 오늘날에는 효과가 없는지를 살펴볼 수 있다. 프로젝트가 시작되기 전까지 요구사항이 무엇인지 이해할 수 없다. 사용자는 초기 버전의 소프트웨어를 보고 나서야 비로소 자신들이 무엇을 원하는지 알게 된다. 요구사항은 소프트웨어 구축 단계 동안 끊임없이 변경된

---

5 (옮긴이) '그릇된 문제와 올바른 해결법'으로 번역할 수 있다.

다. 또한 새로운 도구와 기술의 출현은 기존 전략의 실행을 예측 불가능하게 만든다. 이 책에서 디그라스(DeGrace)와 슈탈(Stahl)은 객체지향 소프트웨어 개발에 꼭 맞춘 접근법으로서 '일괄 처리(All-at-Once)' 모델을 면밀하게 살피고 있다.

팀 기반의 일괄 처리 모델은 신제품 개발에 대한 일본식 접근법인 사시미(Sashimi)와 스크럼에 바탕을 두고 있었다. 우리는 이미 소프트웨어 개발에 프로토타이핑 기법을 사용하고 있었는데, 그것은 하나의 반복 주기마다 완전히 통합되어 돌아가는 하나의 작은 기능을 계속해서 내놓는 방식이었다. 우리의 눈길을 끈 것은 스크럼의 조직과 관리에서 팀 구성 과정에 대한 타케우치와 노나카의 설명이었다 [Takeuchi and Nonaka]. 지금 만들고 있는 제품에 대해 팀원 모두가 전체적인 시야를 가질 수 있는 자율적인(self-empowered) 팀을 구성해야 한다는 그들의 생각은 더할 나위 없어 보였다. 이러한 팀 관리에 대한 접근법은 MIT의 센게(Senge) 교수에 의해서 주창되었던 시스템적 사고 [Senge]와 맞물려 있는데 혼다, 캐논과 후지츠에서 성공한 바 있다.

우리는 또한 컴퓨터 과학 분야의 최근 출판물로부터 영향을 받았다. 브라운 대학의 피터 웨그너(Peter Wegner)는 웨그너의 보조 정리(Wegner's Lemma)를 통해 외부의 입력에 응답하게 설계된 인터랙티브 시스템을 사전에 완벽하게 명시하거나 테스트하는 것이 불가능하다는 사실을 밝혀내었다 [Wegner]. 여기에는 객체지향 시스템을 구축할 때, 폭포수 기법과 같이 알려진 사실만을 투입물로 하는 프로세스는 결과적으로 실패할 수밖에 없다는 수학적인 증거도 있다. 볼랜드(Borland) 사의 윈도용 쿼트로 프로(Quattro Pro) 개발을 내용으로 한 코플리언(Coplien)의 글에 자극을 받은 우리는 최초의 스크럼 회의를 열었다. 쿼트로 개발팀은 처음에 4명이었다가 프로젝트 후반에 8명까지 늘어났는데, 31개월 동안 1백만 줄의 C++ 코드를 생산해냈다고 한다. 이것은 한 명당 매주 약 1천 줄의 코드를 짰다는 말인데, 이건 아마도 문서화된 프로젝트들 중에 가장 생산성이 높은 프로젝트였을 것이다. 쿼트로 개발팀은 프로젝트 관리 부서, 제품 관리 부서, 개발자들, 문서화 담당자와 품질 보증 요원 등이 참석하는 일일 회의에서 치열한 상호 토론을 통해 이와 같이 놀라운 생산성을 달성하였다.

우리가 이젤 사에서 시작했던 일일 회의는 현재 우리가 스크럼 패턴이라고 부르는 그 방식대로 진행되었다[ScrumPattern]. 스몰토크(Smalltalk) 개발 환경에서 나타난 가장 흥미로운 점은 '단속 평형(punctuated equilibrium)'[6]효과라고 할 수 있다. 완전히 통합된 컴포넌트 설계 환경은 창발적이며, 환경적응적인 특성을 가진 소프트웨어 시스템의 급속한 진화를 이끌어내는데, 이것은 생물학적 진화에서 볼 수 있는 단속 평형과 흡사하다.

생물학적 진화에서, 변화는 오랜 기간 동안 거의 나타나지 않다가 짧은 기간 동안 급격하게 나타나는 것으로 알려져 있으며, 단속평형설이라는 이론까지 나오게 되었다[Dennett]. 이러한 현상에 대한 컴퓨터 시뮬레이션은 평형을 이루는 것처럼 보이는 시기가 사실은 유기체 내의 끊임없는 유전적 변화 과정이라는 사실을 보여준다. 몇몇 하위 시스템이 병렬적으로 진화해서 함께 맞물려 돌아가며 극적인 외부 효과를 만들어내기 전까지는 변화의 영향이 뚜렷히 보이지 않는다[Levy]. 컴포넌트 기반 환경에 적합한 비즈니스 프로세스 엔지니어링 도구들을 이용하여 작업하는 팀들에서 이러한 단속 평형 효과가 관찰되었으며, 스크럼 개발 프로세스는 이러한 효과를 강조한다.

우리는 팀의 모든 구성원이 각각 매일 무엇을 하는지를 알게 되었다. 그럼

---

6 (옮긴이) 스테펀 J. 굴드(Stephen J. Gould)와 닐스 엘드리지(Niles Eldredge): 생물의 진화적 변화는 긴 기간의 진화적 정지 상태와 함께 비교적 짧은 기간의 환경적 압력에 의해서 급격하게 일어난다는 이론. 이 이론에 따르면, 하나의 종이 점진적으로 진화해서 새로운 종이 되는 것이 아니라, 국소 개체군들 중 하나 혹은 둘의 빠른 종 분화에 의해서 부모 종으로부터 갈라지면서 새로운 종이 생겨난다고 한다.

그림 1.3 **소프트웨어 시스템에 대한 초창기 스크럼의 시각**

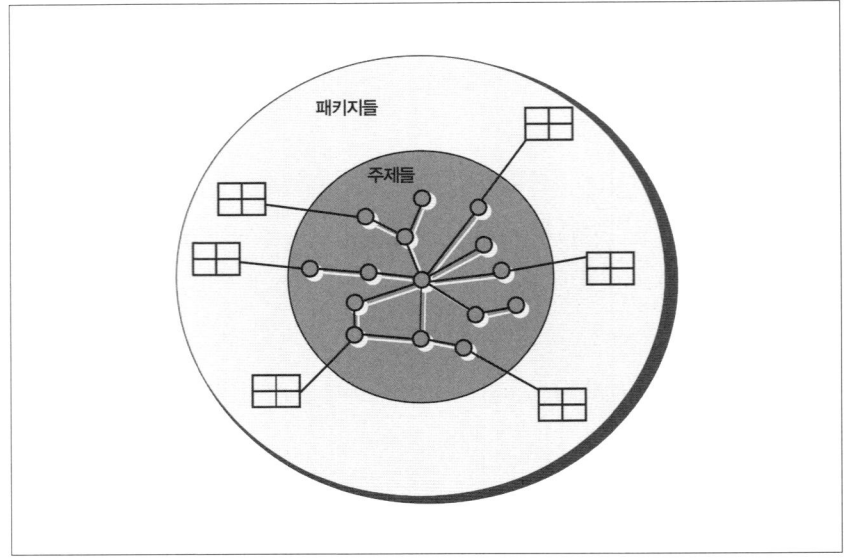

으로써 어떻게 하면 다른 개발자가 며칠 걸릴 업무를 코드 몇 줄을 바꿔서 획기적으로 줄일 수 있는지에 대한 여러 가지 의견들을 교환할 수 있었다. 이 효과는 너무나 극적이어서 프로젝트 진행 속도를 일부러 늦춰야 할 정도로 프로젝트 진행을 가속화시켰다. 이처럼 생산성이 극도로 높은 상태는 여러 비슷한 스크럼들에서도 볼 수 있었지만, 그 중 어느 것도 이젤 사의 경우처럼 극적이지는 않았다. 그것은 팀의 기술력, 스몰토크의 유연성 그리고 최종 제품으로 진화한, 제품 프로토타입 접근 방식이 모두 합쳐진 결과였다.

프로젝트 도메인은 릴리스의 형태로 나타나는 패키지의 집합으로 볼 수 있다. 패키지는 사용자의 입장에서 기능 집합이라고 여겨지는 것들이고, 이는 각 주제 영역(topic area)에 따라 진화하고 발전해간다. 각 주제 영역은 '비즈니스 객체 컴포넌트(business object components)'가 된다. 어떤 컴포넌트에 변경

그림 1.4 **싱크스텝을 촉발하기**

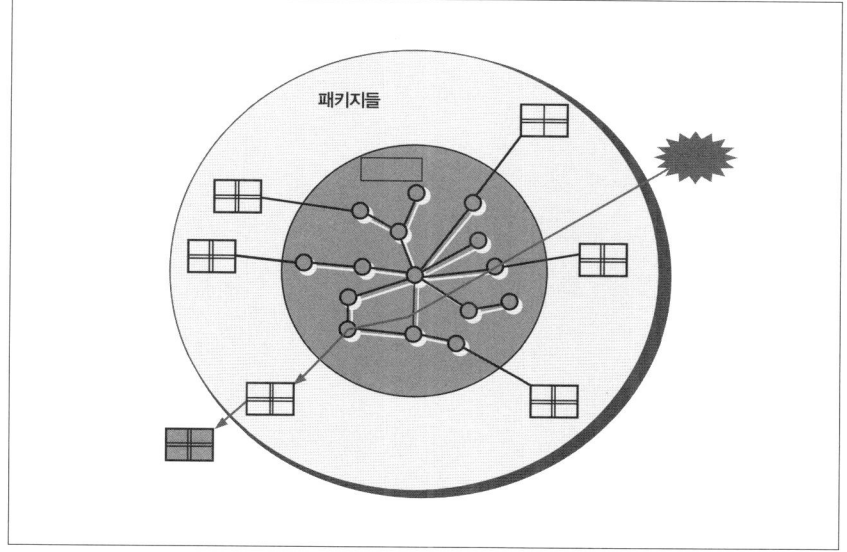

패키지들

을 가하는 '작업 단위'가 들어오면 시스템에 변화가 일어나게 된다. 이런 '작업 단위'를 초기 스크럼에서는 싱크스텝(Synchstep) 이라고 불렀다.

　시스템은 여러 번의 싱크스텝을 통해 진화한다. 하나 이상의 싱크스텝이 완료되고 시스템 전반에 걸쳐 약간의 리팩터링이 가해지거나 혹은 기존의 컴포넌트들에 새로운 기능을 간단히 추가하고 나면, 사용자가 식별 가능한 일련의 기능을 갖춘 새로운 패키지들이 나타난다. 이 싱크스텝들은 유전적인 돌연변이와 비슷하다. 일반적으로 상호 연관된 컴포넌트들이 새로운 기능을 만들어내기 위해서 서로 호응해서 변이를 일으킨다. 이러한 새로운 기능이 시스템 구축자에게는 '단속 평형' 효과처럼 보이는 것이다. 즉, 한동안 시스템은 별다른 반응 없이 안정적인 상태를 유지하다가 특정한 (어떤 의미로는 예측하지 못했던) 싱크스텝이 완료되면, 전체 시스템이 개발팀들도 놀랄 정도의 완전히 새로운 수준으로 도약하는 것이다.

생산성이 극도로 높은 상태에 이르는 열쇠는 단순히 스크럼식의 조직 형태가 아니다. 우리는 주제 영역의 컴포넌트를 끊임없이 테스트하고, 패키지를 통합했으며, 시스템을 선택적으로 리팩터링했다. 이 활동들은 나중에 XP의 핵심 요소들이 되었다.

더욱이 이처럼 극도로 생산성이 높은 상태에서 초창기 스크럼은 거의 '무아지경(zone)'이었다. 무슨 일이나 문제가 발생하든지, 팀이 대처하는 것은 언제나 어느 한 개인이 하는 것보다 훨씬 나았다. 이것은 단 한 번의 실수도 저지르지 않고 8년간이나 연속 우승을 했던 전성기의 셀틱스 농구팀 이야기를 연상시켰다. 이러한 '무아지경'을 경험함으로써 받은 영향이 단순히 극도로 높아진 생산성만은 아니었다. 개개인의 삶도 변화하였다. 사람들은 자신이 이런 프로젝트에서 일했다는 사실을 결코 잊지 않을 것이며, 이와 같은 경험을 항상 찾아 다닐 것이라고 말했다. 또한 전혀 그럴 거라 예상치 못했던 사람들이 마음을 열고 팀 지향적으로 재미를 추구하는 행동을 하게 되었다. 이러한 분위기 속에서 '동료에게 당혹감 주기(peer embarrassment)'[7]를 통해 팀에서 비생산적인 사람들을 탈락시킬 수 있었다.

이젤 사가 현재는 인포믹스(Informix) 사가 된 VMARK에 인수되었을 때에도 스크럼 팀은 동일한 제품으로 자신의 일을 계속해 나갔다. VMARK 고위 임원들은 스크럼에 호기심을 갖게 되어, 회사의 모든 제품을 인터넷용으로 추진하기 위한 고위 임원진 스크럼을 운영해 달라고 요청했다. 1995년에 이를 위한

---

7 (옮긴이) 이것을 위한 대표적인 장치로 일일 스크럼 회의를 들 수 있다. 만약 여러분이 어제 농땡이를 피웠거나, 엄청난 실수를 저질렀다고 가정하자. 만약 가끔 여러분을 불러서 상황을 물어보는 관리자에게라면 다른 핑계를 대거나, 전문 용어로 대충 얼버무릴 수 있을 것이다. 그러나 여러분의 일거수일투족을 알고 있는 동료들 앞에서 그런 것은 통하지 않는다. 따라서 머지않아 여러분은 (최소한 겉으로 보기에는) 제대로 일을 하거나, 그 팀을 떠날 수밖에 없을 것이다. 동료 검토(peer review)나 짝 프로그래밍(pair programming) 역시 비슷한 역할을 할 수 있다.

회의가 시작되었고, 그로부터 몇 개월 안되어 그 팀은 두 개의 새로운 인터넷 용 제품을 시장에 내놓았다. 그 제품들은 인터넷 애플리케이션으로서 선도적인 최신 제품으로 자리매김하였다. 그 후 일부 팀원은 VMARK를 떠나 떠오르는 인터넷 회사에 들어가서 그 분야의 혁신자가 되었다. 이렇듯 스크럼은 초기 인터넷에 영향을 끼쳤다고 할 수 있다.

1996년 봄, 나는 내가 공동 창업했던 회사로 돌아왔다. 켄 슈와버는 인디비쥬얼 사에서 체험했던 스크럼에 대해서 상당히 많은 내용을 기록해 놓았다. 인디비쥬얼 사의 스크럼에서 가장 인상 깊었던 점은 개발팀이 한 분기에 두 개의 인터넷 제품을 인도했다는 사실도, 그 제품들 중 하나가 여러 차례 릴리스 되었다는 사실도 아니다. 그것은 스크럼을 시작하면서부터 한 주에 여덟 시간 이나 하던 고위 임원들의 회의를 없애버렸다는 사실이다.

그 회사는 인터넷이 폭발적으로 성장하던 초기에 막 상장을 했기 때문에 비등비등한 여러 개의 우선순위들이 존재하고 있었고 시장 전략은 계속해서 변경되고 있었다. 그리고 임원진은 모든 관리자가 다른 견해를 갖고 있는 중요한 사항들의 실행을 결정하기 위해 거의 매일 회의를 열고 있었던 것이다.

해결책은 모든 결정을 일일 스크럼 회의에서 내리도록 강제하는 것이었다. 만약 누군가가 현황을 알고 싶거나 우선순위에 영향을 주고 싶다면, 그것은 오직 스크럼에서만 가능했다. 나는 초기에 마케팅 수석 부사장이 두 주 동안 거의 모든 회의에 참석해서 인터넷 산출물과 일정표에 대해 절망에 가까운 걱정을 토로했던 걸 기억한다. 이 일은 팀에게 영향을 끼쳤지만, 단지 부사장의 불만에 대해 즉각적으로 대응하기 위한 것만은 아니었다. 부사장의 우선순위를 맞추기 위해 팀은 자기 조직화하기 시작해 두 주에 걸쳐 달성 가능한 인도일로 일정을 짠 계획을 제시하였다. 그가 그 계획에 동의하였으므로 그는 더 이상 어떤 스크럼이나 현황 회의에도 참석해서는 안 되었다. 스크럼은 웹을 통해서 각 기능마다 파란 불, 노란 불, 빨간 불 중의 하나를 표시하는 것으로 현황을 보고했다. 이렇게 해서 전 회사가 실시간으로 현황을 알 수 있게 되었다.

1996년 여름, 나는 IDX 시스템에 기술 및 제품 개발 수석 부사장으로 스카우트되었다. 나는 회사의 창업자이자 거의 30년 동안 개발을 이끌었던 조직의 기술 책임자 뒤를 이은 것이었다. IDX는 수십 개의 제품을 개발하는 수백 명의 개발자를 거느린 가장 큰 의료용 소프트웨어 회사들 중 하나로, 4천 명이 넘는 고객을 갖고 있었다. 이것은 스크럼을 대규모 개발 프로젝트에 적용해볼 수 있는 절호의 기회였다.

IDX 시스템에서의 접근법은 전체 개발 조직을 서로 긴밀하게 연동된 스크럼의 집합으로 탈바꿈시키는 것이었다. 조직 전체가 팀 단위로 구성되었는데, 여기에는 두 명의 부사장, 한 명의 수석 아키텍트 그리고 몇 명의 이사들로 이루어진 임원 팀도 포함되어 있었다. 최전선의 스크럼에 속한 사람들은 하루에 한 번 만났고, 한 제품군의 각 스크럼 팀 리더들이 포함된 '스크럼들의 스크럼 (A Scrum of Scrums)'은 한 주에 한 번 회의를 가졌다. 그리고 임원들의 스크럼은 한 달에 한 번 모였다.

IDX 시스템의 사례가 준 가장 중요한 교훈은 '스크럼은 어느 규모에서도 실천 가능하다는 것'이다. 수십 개의 팀들이 돌아가는 상황에서 가장 어려운 문제는 각 팀에서 스크럼 프로세스의 품질을 보장하는 것이었다. 전 조직이 한 번에 스크럼을 학습해야 할 경우에는 특히나 어렵다. IDX 시스템은 모든 프로젝트에 생산성을 감독할 최고급 생산성 전문가들을 영입할 만큼 충분히 큰 조직이었다. 결과적으로 대부분의 팀이 월간 배포 기능 점수(function point)가 산업 평균에 그쳤지만, 몇몇 팀은 생산성이 굉장히 높아져서 평균보다 4~5배나 많은 기능을 배포할 수 있었다. 이 팀들은 회사의 영웅이자 다른 사람들이 따라야 할 본보기가 되었다.

2000년 초반에, 나는 페이션트키퍼(Patient Keeper) 사에 CTO로 들어가 갓 창업한 이 회사에 스크럼을 도입했다. 나는 21번째 직원이었지만 6개월 동안 12

명이던 개발팀은 45명으로 늘어났다. 페이션트키퍼 사는 의료 정보나 결제 정보 같은 것들을 확인하고 처리할 수 있는 모바일 기기를 의료 기관에 판매하고 있었다. 서버는 여러 이동 기기들을 동기화하고, 데이터를 여러 뒷단(backend) 레거시 시스템에 읽고 썼다. 복잡한 아키텍처 시스템이 병원과 의료 시스템에 애플리케이션 통합 환경을 제공했다. 데이터는 이들 시스템으로부터 페이션트키퍼 의료 데이터베이스로 옮겨졌다. 서버는 변경 사항을 우리 의료 데이터 베이스로부터 캐시로 보내고 다시 이를 모바일 기기의 데이터베이스로 옮겼다. 스크럼은 이런 기술 구현 과정에서도 잘 돌아갔다. 페이션트키퍼에서 얻은 교훈 덕분에 우리는 스크럼 조직이 코드를 개발할 때 익스트림 프로그래밍(Extreme Programming, XP)을 도입하는 것에 확신을 가질 수 있었다. 대부분의 팀이 스크럼으로 조직하는 프로세스를 적용하는 건 쉽게 여기지만 XP 프로그래밍을 도입하는 데에는 어려움을 겪는다. 우리는 개발하는 동안 특히, 전처 개발을 자바와 XML로 바꾸는 과정에서 일종의 팀 프로그래밍이나 지속적인 테스트, 리팩터링을 해볼 수 있었다.

　사용하는 기술과 규모가 서로 다른 다섯 기업에 스크럼을 도입하고 난 후, 스크럼은 어떤 환경에서도 효과가 있으며 대규모의 프로그래밍으로도 확장 가능하다고 자신을 갖고 말할 수 있게 되었다. 모든 사례에서 스크럼은 의사소통을 한층 더 원활히 하고 작동하는 코드의 산출을 근본적으로 향상시켰다. 내 시각에서 스크럼의 다음 과제는 스크럼의 조직 패턴과 익스트림 프로그래밍(XP)기술을 견고하게 통합시키는 것이다. 나는 이러한 통합이 예측 가능한 기반 위에서 스크럼의 생산성을 더욱 높여줄 것이라고 믿는다. 최초의 스크럼은 XP가 등장하기도 전에 본능적으로 그와 같은 통합을 시도했는데, 그것이 바로 극단적일 정도로 높은 성과를 낼 수 있었던 핵심이었으며 삶을 바꿀 정도의 경험이었다. 더불어 경량 개발 프로세스(lightweight development process)의 유명한 리더들이 속해 있는 애자일 동맹에 스크럼 리더들이 참가했고, 이는 스크럼의 광범위한 활용과 익스트림 프로그래밍과의 통합을 촉진시킬 것이다.

켄 슈와버로부터

켄은 시스템 개발을 위한 스크럼 프로세스를 개발하고 정립하였다.

우리 회사, 어드밴스트 디벨롭먼트 메서드(Advanced Development Methods, 이하 ADM)는 1990년대 초반에 프로세스 관리 소프트웨어를 개발, 판매하였다. 많은 IT 회사들이 ADM이 개발한 MATE(Methods and Tool Expert)를 사용했다. 예를 들어서, 쿠퍼즈 & 라이브랜드(Coopers & Lybrand) 사는 자신들의 시스템 개발 방법론인 SUMMIT D™을 자동화하기 위해서 외부 고객 및 내부용으로 MATE를 사용했다. IBM 또한 외주 소프트웨어 개발 및 변화 관리 방법론을 자동화하는데 MATE를 사용했다. 이 회사들이 MATE를 사용해서 자동화했던 방법론들은 전통적인 '중량(heavy)' 방법론들이었다.

MATE의 전성기에 개발 업무의 백로그는 폭증하고 있었다. 쿠퍼즈 & 라이브랜드와 IBM은 그들의 고객들만큼이나 MATE를 광범위하게 사용하고 있었다. 새로운 기능과 인터페이스 및 '있으면 좋은 기능들'에 대한 요청이 어마어마하게 많았다. 거의 혼돈 그 자체였다. 이 모든 것을 조리 있게 처리하기 위해서, 나는 제품 백로그 목록을 만들고 여기에 모든 기능 요구사항, 사용 예정 기술, 개선 예정 사항 및 주요 오류들을 모두 나열했다. 그리고 쿠퍼즈 & 라이브랜드와 IBM을 포함한 고객들과 이 목록에 우선순위를 매겼다. 그러나 우선순위는 한시도 가만 있지 않았고, 현재 고객 및 잠재적인 고객이 가장 최근에 추가한 내용에 따라 끊임없이 변경되었다.

나는 ADM이 해야 하는 일들을 모두 살펴본 후 질려 버릴 수밖에 없었다. 1

년은 걸려야 다음 릴리스를 내놓을 수 있겠다는 계산이 나왔기 때문이다. 더더구나 ADM이 현재 제품 백로그에 있는 모든 사항을 개발한다 하더라도 아무도 만족하지 않으리라는 사실을 알게 되었다. 그것은 릴리스 시점이 되면 요구사항이 달라져 있을 것이 뻔했기 때문이었다. 나는 한 달 단위로 개발 가능한 기능들을 필사적으로 골라내기 시작했다. 우리가 제대로 하고 있는지 확인하기 위해서 매달 말에 고객과 함께 우리가 무엇을 개발했는가를 검토했다. 놀랍게도 고객들은 이런 방식을 매우 환영했다. 고객들은 ADM이 개발한 것들을 살펴보고 나서 생각하던 우선순위를 종종 바꾸었다. 또한 (보통은 약간의 조정을 가한 후에) 지금 현재 개발된 것들을 즉시 사용하길 원하는 경우가 많았다.

나는 ADM의 개발 프로세스를 각각 한 달씩 걸리는 두 개의 연속적인 주기로 재구성하였다. 첫째 주기 동안 기능을 추가한다. 그 다음 주기에서는 릴리스를 준비한다. 만약 릴리스 기간 동안 시간이 남는 개발자가 있다면 다음 릴리스 주기에 추가할 다른 기능들을 작업한다. 두 개의 주기로 구성된 이 접근법은 엄청 단순해 보였지만 개발과 릴리스 환경에 큰 변화를 가져왔다. ADM은 이 접근법을 실천하기 위해서 코드와 릴리스 관리 시스템과 절차(procedure)를 반드시 마련해야 했고 일일 빌드(daily build)는 필수가 되었다. 또한 빠른 릴리스 주기 때문에 나는 모든 공학적 실천법을 대폭 개선할 수밖에 없었다. 그 결과 ADM의 개발 효율이 극적으로 증가했다.

ADM은 객체지향 기술(object-oriented technology, 이하 OO)을 사용해서 MATE를 구축했다. 1993년, OMG(Object Management Group)와 여러 OOPSLA SIG[8]의 열성 회원(이자 좋은 친구)인 제프 서덜랜드가 ADM에서는 무슨 방법론을 사용하고 있느냐고 물었다. 제프는 고객이 사용하는 방법론들 중의 하나를 사용하

---

8 (옮긴이) OOPSLA(Object-Oriented Programming, Systems, Languages & Applications)는 객체지향 프로그래밍 시스템, 언어, 애플리케이션 등을 주제로 매년 열리는 ACM(Association for Computing Machinery) 컨퍼런스다.- 위키백과

고 있을 것이라고 확신하고 있었던 모양이다. "그 중 어느 것도 아니야. 만약 우리가 고객들이 사용하는 방법론을 사용했다면, 이미 문을 닫고 말았을 걸세."라고 대답했을 때, 제프가 지은 표정을 나는 아직도 잊지 못한다.

제프는 유력 소프트웨어 벤더인 이젤 사와 VMARK에서 기술 및 개발 책임자인 동시에 객체지향 기술을 오랫동안 옹호하고 사용해왔다. ADM의 짧은 개발 주기와 MATE의 잦은 릴리스가 인상적이었기에 ADM이 어떤 방법론을 사용하고 있는지 궁금해 했다. 그는 객체지향 기술을 MATE처럼 생산적으로 만들고 싶었기 때문이었다. 그 당시 객체지향 기술은 제창자들이 약속했던 것만큼의 생산성을 보여주고 있지 못했기 때문에 비판의 목소리가 높아지고 있었다. 그래서 제프는 스크럼이라고 불리는 신제품 개발 철학에 대한 자료들을 읽고, 자신이 이해한 바를 이젤 사와 VMARK에서 실천에 옮겼다. 그는 주요 방법론들에 대한 나의 경험을 활용해서 스크럼을 한 단계 성숙시키고 싶어했다.

제프와 깊은 대화를 나눈 후, 스크럼을 정립시키기 위해 힘을 합치기 시작했다. 우리는 손에 걸리는 것은 무엇이나 닥치는 대로 읽었다. 놀랍게도 때때로 복잡계 이론(complexity theory)과 같은 전혀 다른 분야들도 이해하게 되었다. 우리는 카오스(chaos)와 복잡계 이론에서 필연적인 결과들을 알게 되었고, 창발적인 프로세스들의 미학을 깨달았으며, 자기 조직화에 대해 깊이 이해하게 되었다. 또한 볼랜드(Borland)와 마이크로소프트(Microsoft)의 소프트웨어 개발 실천법을 연구하면서 우리는 많은 영향을 받았다. 그 중 가장 크게 영향을 받은 것은 코드에 대한 그들의 맹렬한 집착이었다. 마지막 연구는 미국 델러웨어 주 윌밍턴 시에 위치한 듀폰 연구소에서 이루어졌다. 그곳의 공정 제어 이론 전문가들이 우리의 연구 결과들을 검토하고 스크럼에 대한 이론적인 기초를 제공해 주었다.

제프와 나는 스크럼 프로세스에 대한 공식적인 해설서를 만들기 위해서 함께 일했다. 스크럼은 처음에 제프와 내가 웹사이트에 게시한 여러 생각의 집합에서 시작했지만, OOPSLA '96에서 내가 강연할 즈음에는 하나의 개발 방법론이 되었다. 그리고 그날 이후로, 스크럼은 고전적인 제품 개발 접근법들에 대한 중요한 대안들 중의 하나가 되었다. (가능한 최상의 제품을 얻고자 하는) 관리자와 (가능한 최고의 성과를 내고자 하는) 기술자 모두가 스크럼을 사용했다. 스크럼이 소개된 날로부터 전 세계 수천 개의 프로젝트들에서 스크럼이 사용되었다. 마이크와 제프 그리고 나는 개인적으로 수백 개의 프로젝트들에서 스크럼을 시행했고 미국, 유럽, 호주, 뉴질랜드, 싱가포르, 필리핀, 홍콩, 에티오피아와 인도네시아 출신 사람들과 함께 일하거나 그들에게 조언을 해주었다. 스크럼은 기업의 제품 개발 프로세스뿐만 아니라 단일 프로젝트들에서도 사용되었다. 최신 원격 방사선 진단 시스템을 재빨리 개발하거나 전시회용 광섬유 네트워크를 위한 가변 레이저 서브시스템을 준비하거나 혹은 Y2K를 대비하기 위한 새로운 호환용 제품 릴리스를 준비하는 것과 같이 복잡하고 다양한 프로젝트들이 그런 경우였다.

마이크 비들로부터

> 오랜 기간 동안 마이크는 스크럼 실천가이자 혁신가였다.
> 마이크는 최근에 익스트림 프로그래밍의 공학적인 실천법을 스크럼과 결합시켰다.

나는 시카고 소재의 분산 객체 및 인터넷 기술 전문 소프트웨어 개발 컨설팅 업체인 e-아키텍트 사(e-Architects Inc.)의 사장이자 창업자이다.

1995년 겨울, 회사의 한 부서를 파산에서 구해 내면서 스크럼을 실천하기 시작했다. 운 좋게도 제프 서덜랜드의 글을 읽고 그것이 매우 중요한 정보라는 사실을 깨달았다. 그 글에서 제프는 켄 슈와버와 함께 스크럼이라고 불리는 방법론에 대한 작업을 하고 있다고 했는데, 그것은 기본적으로 시스템을 인도하기 위해 실제로 사람들이 무엇을 했는가를 문서화한 것이었다. 그들이 웹사이트에서 제공한 정보들이 너무 매혹적이어서 즉시 시카고에서 진행 중인 프로젝트에 그들이 말한 실천법을 적용해 보았다. 그 프로젝트는 성공적이었으며 나머지는 여러분이 모두 아는 바와 같다. (나는 스크럼으로 개종하였고 평생 실천가가 될 것이다. 좀더 자세한 사실을 알고 싶다면, 7장의 '큰 프로젝트에서의 사례 보고 : 아웃소싱 회사' 부분을 읽어보길 바란다.)

그로부터 6년간, 내가 참여한 거의 모든 프로젝트에 스크럼을 사용해왔고 윌리엄 머서, 나이키 시큐리티즈, 모토롤라, 노스웨스트 은행, 링컨 재보험, 전미 보험과 케어마크 등과 같이 많은 기업에게 스크럼을 소개했다. e-아키텍트는 스크럼을 통해 많은 애플리케이션을 광범위한 분야와 환경에서 개발해왔으며, 스크럼은 소프트웨어 개발을 단순화하고 가속시키는데 상당한 도움을 주었다. 작년에는 스크럼과 XP를 통합하여 굉장한 성과를 만들어냈다. XP는 개발 중인 소프트웨어의 품질을 향상시켰고 스크럼은 일일 프로젝트 관리를 강화시켰다. 나는 스크럼과 XP의 결합을 '엑스브리드(XBreed)'[9]라고 부르는데 이것은 교배종(crossbreed)을 의미한다. 자세한 정보는 www.xbreed.net[10]에서 찾을 수 있다.

나는 지난 23년간 소프트웨어 개발 전문가로 종사해왔으며 그동안 많은 소프트웨어 개발 방법론들을 겪어봤다. 1) 앤더슨 컨설팅의 Method/1과 같은 5대 방법론들 2) IBM이나 마이크로소프트와 같은 다양한 소프트웨어 벤더들의 방법론들 3) 텍사스 인스트루먼트, MCI, 스프린트, 골드만 삭스와 같은 미션 크리티컬 기법 4) 모토롤라, 제너럴 다이나믹스와 같은 공공부문 계약자들의 CMM[11] 5) RUP©(Rational Unified Process™)와 같은 후기 통합 프로세스 프레임

9　(옮긴이) 현재는 애자일 엔터프라이즈(Agile Enterprise)라고 불리며, 의미도 단순한 XP와 스크럼의 결합에서 '기업을 관리, 설계, 감독하는 기민한 방법' 으로 확장되었다.

10　(옮긴이) 해당 주소를 입력하면, http://www.e-architects.com/AE/로 자동 연결된다.

워크를 포함하여, 톰 디마르코(Tom DeMarco), 에드워드 요든(Edward Yourdon), 그레디 부치(Grady Booch), 제임스 럼버(James Rumbaugh), 쉬레어-멜러(Schlaer-Mellor) 같은 분들의 방법론들 6) 심지어는 초보 프로그래머와 MIT 60년대식의 해킹까지….

　내가 모든 소프트웨어 개발 방식을 전부 경험하지 않은 것은 분명하다. 그러나 나는 이런 말을 할 정도의 경험은 갖고 있다고 생각한다. (비록 이상하게 들리지도 모르겠지만) 어떤 방법을 사용하든 소프트웨어를 성공적으로 인도하는 대부분의 사람은 결국 스크럼과 유사한 방식을 취하게 된다. 다시 말해서, 스크럼의 실천법은 겉으로는 잘 드러나지는 않지만 우리 대부분이 잊고 있는 단순하고 보편적인 패턴이라는 것이다. 사실 최근 몇 년 동안에는 스크럼이 조직 패턴의 단순한 집합이라는 생각까지 들 정도였다.

　일종의 실험으로 다음을 시도해봐라. 3명의 프로그래머들을 데려다가 프로젝트와 방 하나씩을 준다. 그러면 그들은 프로젝트 초반에 고객과 이야기를 나누고 그 고객이 무엇을 원하는지, 무엇이 그 사람에게 중요한지 찾아내려 할 것이다. 그 다음 프로그래머들은 고객과 함께 우선순위가 정렬된 기능 목록(feature list)을 만들 것이다. 스크럼에서는 이 회의를 스프린트 계획 회의(Sprint Planning Meeting)라고 부르며, 여기서 결정된 기능 목록을 스프린트 백로그라고 한다. 나아가 개발을 진행하면서 프로그래머들은 여러 가지 문제에 맞닥뜨리면 그것들을 해당 반복주기의 '할 일 목록' (즉, 스프린트 백로그)에 추가할 것이다. 동시에, 현황을 파악하기 위해서 프로그래머들은 자신들이 어떤 일을 하고 있고, 그들이 안고 있는 문제들은 무엇이며, 다음에는 무엇을 할 것인지를 다른 사람에게 알려주는 비공식 회의들을 갖게 될 것이다. 스크럼에서

---

11 (옮긴이) 역량 성숙도 모델(Capability Maturity Model)

는 이 회의를 일일 스크럼이라고 부른다. 마지막으로 기능들이 하나 둘씩 구현됨에 따라 프로그래머들은 자신의 경영진과 고객들에게 결과물이 어떤지 선보일 것이다. 스크럼에서는 이 자리를 스프린트 검토 회의라고 부른다.

그러나 만약 소프트웨어 프로젝트 관리가 이토록 단순하다면, 왜 수없이 많은 프로젝트 관리에서는 이런 정보들이 누락되어 있을까? 만약 이런 활동들이 너무나 자연스럽고 상식적이라면, 왜 이런 지식은 명확하게 다가오지 않는 걸까? 사용하는 방법론에 상관없이 산출물이 나오는 경우에 만약 이런 활동을 계속하고 있다면, 왜 그것들이 문서화되지 않을까? 만약 이 과정들이 실제로 프로젝트를 움직이는 원동력이라면, 왜 우리는 다른 일들로 시간을 낭비하고 있는 걸까?

이것이 내가 이 책을 쓴 이유다. 이 책은 최초이자 가장 중요한 정보를 담고 있지만 동시에 소프트웨어 프로젝트를 관리하는 가장 자연스럽고 단순하며 상식적인 방법이기도 하다. 과거의 어느 시점에서 우리는 소프트웨어 프로젝트를 관리하는 기초적이면서 본능적인 방법을 잊어버렸고 불행히도 그러한 기억 상실로 인해 매우 큰 대가를 치렀다.

스크럼의 세계로 온 여러분을 열렬히 환영한다. 결코 후회하지 않을 것이다.

이 책의 구성

제2장, 제3장과 제4장은 스크럼을 이해하고, 자신들의 프로젝트나 조직에 적용하고 싶어 하는 독자들을 위한 것이다.

제2장 「스크럼 준비」는 스크럼이 다른 방법론들과 어떻게 다르고 왜 효과가 있으며 스크럼 프로젝트의 느낌은 어떤 것인지에 대한 개요를 설명한다.

제3장 「스크럼의 실천법」은 어떻게 스크럼이 작동하는가에 대해 차근차근 설명해준다. 이 장에서 가르치는 대로 따라 하다보면 어느 순간 스크럼을 하

고 있는 자신을 발견하게 될 것이다.

제4장 「스크럼 적용하기」는 스크럼을 이용해서 제품과 시스템을 구축하는 것에 관한 관리 원칙과 실천법을 정의한다. 반복적이고 점진적으로 시스템을 개발하려면 경험주의적인 관리 실천법을 써야 한다. 이 장에서는 어떻게 이런 실천법을 이용할 것인지를 보여준다.

제5장과 제6장은 스크럼 및 스크럼과 유사한 시스템/제품 개발 방법론의 바닥에 깔린 이론적인 근거들을 제공한다.

제5장 「왜 스크럼인가?」는 시스템과 제품 개발을 위한 경험주의적 프로세스 통제 메커니즘으로서의 스크럼에 대한 이론적인 기초를 제공한다.

제6장 「왜 스크럼은 통할까?」는 스크럼에 대한 흥미로운 시각들을 다룬다. 이러한 관점은 스크럼의 개념을 정의하고 더 많은 연구를 할 수 있는 단초가 되며, 스크럼이 어떻게 작동하고 왜 효과가 있는지에 대한 우리의 이해를 도울 것이다.

제7장, 제8장, 제9장은 이미 스크럼 프로젝트를 도입해 본 독자들에게 유용한 추가 정보들을 제공한다.

제7장 「스크럼 적용 고급편」은 상이한 환경에서 스크럼을 적용하길 원하는 사람들에게 약간의 지침들을 제공한다. 특히 프로젝트 재활용과 대형 프로젝트를 집중적으로 다룬다.

제8장 「스크럼과 조직」은 스크럼이 조직에서 장애물을 어떻게 제거하고 어떻게 생산성 높은 개발 조직으로 만들어 나갈지에 대해 논의한다.

제9장 「스크럼의 가치」는 조직이 스크럼을 사용할 때 창발적으로 드러나는 가치들을 설명한다.

스크럼 준비

스크럼은 다르다. 일이 다르게 느껴진다. 관리도 그렇다.
스크럼에서는 업무가 명확해지고 서로 밀접하게 연관되며 한층 더 생산적이 된다.

스크럼은 다르다

나는 내 경력에서 가장 좋은 시절을 기술 영역 제품과 시스템을 개발하면서
보냈으며, 그러는 동안 여러 번의 성공과 실패를 맛보았다. 대부분의 시스템
개발이 어려운 일이라 생각하는 것은 나뿐만이 아닐 것이다. 시스템 개발이
필요 이상으로 힘들다는 생각마저 든다. 어느 제약사에서 공장 관리자와 함께
일했던 프로젝트가 기억난다. 나는 그와 함께 복잡한 자재 소요 계획 시스템
(material requirements planning system)을 구현했다. 프로젝트를 성공적으로 완수
하기 직전, 나는 그에게 축하 인사를 전하면서 다른 회사들에게도 비슷한 시
스템을 구축할 수 있도록 한다면 엄청난 돈을 벌 수 있을 것이라고 말했다. 그
러나 그는 아연실색하면서, "다시는 이런 끔찍한 일을 하고 싶지 않아요. 어
서 경영 일선으로 돌아가고 싶어 죽을 지경입니다!"라고 말했다. 그와의 대화
를 통해 나는 무언가가 잘못되어 있다는 생각을 하게 되었고, 분명 시스템을

보다 간단하게 구축하고 실행하는 방법이 있을 거라는 생각을 하게 되었다.

모든 프로젝트는 다르다. 프로젝트에 사용된 기술, 요구사항, 관계된 사람들이 모두 매번 다르다. 나는 이런 차이에도 불구하고 내 삶을 더 편하게 하고, 팀도 더 생산성 있게 만들기 위한 노력의 일환으로 프로젝트 관리 기법의 다양한 접근 방법에 대해 연구해왔다. 그리고 시스템 구축 프로세스를 향상시키기 위해 새로운 개발 환경, 모델링 도구, 기술, 방법론, 인간적인 접근법과 가능한 모든 수단을 다 시도해 보았다. 그 결과, 내 삶을 향상시킨 몇 가지 것들을 발견했다. 예를 들면, 항상 최고의 기술자와 함께 일하고 다양한 분야의 전문가로 팀을 구성하고 화이트보드 주위에서 설계 세션을 조직했던 것들이다. 그러나, 스크럼이 없었다면 이 프로젝트들은 결과적으로 시스템 프로젝트들에 내재된 복잡성에 짓눌리고 말았을 것이다.

한때 상업적으로 살아남은 방법론들에 기대를 걸기도 했다. 이 방법론들에는 이전에 시스템을 구축할 때 사용했던 작업 템플릿들이 들어 있었다. 이것들은 다른 전문가들이 이미 시도해서 효과를 본 확실한 프로세스였다. 상업적인 소프트웨어를 개발하는 회사에서 방법론도 같이 판매하고 있었기 때문에, 나는 이들 방법론이 분명 효과가 있을 거라고 생각했었다.

방법론이란 요리책과 같다. 거기에 적힌 조리법을 그대로 따라 하면 멋진 시스템이 나올 것이다. 어떤 방법론은 적절한 범위와 알맞은 깊이를 갖기도 하고 어떤 방법론은 말 그대로 수천 개의 업무 혹은 태스크들을 템플릿으로 묶기도 했다. 모든 템플릿에는 각 유형에 적합한 개발 프로젝트가 따로 있다.

수년 동안 상업적인 방법론들을 사용하면서 프로젝트를 정의(definition)할 수 있었다. 나는 언제 무엇을 해야 할지를 알았고, 그에 따라 사람들에게 업무를 할당할 수 있었다. 그런 방법론을 사용하기 전보다 더 많은 것들을 통제할 수 있었고, 각 프로젝트는 보여줄 것이 많다고 느꼈다. 그러나 불행히도 나의 프로젝트 성공률은 그다지 향상되지 않았다. 전에 일했던 회사에서, 시작한 지 2년이나 된 핵심 프로젝트 하나가 취소된 적이 있었다. 그 프로젝트가 취소된 지 얼마 안 되어 그 사무실을 찾아 봤는데, 마치 유령 도시처럼 변해 있었다. 거기에는 워크스테이션, 표준안, 훈련용 자료, 요구사항 설명서, 설계 문서로 가득 찬 수백 개의 칸막이들이 즐비하게 늘어 서 있었지만, 불행히도 결국 그 프로젝트는 성공하지 못했다. 프로젝트는 소프트웨어 구축 단계까지 이르지도 못했고, 단 한 개의 기능도 산출하지 못했던 것이다.

앞서 말한 바와 같이, 나는 1990년대 초반에 MATE라고 불리는 프로세스 관리 제품을 개발하고 라이선스하던 소프트웨어 업체를 운영했다. 우리의 최대 고객은 쿠퍼스 & 라이브랜드와 IBM이었는데, 그들은 우리가 그들의 방법론을 사용해서 MATE를 개발하길 원했다. 몇 차례 시도하긴 했으나 그 결과는 전적으로 불만족스러웠다. 당시, 우리 회사의 요구사항은 끊임없이 변하고 있었고 우리는 계속 신기술들을 도입하고 있었는데, 그 방법론은 우리를 도와주기는커녕 오히려 장애물을 만들고 유연성을 떨어뜨리는 등 마치 우리의 발목을 잡는 것과 같았다.

나는 왜 우리 고객들의 방법론이 우리 회사에는 효과가 없는지를 알고 싶었다. 그래서 1995년, 듀폰 연구소의 공정 제어 이론 전문가에게 시스템 개발 방법론에 대한 자문을 구했다. 바바툰데 '툰데' 오거나이케(Babatunde 'Tunde' Ogannaike) 박사가 이끄는 전문가들은 산업 공정 제어 분야(industrial process control)에서 가장 존경 받는 이론가들이었다. 그들은 공정 제어에 대해 속속들이 알고 있었다. 심지어 연구자들의 일부는 유명 대학들에서 해당 주제에 대한 강연을 하기도 했다. 그들 모두가 시장 예측에서부터 제품 주문과 배달에 이르기까지 듀폰의 제품 생산 전 공정을 자동화하는 데 관여하고 있었다.

듀폰의 연구자들에게 우리의 시스템 개발 프로세스들을 살펴보도록 한 것은 듀폰의 연구자들에게 엄청난 우스갯거리를 선사한 거나 마찬가지였다. 그들은 우리 시스템 개발 산업이 전적으로 부적절한 공정 제어 모델에 따라 개발을 하고 있다는 사실에 깜짝 놀랐고 매우 의아해 했다. 듀폰의 연구자들은 시스템 개발이 너무 복잡하고 예측하기 힘들기 때문에, '경험주의적'이라고 부르는 다른 공정 제어 모델을 사용해야 한다고 말했다. 그들은 내가 왜 올바르지 못한 길로 가고 있는지를 이해시키기 위해서, 『프로세스 역학, 모델링과 제어(Process Dynamics, Modeling and Control)』 라는 산업 공정 제어 이론의 필독서를 권했다.

간단히 말하자면 공정 제어에는 두 가지 주요 접근법이 있다. 하나는 '명시적인(defined)' 공정 제어 모델로서 작업자들이 작업의 모든 부분을 완전히 이해해야 하는 것이다. 사전에 잘 정의된 일련의 입력들이 주어지면 매번 동일한 결과물이 산출된다. 명시적인 프로세스는 완료 시점마다 매번 동일한 결과물을 내놓는 경우에 적용 가능하다. 툰데 박사는 내가 그에게 보여준 방법론들이 앞서 설명한 명시적인 프로세스를 사용하려고 했지만, 어느 프로세스나 태스크도 반복 가능하며 예측 가능할 정도로 충분히 명시되어 있지 않다고 말했다. 또한 그는 우리 산업이 명시적인 접근법을 쓰기에는 너무 많은 사고와 창조성을 요구하는 지식 집약적인 사업이라고 했다. 툰데 박사는 우리 산업이 명시적인 방법론들을 사용할 경우, 통제력 상실과 불완전한(혹은 잘못된) 제품 생산을 초래할 것이라는 사실을 이론적으로 증명해 보였다. 그럼에도 우리 분야의 여러 태스크들이 마치 시작과 종료가 예측 가능하기라도 한 듯이 명시적인 공업 프로세스처럼 서로 종속적으로 연결되어 있다는 점을 놀라워했다.

한편, 툰데 박사는 불확실성을 기반으로 하는 경험주의적인 공정 제어 모델에 대해서도 설명해 주었다. 경험주의 모델은 불완전하게 정의되어 예상 못한 결과를 만들어내는 프로세스를 빈번하게 검사하고 적응하는 방식을 통해 프로젝트를 제어하는 방법을 제공한다. 그는 내게 이 모델을 연구해서 시스템 개발 프로세스에 적용해볼 것을 권유했다.

듀폰 연구소 방문 기간 동안 나는 이 문제에 대해 진정한 통찰을 얻었다. 갑자기 내 안의 무엇인가가 번뜩이더니, 왜 우리 산업의 모든 사람이 시스템을 구축하는 데 그런 문제를 겪는지를 알게 되었다. 즉, 왜 우리 산업이 그런 곤경에 처했고, 형편없는 명성을 갖게 되었는지를 깨달은 것이다. 우리에게 필요한 것은 빈번하고 직접적인 테스트와 그에 뒤이은 즉각적인 수정임에도 불구하고 우리는 마치 조립 라인에서 일하는 것처럼 업무를 처리하는데 시간을 낭비하고 있었던 것이다.

나는 이러한 통찰을 바탕으로 여러 사람들과 함께 복잡한 제품, 특히 소프트웨어 시스템을 개발하기 위한 스크럼 프로세스를 정립하기 시작했다. 스크럼은 경험주의적인 공정 제어 모델을 바탕으로 한다. 왜 스크럼이 효과가 있는가에 더해서 좀더 자세히 알고 싶은 독자들은, 제5장 「왜 스크럼인가?」와 제6장 「왜 스크럼은 통할까?」를 읽어보기 바란다.

스크럼은 소프트웨어 산업 및 제조업의 대부분에서 이제까지 사용했던 것과는 전혀 다른 업무 처리 방식이다. 전제에서부터 메커니즘과 사물을 보는 시각에 이르기까지 모두 다르기 때문에 스크럼을 사용하기 시작하면서 여러분 내부에 새로운 사고방식이 싹틀 것이다. 또한 스크럼은 경험주의에 바탕을 두고 있기 때문에 이전과 다르게 느껴지고 낯설게 보인다. 계획과 태스크 정의에 소모하는 시간이 줄어들수록 관리 보고서를 작성하고 읽는데 소요되는 시간이 줄어든다. 그리고 프로젝트 팀이 무슨 일이 벌어지고 있는지를 이해하고 거기에 경험적으로 반응하는 데 더 많은 시간을 쓸 수 있게 된다. 대부분의 사람들은 스크럼을 경험하고 나서야 스크럼이 정말 어떤 것인지를 이해하게 된다. 스크럼의 단순함과 생산성을 경험해야 비로소 뭔가를 알게 된다. 그들은 그 많은 전통적인 개발 프로세스가 얼마나 우리 산업에 적합하지 않는지를 깨닫게 되는 것이다.

다음 사례 연구는 스크럼의 실행과 경험주의의 응용에 대한 것이다. 이 사례 연구는 스크럼 프로세스를 제품 개발에 이용해서 긴밀하게 작업했던 어떤 팀에 관한 것이다. 이 사례에서 나는 기존의 방식과는 다르게 행동하기로 결정하고 팀원들에게도 그렇게 하도록 권장했다. 그리고 여러 가지 예를 통해서 팀원들이 자신들의 작업에 전적으로 다른 방식으로 접근하도록 가르쳤다. 우리가 첫 번째 스프린트를 완료했을 때쯤, 팀은 이미 이전과는 다르게 행동하고 있었다. 팀은 스크럼의 효과를 맛보았고 이제는 그들 스스로 스크럼의 사용자가 되었다. 그들은 경험주의, 자기 조직화, 실천과 같은 스크럼의 필수 불가결한 가치들을 체득하게 된 것이다. 이 사례 연구를 읽으면서 전통적인 방법론과 비교해서 무엇이 빠져 있는지 생각해보길 바란다.

공식적인 프로젝트 관리 단계가 존재하지 않는다. 퍼트 차트(PERT chart)[1]도 없고, 정해진 역할이나 개인에게 할당된 과업도 없다. 개발팀이 어떻게 자신들의 일을 처리하고, 사용자에게 가치 있는 제품 증분을 만들어 낼 수 있는지에 주목하라. 개발팀이 지시를 기다리는 수동적인 개인들의 단순한 집합에서 탈피하여, 어떻게 주도적으로 행동하는 팀으로 자기 조직화하는지를 눈여겨보라. 첫 스프린트가 끝날 즈음에 팀은 완전히 새로운 가치관을 습득하고 조직의 여타 팀들과 다르게 행동할 것이다.

---

1 (옮긴이) 프로그램(혹은 프로젝트) 평가 및 검토 기법(The Program (or Project) Evaluation and Review Technique)의 약자로, 각 업무의 소요 시간과 연관 관계를 분석하고, 임계 경로(critical path)를 파악하는데 사용된다.

소란스러운 프로젝트

그 프로젝트는 미들웨어 비즈니스 오브젝트 서버와 더불어 그것의 비즈니스 오브젝트를 구축하는 것이었다. 한 대형 금융 기관은 자신들의 기존 데이터베이스에 온라인 트랜잭션[2]을 연결시킬 제품을 개발하기로 했다. 그 금융 기관은 증가하는 트랜잭션을 처리하고 데이터베이스 접속을 표준화하며, 전화, 무선 및 휴대용 기기와 같은 신기술을 도입할 필요가 있었다. 이 기술은 객체 기술의 선택과 학습 곡선, 트랜잭션 관리, 하드웨어, 운영 체제들과 개발 환경을 포함하는 굉장히 복잡한 것이었다. 문제를 더욱 복잡하게 만든 것은 이 회사의 기술 수준이 높아서인지 기술적인 사항을 결정할 때마다 이런저런 대안을 주장하는 사람이 너무 많아 소란스러웠다는 점이었다. 더군다나, 팀원들이 여러 장소에 흩어져 있어서 여러 개발 현장을 하나로 이어주는 기술이 필요했다. 한편, 전사 규모의 코드 관리 소프트웨어를 사용하기로 결정했음에도 불구하고 아직 설치조차 하지 못했다.

프로젝트는 정말 지옥과도 같았다. 이 프로젝트를 위해서 개발팀 하나가 구성되었고 그들에게 임무를 할당하였다. 내가 처음 이 개발팀에 합류한 시점이 프로젝트 시작으로부터 4개월째였지만 아무것도 나온 것이 없었다. 개발팀은 그저 예산을 기다리고 있을 뿐이었다. 그들은 새로운 서버 구입, 배정받기로 한 개발자, 사용할 코드 관리 소프트웨어와 그 코드 관리 소프트웨어를 관리할 줄 아는 누군가를 고용하기 위한 예산을 기다리고 있었던 것이다.

나는 스크럼을 적용하기 위해서 일일 스크럼 회의를 개최했다. 원래 이 회의의 목적은 간단하게 현황 파악을 하는 데 있었다. 그러나 실상 첫 일일 스크

---

2 (옮긴이) 트랜잭션이란 한 번에 수행해야 할 일련의 데이터베이스 작업을 나타내는 논리적인 작업 단위이다. 다시 말해 한 번에 처리해야 하는 하나 또는 두 개 이상의 데이터베이스 작업을 묶어 하나의 트랜잭션이라고 한다.

럼 회의에서는 그렇게 되지 않았다. 보통 15분이면 되는 회의가 3시간이나 걸린 것이다. 모두 의기소침해지면서 사기는 저하되었다. 팀원들은 자신들이 무엇을 하고 있느냐가 아니라, 무엇이 자신들의 업무를 방해하고 있는가에 대해서 이야기했다. 많은 사람들은 경영진이 이 프로젝트를 지원하지 않는다고 불평했고, 예산이 아직도 정해지지 않은 것에 대해서 화를 내고 있었다. 예산이 없이는 개발팀이 서버나 코드 관리 소프트웨어의 라이선스를 주문할 수 없었기 때문이었다. 이런 문제들로 인해, 팀은 아무것도 하지 못한 채 표류하는 것처럼 보였고, 새로운 팀원을 뽑기란 더욱 더 불가능했다. 개발팀은 예산도 없고, 지지해 주는 상급 관리자도 없었으며, 필요한 개발 툴조차 없는 상태였다.

행동으로 소란을 잠재우다

스크럼의 기본 원칙 중 하나는 '가능한 것을 하라(the art of the possible)'이다. 다시 말해서, 스크럼은 불가능한 것들에 매달리지 말고 가능한 것부터 생각하라고 가르친다. 개발팀에게 최대 허용 시간(time box)을 주고, 그 안에서 제품을 만들어 내라고 요구하는 것이다. 무엇이 가능한지 그리고 주어진 자원들로 문제를 어떻게 해결할 수 있을지에 초점을 맞추는 것이 중요하다. 개발팀은 이름, 개발 범위 및 정의(definition)를 알고 있었고, 또한 워크스테이션과 여러 소프트웨어를 다룰 수 있는 정말 믿음직스러운 엔지니어들이 있었다. 나는 팀원들에게 현재 가능한 자원으로 무엇을 할 수 있을지를 물어보았다. 그리고 지금 해결하려고 노력중인 문제가 정말 회사에게 중요하다고 생각하는지도 물어보았다. 팀원들은 그 문제가 정말 중요하고 그 문제를 해결하길 원한다고 말했다. 일부 팀원은 자신들이 해결했어야 했지만 그러지 못한 문제로 인해서 고객 서비스를 수행할 프로젝트가 지연되고 있다는 사실을 알고 있었다. 개발팀이 기존(legacy) 데이터베이스 접근을 처리할 미들웨어 서버를 아직 구축하지 않았기 때문에 고객 서비스를 수행할 프로젝트가 기존 데이터베이스에 접근할 수가 없었던 것이다. 개발팀이 이 일을 처리할 때까지 다른 프로젝트들은 계속 보류될 상황이었다. 그렇기 때문에 개발팀은 이 중요한 문제를 반드시 해결해야 하는 막중한 임무를 갖고 있었다.

우선 개발팀은 고객 서비스 프로젝트에서 정말로 필요한 온라인 트랜잭션이 무엇인지부터 재빨리 파악했다. 팀원들은 고객 서비스 팀의 누군가가 도메인(domain)의 전문가로서 개발팀과 함께 일할 수만 있다면, 자신들의 기술력만으로도 이 트랜잭션들을 처리할 미들웨어 오브젝트 서버를 구축할 수 있다고 생각했다. 개발팀은 AIX[3], 턱시도(OTuxedo)[4]와 CORBA[5]에 대해서 이 문제를 해결하는 데 필요한 정도는 알고 있었다.

개발팀은 서버실에서 개발 및 프로토타입 제작에 사용할 RS6000 서버를 '빌려왔다'. 프로젝트 관리자는 경영진에게 공격적인 계획을 발표했다. 그 계획은 추가 자금이나 행정 업무를 필요로 하지 않았기 때문에 무리 없이 승인을 얻을 수 있었다. 나는 개발팀과 함께 첫 스프린트의 목표를 설정하였다. 스프린트의 목표는 다음과 같았다.

스프린트 목표 : 선별된 고객 서비스 트랜잭션을 뒷단 데이터베이스에 연결시키기 위한 표준화된 미들웨어 메커니즘을 제공한다.

개발팀은 이 스프린트 목표를 달성하기 위해서 자신들이 해야 할 태스크들을 다음과 같이 정리했다.

---

3 (옮긴이) AIX는 UNIX에 기반을 둔 IBM의 개방형 운영체계이다.
4 (옮긴이) 턱시도는 트랜잭션 처리 모니터링 도구(transaction processing monitor)로서, 다양한 종류의 UNIX 기반 컴퓨터에서 운영된다.
5 (옮긴이) CORBA(코바)는 네트워크에서 분산 프로그램 객체를 생성, 배포, 관리하기 위한 구조와 규격이며, 네트워크상의 서로 다른 장소에 있고 여러 벤더들에 의해 개발된 프로그램들이 '인터페이스 브로커'를 통해 통신하도록 해준다.

- 트랜잭션 요소들을 백엔드 데이터베이스 테이블에 매핑한다.
- 정의된 메서드와 인터페이스를 통해서 트랜잭션을 처리할 비즈니스 오브젝트를 C++로 작성한다.
- C++ 코드를 CORBA 래퍼로 감싼다.
- 모든 대기 행렬, 메시지 송수신 및 트랜잭션 관리에 턱시도(Tuxedo)를 사용한다.
- 확장성(scalability)이 충족되는지를 확인하기 위해 트랜잭션 성능을 측정한다.

자기 조직화

달성해야 할 목표들을 설정한 후 개발팀은 첫 번째 스프린트를 시작했다. 익숙한 기술을 사용했기 때문에 별다른 기술적인 문제는 없었다. 오히려 문제는 팀원 두 명이 외딴 곳에 있다는 점이었다. 개발팀은 전사적인 코드 관리 시스템을 갖고 있지 않았기 때문에 동시에 여러 곳에서 코드 관리를 하는 것이 불가능했다. 이 문제는 두 사무실의 업무를 분할하고, 상대방의 코드에 대해 작업을 할 때에는 사전에 대화를 통해 조율하는 방식으로 해결했다.

개발팀은 다 함께 모여서 누가 무슨 일을 할지 결정했다. 팀원 하나가 전문가로부터 턱시도를 배우고 싶어하자, 나머지 팀원들이 모두 그의 일을 어떻게 나누어 처리할 것인가를 고민할 정도였다. 한편 일이 시작되자, 개발팀은 자발적으로 빈번하게 모여서 제품을 설계하고 나아가 해야 할 일들을 찾아내고 분석했다. 개발팀은 이 모든 것을 스스로 해냈다. 그들은 스프린트 목표와 자신들의 해야 할 일들을 알고 있었고, 어떻게 하면 그것들을 달성할 것인지에 대해서도 함께 고민하였다.

경험적으로 반응하라

열흘이 지나자 개발팀은 실패할 것 같은 느낌을 받기 시작했다.[6] 기술은 제대로 구현되어 개발팀은 CORBA 래퍼 문제를 해결했으며 적절한 데이터베이스에 접근할 수 있었다. 그러나 개발팀은 선별된 모든 고객 서비스 트랜잭션 집합을 해당 스프린트 이내에 데이터베이스에 매핑하고 연결하는 것이 불가능하다고 생각했다. 트랜잭션 데이터는 매우 복잡했고 30일 만에 매핑을 완료하기에는 너무 많은 테이블과 인덱스가 얽혀 있었기 때문이었다.

개발팀은 스스로에게 부과한 업무의 복잡도와 범위를 잘못 예측했던 것이다. 그러나 과연 개발팀이 실패한 걸까? 스크럼의 시각에서는 그렇지 않다. 고난도의 기술들이 필요한 호스트와 알려지지 않은 트랜잭션에도 불구하고 개발팀은 개발 환경을 구축했고, 턱시도를 활용한 미들웨어 서버를 만들었으며, 고객 서비스 트랜잭션을 구현하기 시작하고 있었다. 개발팀은 일을 정말 훌륭히 해내고 있었던 것이다. 그들은 앉아서 아무것도 하지 않기보다, 할 수 있는 모든 것을 위해 최선을 다했다.

다시 강조하지만, 나는 팀원들이 집중해서 '가능한 것을 하게(the art of the possible)' 했다. 이번 스프린트 동안에 무엇을 할 수 있으며, 그것이 목표에 충족되는가? 비록 개발팀은 전체 트랜잭션 집합을 완료할 수 있을 것이라고 예상했지만, 그것이 스프린트 목표는 아니었다. 목표는 고객 서비스 트랜잭션 집합에 대한 데이터베이스 접근을 제공하는 미들웨어 오브젝트 서버의 개발 가능성을 확인하는 것이었다. 경영진이 이런 접근 방법을 승인하고 예산을 잡

---

6 (옮긴이) 애자일 개발에서는 느낌이 매우 중요하다. 그 이유는 1) 어떤 복잡한 분석 도구보다 신속하고 2) 협업에는 공감, 즉 느낌을 나누는 것이 중요하기 때문이다. 일일 스크럼 회의를 끝낼 때나 한 주기를 끝내고 나서 동료들의 느낌을 물어보고 그 느낌을 공유하기를 권장한다. 단, 주의할 점은 어떤 느낌에 대해서 반박하거나 비판을 해서는 안 된다는 것이다. 그 이유는 그렇게 하면 사람들이 위축되고 자신들의 느낌에 대해서 솔직하게 말하지 않게 되어 프로젝트의 투명성을 떨어뜨리기 때문이다.

아줄지 여부는 아무도 알지 못했음에도 불구하고, 개발팀은 일부 테이블과 인덱스에 관련된 트랜잭션 데이터 처리 문제를 부분적으로나마 해결했고 그것을 자동화하기까지 했다.

프로젝트에 하루 단위의 가시성을 부여하기

내가 일일 스크럼을 시작한지 14일째가 되었을 때였다. 탐(Tom)은 자기 차례가 되자, 수석 부사장인 로우(Lou)가 해당 스프린트의 작업 목록에 포함되어 있지 않은 다른 것을 개발하도록 지시했다고 말했다. 그래서 그는 다른 팀원들이 그에게 기대했던 업무를 (해내려고 노력했지만) 처리할 수 없었다. 나는 즉시 로우의 사무실로 찾아가서 그 이유를 물어보았다. 로우는 회사 밖에서 잠재적인 고객이 어떤 부가 기능에 관심을 갖고 있다는 것을 알게 되었고, 팀원 하나에게 그 기능을 개발하도록 지시함으로써 개발팀을 도우려고 했던 것이다.

　로우는 스크럼 훈련에 참가하지 않았기 때문에 스프린트 진행 도중에 끼어드는 것이 팀에 도움이 되기보다는 방해가 된다는 사실을 알지 못했다. 로우는 스프린트 동안 개발팀이 외부의 혼란, 복잡성과 불확실성으로부터 보호받아야 한다는 사실을 모르고 있었다. 로우는 "만약 기차를 타러 가는 도중에 $100짜리 지폐가 땅에 떨어져 있는 것을 봤다면, 당연히 허리를 굽혀 그걸 주울 겁니다. 제가 한 일이 바로 그런 겁니다."라고 말했다. 나는 "더 큰 시각에서 보면 아마도 당신 가족은 $100보다 당신이 제 시간에 집에 오기를 더 반길 겁니다."라고 반박했다. 나는 로우에게 스프린트를 방해하지 않는 것이 왜 중요한지 설명했고, 그는 앞으로 그런 행동을 자제하기로 했다. 스프린트가 끝났을 때 막상 로우의 '잠재적'인 고객은 그가 보여주고 싶었던 기능을 까맣게 잊고 있었다. 그 기능은 '잠재적'인 고객이 로우와 대화하는 도중에 그냥 꺼내본 얘기였던 것이다.

점진즈인 제품 인도

스프린트 완료 시연에서, 개발팀의 실용주의 및 경험주의적 방식은 경영진에게 정말 깊은 인상을 심어주었다. 개발팀은 한줌밖에 안 되는 자원을 활용해서 자신들의 접근 방법이 기술적으로 실현 가능하다는 사실을 증명해 보인 것이다. 사실 개발팀이 사용한 기술조차도 원래는 고객 서비스용으로 개발한 것이었다. 요구사항을 좀더 철저하게 분석했다면 더 나은 접근방법을 찾을 수도 있었겠즈만, 개발팀은 고객 서비스 팀의 문제와 회사의 문제를 한 번에 해결하기 위해 당장 사용할 수 있는 자원을 사용했다. 즉, 개발팀은 주어진 상황 안에서 (최대한의) 생산성을 발휘했다.

개발팀은 솔루션의 성능을 측정하고 자신들의 접근법으로 예측한 트랜잭션 양을 감당할 수 있다는 것을 입증했다. 온라인 세션에서, 개발팀은 데이터를 미들웨어에서 데이터베이스로 이동시키고, 선택된 데이터를 뽑아내 출력하는 과정을 성능과 확장성에 무리 없이 해낼 수 있는 트랜잭션 관리 영역을 시연했다. 개발팀은 검토 가능하고 계속적으로 개발 가능한 제품의 증가분을 성공적으로 선보였다. 만약 개발팀이 자신들의 힘을 한데 모으지 않았다면, 지난 30일은 그저 트랜잭션의 붕괴를 향해 써버린 꼴이 되었을 것이다. 하지만 개발팀은 경험주의적으로 실천하려는 노력과 솔선수범을 통해서, 작동할 뿐만 아니라 변경 가능하고 계속적으로 개발해 나갈 수 있는 결과물을 얻게 되었다. 점진적으로 제품을 인도하는 방식은 짧은 기간 동안 조직의 실제 진도를 보여주는 매우 강력한 도구였다.

개발팀은 출발점, 즉 자신들의 접근 방법을 입증하고 지속적으로 개발 가능한 프로토타입을 제공했다. 덕분에 정식 권한과 예산을 빠르게 획득할 수 있었고, 마침내 기존(legacy) 데이터베이스에 접근 가능한 솔루션을 만들어냈다.

스크럼을 통해서, 개발팀은 잡음을 제거하고 가치 있는 제품을 만들어 낼 수 있었다. 낭비될 뻔한 시간을 스크럼 덕분에 작업하는데 사용하였다. 개발팀은 스스로 집중해 제품을 인도할 수 있었고, 관리자는 개발팀이 계속 집중할 수 있도록 도와주었다. 1년을 더 개발한 끝에, 개발팀은 특정 데이터베이스들에 접근 가능한 범용 미들웨어 비즈니스 오브젝트 서버를 만들어냈다. 개발팀의 팀원들은 이 미들웨어를 이용하는 다른 팀들을 위한 컨설턴트가 되었다. 그리고 그들이 컨설팅을 할 때마다 스크럼이 확산되었다.

다음 장에서는 여러분 역시 스크럼을 적용하고 스크럼 프로젝트를 관리할 수 있도록 내가 경험해 본 스크럼 실천법의 세부 사항들을 살펴볼 것이다.

스크럼의 실천법

스크럼의 규칙과 실천법 복잡한 상황 속에서도 제품을 신속하고 점진적으로 개발할 수 있는
환경을 구축한다. 이 실천법은 수천 개의 스크럼 프로젝트 경험을 통해서 정립되었다.

제 3장에서는 어떻게 여러분의 조직에서 스크럼이 효과를 발휘하도록 할 것
인가 대해서 설명할 것이다. 먼저 조직 내의 스크럼 프로세스 관리자인 스크
럼 마스터(Scrum Master)를 소개한다. 그런 다음, 스크럼 팀을 정의하고 스프린
트(반복 주기)의 원동력인 업무 목록을 구축함으로써 프로젝트를 수립하는 방
법에 대해서 논의할 것이다. 다음으로 일일 스크럼 회의와 스프린트 완료 검
토 회의(End-Of-Sprint review)를 살펴보면서 불확실한 것들을 검출하고 대응하
는 방법에 대해서 언급하고자 한다. 마지막으로 연소실(combustion chamber),
즉 팀원들이 복잡한 요구사항 그리고 기술적 어려움과 씨름해 가며 제품 증분
을 개발하기 위해 노력하는 기간인 스프린트에 대해 얘기할 것이다. [1]

  스크럼 실천법은 수천 개에 달하는 개발 프로젝트들을 거치면서 진화해 왔

---

1 (옮긴이) 그림 4.5 와 같이 남아있는 작업량을 표시하는 그래프를 burn-down chart 라고 한다. '연소
  실' 이라는 표현은 남은 작업을 태운다(burn)는 메타포에서부터 나온 것으로 보인다.

다. 스크럼이 왜, 어떻게 돌아가는지를 책이 아닌 경험으로 직접 습득하기 전에는 이 책에 있는 스크럼 실천법을 그대로 따라와 주길 바란다. 스크럼이 여러분의 조직에서 효력을 발휘하기 시작해서 사람들이 스크럼을 지탱하는 가치들을 받아들이고 나면, 그때는 변화를 줘도 좋다. 어설프게 땜질하기 전에 먼저 경험을 통해서 익히도록 하자. 스크럼을 스키 타기라고 생각해보자. 스키를 직접 타고 언덕을 한번 내려와 봐야 변화를 줬을 때 그 느낌의 차이를 잘 알 수 있을 것이다. 먼저 익힌 후, 변화를 줘라.[2]

스크럼 마스터

스크럼 마스터는 스크럼의 성공을 책임진다.

스크럼 마스터(Scrum Master)는 스크럼을 통해서 알려진 새로운 유형의 관리자다. 스크럼 마스터는 사람들이 스크럼의 가치, 실천법과 규칙들을 받아들이고 실천하게 할 책임이 있다. 스크럼 마스터는 이 장에서 언급되는 모든 스크럼 실천의 배후에 자리한 원동력이다. 즉, 현장에 맞는 실천법을 정립하고 그것을 실제 프로젝트에서 실행되도록 해야 한다.

스크럼 마스터는 경영진에게는 팀의 입장을, 팀에게는 경영진의 입장을 대변한다. 스크럼 마스터는 일일 스크럼에서 각각의 팀원이 하는 이야기를 주의 깊게 듣는다. 또한 스프린트 목표와 이전 일일 스크럼 회의에서의 예측을 바

---

2 (옮긴이) 제대로 이해하기 전까지는 원칙대로 하는 것이 가장 이상적이다. 그러나 이 말을 '원칙대로 할 수 없다면, 시작하지 말라'는 이야기로 받아들여서는 안 된다. 이 책의 내용을 실천하려는 사람들의 대부분은 분명히 조직의 저항에 부딪히게 될 것이기 때문이다. 그렇다면 어떻게 해야 할까? 무엇이든 좋으니 '이름 없이 가능한 것부터 시작하라'고 권하고 싶다. 그리고 점차로 확장시켜나가는 것이다. 그 이유는 어떤 거창한 이름 하에 변화를 시도하면 사람들은 부담을 갖기 마련이며, 또한 약간 다르더라도 하지 않는 것보다는 하는 것이 좋기 때문이다. 그러나 동시에 제대로 시행하지 않았으면서, 효과가 없었다는 섣부른 판단을 내리지 않길 바란다.

탕으로 예상 진도와 실제 진도를 비교한다. 예를 들어서, 누군가가 사소한 태스크에 예상보다 훨씬 많은 날을 쓰고 있다면, 그 사람은 아마도 누군가의 도움이 필요할 것이다. 한편, 스크럼 마스터는 팀의 속도를 측정하려고 노력한다. 제자리걸음을 하고 있는가? 아니면 우왕좌왕하고 있는가? 혹은 실제로 진전이 있는가? 만약 팀이 지원을 필요로 한다면 스크럼 마스터는 자신이 어떻게 도와줄 수 있는지 살펴봐야 한다.

스크럼 마스터는 고객 및 관리자와 함께 제품 책임자(Product Owner)로 적합한 인물을 찾아내서 임명한다. 그후 관리자와 함께 상의해서 스크럼 팀을 조직한다. 그 다음, 제품 책임자 및 스크럼 팀과 함께 스프린트를 위한 제품 백로그를 만들고 스크럼 팀과는 스프린트를 계획, 진행한다. 해당 스프린트 동안 모든 일일 스크럼 회의를 주관하고 장애 요소를 즉시 제거하여 결정이 신속하게 내려지도록 해야 한다. 또한 관리자와 함께 진척도를 측정하고, (목표를 달성할 수 있도록) 중요도가 낮은 백로그들을 제거할 책임이 있다.

보통 팀 리더, 프로젝트 리더 혹은 프로젝트 관리자가 스크럼 마스터의 역할을 수행한다. 스크럼은 사람들이 시스템 구축에 스크럼의 새로운 방식을 효과적으로 적용할 수 있도록 해주는 구조를 제공한다. 만약 많은 장애 요소들이 즉각적으로 제거되는 게 가장 중요할 것 같다면, 수석 관리자나 스크럼 컨설턴트[2] 이 역할을 수행해야 한다.

스크럼 마스터는 어떻게 팀이 가능한 최고 수준의 생산성을 유지하게 할 수 있을까? 스크럼 마스터는 주로 결정을 내리고 장애 요소를 제거하는 방식으로 그와 같이 할 수 있다. 일일 스크럼에서 어떤 결정을 내려야 할 필요가 있다면, 스크럼 마스터는 (심지어는 정보가 불충분한 상황이라도) 즉시 결정을 내릴 책임이 있다. 나는 대개의 경우, 아무 결정도 내리지 않는 것보다 어떤 결정이든 내리는 것이 더 유익하다는 사실을 알게 되었다.[3] 결정은 언제든지 나중에 번복할 수 있다. 일단 결정을 해야 팀은 작업을 멈추지 않고 계속할 수 있다.

스크럼 마스터는 장애 요소를 직접 제거하거나 가능한 빨리 제거되도록 해야 한다. 해당 조직에게 그 조직의 생산성에 악영향을 미치는 정책, 절차, 구조 혹은 설비의 존재를 공론화하는 방식으로 처리한다.

　스크럼 마스터에게는 여러 가지 인성적인 특성들이 요구된다. 스크럼 마스터는 스크럼 팀에 필요한 것이 무엇인지에 집중하며, 그것을 위해서라면 단호하게 행동해야 한다. 더구나 장애물 제거에는 결단력과 불굴의 의지가 필요하다. 그래서 누구나 스크럼 마스터로 적합한 것은 아니다. 어떤 사람은 무언가를 공론화하고 주도하는 것을 불편해 하기 때문이다.[4]

제품 백로그

제품 백로그란 개발해야 할 기능들을 사업상의 중요도에 따라 구분한 목록으로서 개발 과정에서 끊임없이 진화한다.

스크럼 마스터는 시스템이나 제품 개발에 스크럼 프로세스를 적용해야 한다. 요구사항은 제품 백로그(Product Backlog)의 형태로 정리한다. 제품 백로그는 제품이나 프로세스에 관심이 있는 사람이 필요하다고 생각하거나 혹은 제품에 있으면 좋을 것 같다고 생각하는 모든 것을 말한다. 그것은 장래의 제품 릴리스들에 포함될 모든 특징, 기능, 기술, 개선 사항 및 오류 수정을 정리한 목록이다. 제품과 관련해서 해야 할 일을 의미하는 것은 무엇이나 제품 백로그

---

3 (옮긴이) 지난 수년간의 게임 개발을 통해서 역자 역시 비슷한 결론에 도달했다. 최악의 결정은 틀린 결정이 아니라 느린 결정이다. 그 이유는 틀린 결정은 최소한 교훈을 얻을 기회라도 주기 때문이다. 참고로 이에 대한 좋은 예로 말콤 글래드웰이 쓴 『블링크』(21세기북스, 2005년) 「제4장 : 생각하기 위해 멈춰 서지 말라」에서 언급된 '밀레니엄 챌리지'를 들 수 있다.
4 (옮긴이) 한 번 정도 스크럼 마스터를 돌아가면서 맡는 것도 좋은 방법 중 하나다. 그 이유는 스크럼에 대한 이해를 높여 주기도하고 스크럼 마스터로서의 재능을 의외로 드러내는 사람들이 있기 때문이다.

에 포함된다. 제품 백로그에 들어갈 항목들의 예시는 다음과 같다.

- 사용자가 계좌에 접근해서 지난 6개월간의 잔액을 볼 수 있게 한다.
- 제품의 확장성(scalability)을 향상시킨다.
- 여러 데이터베이스가 사용될 경우 설치 과정을 단순화한다.
- 제품에 워크플로(workflow)가 어떻게 추가될지를 결정한다.

초기의 제품 백로그는 불완전해서, 그저 제품이나 시스템에 필요한 것들을 적어놓은 목록에 지나지 않는다. 최초의 제품 백로그는 아마도 비전 문서(vision document)에서 착안했거나 브레인스토밍 했던 것을 긁어 모았거나 마케팅 요구사항 문서에서 비롯된 요구사항들의 목록일 수도 있다. 제품 백로그의 출처는 발주처에 따라 공식적이거나 비공식적일 수 있다. 첫 스프린트를 시작하기 위한 제품 백로그는 30일 동안 개발할 분량의 요구사항만 담고 있어도 충분하다. 스프린트는 약간의 아이디어와 위시 리스트(wish list)만으로도 시작할 수 있다.

제품을 성장시켜 나가고 자신에게 필요한 것이 무엇인지에 대한 고객의 이해가 깊어짐에 따라 제품 백로그는 허술한 초기의 목록에서 시작해 점점 발전해 나간다. 백로그는 역동적이다. 경영진은 제품이 적절하고 경쟁력이 있으며 유용하려면 무엇이 필요한지 알아내기 위해서 백로그를 계속해서 수정한다. 제품이 존재하는 한, 제품 백로그는 사라지지 않는다.

백로그의 출처는 다양하다. 마케팅 부서는 특징과 기능을 산출한다. 영업 부서는 제품에 경쟁력을 더하거나 특정한 고객을 만족시키기 위한 백로그를 만든다. 기술부서는 제품을 하나로 묶어줄 기술에 대한 백로그를 작성한다. 고객 지원부서는 제품의 중요한 결함을 수정할 백로그를 만든다.

제품 백로그는 우선순위에 따라 나열된다. 최우선 제품 백로그가 당면한 개발 활동을 결정한다. 백로그의 우선순위가 높을수록 더 시급히 처리해야 하고 더 많이 숙고해야 하며, 그 가치에 대해서 더 많은 합의를 이끌어 내야 한다. 우선순위가 높은 백로그는 우선순위가 낮은 백로그보다 더 명확하고 더 상세한 사양을 갖게 된다. 꼭 필요한 경우가 아니고서는 우선순위가 낮을수록 백로그는 덜 상세하게 정의된다.

백로그 항목에는 제품의 기능이나 기술뿐만 아니라 문제가 될 만한 이슈들도 포함된다. 이슈는 관련된 백로그를 작업하기 전에 먼저 해결되어야 하는 것들이다. 예를 들어서, 응답 시간이 일정하지 않고, 그게 해당 분야에서 점점 비중 있게 다루어지고 있다면 백로그에 추가할 수 있다. 이런 문제들은 당장은 개발할 만한 형태로 정의내리기 어려울 수 있지만, 가능하다면 기능이나 기술 항목으로 만들어 제품 백로그에 넣어두어야 한다. 문제가 될 만한 이슈들은 일반적인 제품 백로그와 마찬가지로 우선순위를 갖는다. 제품 책임자는 스크럼 팀이 이런 이슈들을 실제 작업 가능한 백로그로 만들게 할 책임이 있다. 제품 책임자가 이슈들을 일반적인 제품 백로그에 올려 놓기 전까지는 '작업 불가능한' 제품 백로그로 남아 있게 된다. 이것은 팀이 작업하는 동안 미해결된 문제들 때문에 진퇴양난에 빠져 골머리를 앓는 것을 방지한다.

제품이 널리 사용되어 제품의 가치가 상승할수록, 그리고 시장이 피드백을 제공할수록 제품 백로그는 점점 더 길고 포괄적인 목록이 되어 간다. 요구사항은 결코 변화를 멈추지 않는다. 그러한 사실을 인정하지 않고 요구사항을 돌 위에 새긴 것처럼 확정시킨 뒤에야 설계와 구축을 시작하려는 것은 말도 안 된다.

우리에게 필요한 것은 단지 제품의 비전과 한 회의 반복 주기, 즉 스프린트를 시작할 수 있을 정도의 최우선 백로그 항목들뿐이다.

제품 책임자 한 사람만이 제품 백로그를 관리한다

오직 한 사람만이 제품 백로그를 관리하고 통제할 권한을 가지며, 그 사람을 제품 책임자(Product Owner)라고 한다. 상용 제품 개발에서 제품 책임자는 해당 제품의 관리자일 수 있다. 사내 개발의 경우 해당 프로젝트의 관리자 혹은 그 제품을 사용하는 부서의 관리자가 될 수도 있다. 제품 책임자는 해당 프로젝트의 공식적인 책임자이다. 그는 제품 백로그를 누구나 볼 수 있도록 관리해야 한다. 모두 어떤 항목이 높은 우선순위를 갖는지 알게 하고 어떤 항목을 다음에 작업해야 할지 알게 해야 한다.

제품 책임자는 위원회가 아니라 단 한 사람이다. 제품 책임자에게 조언을 하거나 영향을 끼칠 위원회가 존재할 수도 있지만, 어떤 사람이나 집단이 백로그 항목의 우선순위를 바꾸고자 한다면 그럴 권한을 가진 제품 책임자를 설득해야만 한다. 조직은 저마다 우선순위와 요구사항을 결정하는 나름의 방식을 갖고 있다. 시간이 지나면서 이 방식들은 스크럼, 특히 제품 증분을 검토하는 회의(스프린트 검토 회의)의 영향을 받게 될 것이다. 스크럼이 제안하는 방식은 하나의 제품 백로그 내용과 우선순위를 관리하고 유지할 권한을 가진 사람은 한 명뿐이어야 한다는 것이다. 만약, 상충되는 목록들이 여러 개 존재한다면 스크럼 팀은 어떤 목록에 따라 작업해야 할지 모르게 된다. 다시 말해서 제품 책임자가 한 명이 아니라 여러 명이 되면, 팀은 허둥대고 질질 끌려다니다가 끊임없는 논쟁 끝에 결국 좌초하게 될 것이다.

제품 책임자가 제 역할을 다하려면 조직의 모든 사람들이 그의 결정을 존중해야만 한다. 그를 제외하고는 어느 누구도 스크럼 팀에게 다른 우선순위에 따라서 작업하라고 할 수 없으며, 스크럼 팀은 제품 책임자가 아닌 다른 사람의 말을 따라서는 안 된다. 제품 책임자가 내린 모든 결정은 제품 백로그의 우선순위로 반영되어 있기 때문에 매우 명백해야 한다. 프로젝트의 가시성을 확보하기 위해서는 제품 책임자가 최선을 다해야 하며, 이것이 제품 책임자의 역할에서 가장 힘든 부분임과 동시에 보람 있는 부분이다.

백로그를 개발하는 데 필요한 노력 추정하기

백로그가 만들어지면 제품 책임자는 다른 사람들과 함께 그것을 개발하는 데 얼마나 걸릴지 추정한다. 추정을 위해서 제품 책임자는 개발자, 기술 문서 작성자, 품질 보증 요원을 비롯한 제품과 기술을 이해하는 사람들과 이야기를 나눈다. 이 추정치에는 필수적인 아키텍처부터 설계, 구축 및 테스트에 이르기까지 소요되는 시간이 전부 포함된다. 추정이 얼마나 정확한지는 제품 책임자와 팀이 얼마나 추정에 능숙하냐에 달려있다. 다시 말해서, 팀이 추정에 능숙해질 때까지 추정은 정확하지 않고 오락가락할 수 있다. 백로그를 코드로 구현해야 하는 개발팀의 추정치가 가장 정확하다고 할 수 있다.

추정은 반복적인 프로세스이다. 추정치는 백로그 항목에 추가 정보가 발생하고, 해당 항목에 대해서 더 잘 알게 됨에 따라 변화한다. 우선순위가 높은 백로그에 대한 이해도가 우선순위가 낮은 것들보다 높기 때문에, 대개는 우선순위가 높은 백로그들에 대한 추정이 더 정확하다. 만약 제품 책임자가 어떤 최우선 백로그에 대해서 명확하고 신뢰할 만한 추정치를 얻을 수 없다면 해당 백로그 항목을 재정의하거나 우선순위를 낮추거나 작업 사항이 아닌 문제 사항으로 변경해야 한다.

스크럼 팀은 제품 백로그 추정치에 구속 받지 않는다. 추정치는 '이 기능을 추정한 시간 안에 반드시 개발해내야 한다.' 라는 의미가 아니다. 추정치는 출발점이며 현시점에서 정답에 가장 가까운 추측일 뿐이다. 추정을 기반으로 스프린트를 경험적으로 구성하고 관리해 나가는 것이다. 스크럼 팀은 이 추정치들을 바탕으로 제품 백로그들 중에서 해당 스프린트 동안 자신들이 개발 가능하다고 생각하는 것을 선별한다. 만약 제품 책임자가 팀과 함께 현실적인 추정치를 만들지 않았다면, 해당 스프린트를 위해 선별된 제품 백로그의 분량은 아마도 기대에 크게 어긋날 것이다.

제품 책임자는 최우선 백로그에서부터 시작해서 각 백로그 항목의 추정치를 발전시킨다. 프로젝트가 진행되면서 컴포넌트의 사용성, 개발 도구의 유용성 그리고 팀의 능력이 점차 드러나게 되며 그에 따라 추정치들을 변경할 수 있다.

스크럼 팀

팀은 스크럼 목표를 달성하기 위해서 헌신한다. 팀은 목표를 달성하기 위해서
필요한 것이라면 무엇이든 할 수 있는 권한을 부여 받는다.

스크럼 마스터는 스크럼 팀과 함께 제품 백로그를 검토한다. 스크럼 팀은 선별된 제품 백로그를 작동하는 제품으로 만들기 위해 헌신하며, 매 스프린트마다 이를 반복한다. 팀은 이를 위해 필요한 것이라면 무엇이든지 할 수 있는 권한을 갖는다. 오직 회사의 표준과 관행만이 이 권한을 제약할 수 있다. 팀에게 목표를 알려주면, 팀은 그것을 어떻게 해결할 것인가에 몰두할 것이다. 시간이 지날수록 팀은 스크럼에 점점 익숙해지고 점차 더 많이 업무에 헌신하게 된다.

역동적인 팀

모든 개인은 각자 자신들의 배경에서 비롯된 강점과 약점을 갖고 있지만, 경력을 쌓는 과정에서 교육과 기술 습득을 통해 단련된다. 이 개인들을 묶어서 하나의 작은 팀으로 만들면 역동성(Team Dynamics)이라는 강점을 얻게 되지만 반면에 편견, 원한, 시시한 논쟁 같은 인간관계의 부정적인 측면들도 동시에 따라가게 된다. 매 스프린트마다 제품 증분을 만들기 위해 헌신적으로 노력하다 보면 팀원 간의 사소한 차이는 해소되고 역동적이라는 강점은 강화된다.

어느 날, 한 팀원이 내게 와서 가정 문제를 겪고 있는 동료에 대해서 불평했다. 그는 매우 화가 나서 그 동료를 팀에서 내보내고 싶어했다. 나는 그에게 만약 그 동료가 팀에 기여해 왔다면 그를 팀에 그대로 두는 것과 내보내는 것 중 어느 쪽이 좋은지를 물어보았다. 그는 그 동료가 상당히 기여해왔음을 인정했지만 그 동료가 업무에 집중하지 않는 것은 옳지 않다고 생각했다. 나는 그에게 현재 상황에서 그 동료가 어떻게 하면 지금보다 더 잘할 수 있을 거라고 생각하는지를 물어보았다. 그는 자신이 그와 같은 상황에 처한다면 비슷한 행동을 할 거라는 데 동의했다. 또한 그는 전에 그 동료와 일했을 때 그 동료가 제 몫을 훌륭히 해냈음을 인정했다. 그는 대화를 통해서 모든 것을 고려하고 나서 자신의 동료가 최선을 다하고 있다는 점을 이해하게 되었다.

스크럼은 팀이 최고의 기량을 발휘할 수 있는 환경을 제공한다. 팀은 목표에 헌신적이기 때문에 자신들의 헌신과 기대를 꺾는 일이 발생하면 종종 좌절하곤 한다. 그러나 스크럼은 경험주의적이므로 팀은 해당 스프린트에 개발할 기능을 줄여서 목표를 달성할 수 있고, 관리자는 해당 스프린트 끝에 인도된 제품 증분을 바탕으로 조정할 수 있다. 내 경험상, 팀은 문제에 굴복하기보다는 팀의 강점을 더욱 집중하는 방향으로 자기 조직화를 해나간다. 개별 팀원의 기량이 매일매일 달라지긴 하지만 전체 팀의 기량은 상대적으로 예측 가능하다.

스크럼 마스터로서 나는 가끔 팀 내부의 문제 해결에 도움을 주고 싶다는 유혹에 시달리곤 한다. 그러나 그래서는 안 된다는 것을 경험을 통해 배웠다. 팀원들은 목표를 향해 최선을 다해 주었다. 내가 팀원들 사이의 문제를 중재한다면 이는 팀원들이 할 일을 빼앗는 꼴이 될 것이다. 팀원들이 지금까지 최선을 다해왔다면 어떻게 목표를 달성할 수 있을지는 능력껏 스스로 알아낼 것이다.[5]

팀의 크기

팀의 크기(Team Size)는 7명이 이상적이며, 5명 미만이거나 9명을 초과해서는 안 된다[Miller]. 3명이면 더 좋을 수도 있지만, 인원이 너무 적으면 상호작용을 통해 얻을 수 있는 양이 제한되고 생산성도 그다지 향상되지 않을 수 있다. 팀의 생산성은 감소하고 스크럼의 통제 기제는 거추장스러운 짐으로 돌변하게 되는 것이다.

반면, 팀이 너무 크면 일일 스크럼 회의를 이끄는 것이 무척 힘든 일이 될 수 있다. 무엇보다 중요한 점은 팀에 사람이 많으면 일이 너무 복잡해져서 경험적인 프로세스를 사용하기에 적합하지 않다는 것이다.

만약 8명 이상의 인력을 쓸 수 있다면 나는 그 팀을 여러 개의 작은 팀들로 쪼개기를 강력히 권한다. 팀을 하나 골라서 그들로 하여금 백로그를 고르게 하고 스프린트에 전념하게 한다. 그 다음 다른 팀 하나를 구성한다. 다시 그 팀으로 하여금 남은 백로그들 중에서 선택을 하게 한 후 스프린트를 완료하게 한다. 각 팀은 자신들의 전문성에 따라 각자가 가장 잘 다룰 수 있는 최우선 백로그들을 선택할 것이다. 두 팀 간의 상호작용과 의존성을 최소화하고 각각의 업무 응집도를 극대화하도록 하라. 또한 각 팀의 팀원들이 자기 팀 동료들의 작업과 연계된 업무를 하도록 하라. 나는 최대 10개의 팀과 함께 제품 개발을 관리했고 '스크럼들의 스크럼(Scrum of Scrums)'을 통해서 매일 그들의 업무를 조율했다. 각 팀의 스크럼 마스터는 각각의 일일 스크럼이 끝난 후에 다 함께 모여서 스크럼 마스터들끼리 일일 스크럼 회의를 가졌다.

팀의 구성

팀은 다방면의 전문가들로 구성된다. 스크럼 팀은 반드시 스프린트 목표를 달

---

5 (옮긴이) 스크럼 마스터는 장애물을 제거하고 팀이 문제를 풀도록 도와주는 조언자의 역할에 머물러야 하고 실제 문제를 푸는 사람은 팀원이어야 한다고 얘기하고 있다.

성하는데 필요한 모든 기술을 보유한 사람들로 구성되어야 한다. 스크럼은 분석가, 설계자, 품질 관리자, 코딩 엔지니어로 구성된 수직적인 형태의 팀이 되는 것을 피해야 한다. 모든 사람이 산출물에 기여하기 때문에 스크럼 팀은 자기 조직적이어야 한다. 각 팀원은 모든 문제에 자신의 전문 기술을 적용한다. 테스터가 설계자의 코드 작성을 도울 때 발생하는 시너지 효과는 코드의 품질을 향상시키고 생산성을 증가시킨다.

팀은 제품 백로그의 분량을 결정하고, 스프린트 목표를 수립한다. 대부분의 개발 프로세스에서는 관리자가 각 팀원에게 무엇을 언제까지 해야 한다고 지시한다. 이런 방식으로 어떻게 관리자가 팀의 헌신을 이끌어낼 수 있을까? 스크럼에서는 어떤 제 3자도 팀원이나 팀에게 이래라 저래라 할 수 없다.

스크럼 팀에는 누가 포함되어야 하는가? 나는 매우 숙련된 엔지니어가 최소한 명이라도 팀에 포함되는 편을 선호한다. 또한 스프린트 동안 팀은 자신이 개발한 것을 테스트해야만 한다. 따라서 어떤 팀들은 테스트를 수행할 품질보증 담당자들을 포함시킨다. 어떤 팀에서는 그냥 엔지니어가 자신들의 코드를 직접 테스트 하기도 한다. 또한 기술 문서 작성자가 팀에 포함되는 경우도 종종 있다. 별도의 문서 작성자가 없다면 엔지니어가 직접 사용자를 위한 문서 초안을 작성한다. 팀의 구성과 상관없이 분석에서부터 설계, 코딩, 테스트 및 사용자 문서 작성에 이르기까지 필요한 모든 일을 팀 스스로 해내야 한다.

대부분의 팀원은 상근직이고 일부 팀원은 시간제로 일한다. 특수한 전문 지식이나 기술을 가진 사람은 상근직이 아닐 수도 있다. 시스템 관리자와 데이터베이스 관리자와 같은 일부 팀원은 상근직일 필요가 없다. 스프린트 동안, 팀원은 자신이 팀에 할애한 시간 내에서 어떤 일을 할 수 있는가를 바탕으로 할 일을 정한다. 작업 분량을 정할 때 각 팀원은 자신들이 얼마만큼의 업무를 할 수 있는지를 대략 안다. 시간이 지나고 경험이 쌓이면서, 자신들이 한 스프린트 안에 무엇을 해낼 수 있는가에 대한 추정의 정확도가 점차 향상된다. 팀의 추정 기술은 자신들이 다루는 분야와 기술에 대해 많이 알면 알수록 더욱 향상된다. 또한 스크럼이 간섭과 방해로부터 자신들을 보호해 줄 수 있다는 사실을 깨닫게 될 때에도 추정의 정확도가 증가한다.

　스크럼 팀에는 직위가 없다. 팀은 요구사항과 기술을 기능으로 바꾸기 위해서 자율적으로 일한다. 이처럼 통제 없이 하나로 굳게 뭉친 개발팀은 어떤 종류의 작업이든지 유연하게 처리할 수 있다. 스크럼은 시스템 아키텍트나 설계자라는 이유로 코딩을 거부하는 사람들을 멀리한다. 팀의 모든 사람은 스프린트 목표 달성에 필요한 것이라면 무엇이든지 가리지 않고 하고, 어떻게 처리해야 하는지 모를 경우에는 그 방법을 배우는 데 다 함께 참여해서 최선을 다한다. 여기에는 직위도, 예외도 없다.

　스프린트가 끝날 때쯤에는 팀의 구성이 달라질 수도 있다. 스크럼 마스터 혹은 프로젝트 관리자가 보다 특수한 전문 기술이나 우수한 능력을 가진 새로운 팀원들을 데려오기로 결정할 수도 있다. 또한 경영진이 실력 미달이거나 문제가 있는 직원들을 내보낼 수도 있다. 팀원이 변경될 때마다 자기 조직화를 통해 획득한 생산성이 감소할 수도 있으니 팀의 구성을 바꿀 때에는 주의하라.

팀의 책임과 권한

팀은 스프린트 계획 회의에서 자신이 약속한 목표를 달성할 책임이 있다. 처리하려는 백로그의 양은 전적으로 팀에서 결정한다. 오직 팀만이 다음 30일 동안 무엇을 할 것인지를 결정할 수 있다. 팀은 어떤 결정이든 내릴 수 있고 필요하다면 무엇이든지 할 수 있으며 어떤 장애물이든 제거해달라고 요청할 수 있다.

　어느 조직이든 직원들에게 책임을 떠넘기는 걸 쉽게 생각한다. 그래서 팀이 공약한 대로 일을 해내려면 적합한 권한이 필요하다고 할 때, 가끔 어떤 관리자는 놀라워하기도 한다. 그러나 스크럼을 시행하는 동안에는 오직 팀만이 자신의 업무를 규정할 권한을 갖게 해야 한다. 종종 어떤 팀들은 자신들의 권한을 깨닫기까지 약간의 시간이 걸린다. 그런 팀들에게는 이런 사실이 너무 충격적이고 의심스러운 나머지, 어느 누구도 자신들에게 무엇을 하라고 시키지 않는다는 사실에 당혹스러워 한다. 그러나 그런 당혹스러움은 금세 사라지고 자기 조직화를 통해 생산성은 이내 자리를 잡는다.

비록 팀이 자신의 업무를 어떻게 처리할지에 대한 결정권을 갖고 있지만 동시에 기존의 계약, 표준, 관습, 아키텍처와 기술을 활용하고 준수할 의무도 갖는다. 이런 태도를 견지해야 해당 프로젝트의 제품이 회사의 다른 제품들과 조화를 이루고 스크럼 팀이 다른 사람들로부터 인정을 받을 수 있게 된다.

만약 팀이 목표 달성을 위해 필요한 권한을 충분히 갖고 있지 못하다고 느낀다면, 팀은 비정상적인(abnormal) 스프린트의 중단을 요청할 수 있다. 팀은 새로운 스프린트 계획 회의를 소집한다. (극적이지 않은가? 팀은 스프린트 계획 회의 때 세웠던 전제가 지켜지지 않아서 더 이상 스프린트를 진행할 수 없다는 걸 알게 된 것이다.)

작업 환경

팀에게 가능한 최고의 도구를 갖추어 주는 것이 중요하다. 부적절한 인프라와 도구를 갖추어 놓고서 중요한 일을 할 값비싼 엔지니어를 데려다가 제 실력을 발휘하지 못하게 하는 것은 매우 근시안적인 일이다. 함께 일했던 어느 팀에서 계약자들을 위한 워크스테이션이 필요했던 적이 있었다. 내가 그것을 정식으로 요청했을 때, 그 워크스테이션은 그 회사의 규정인 15인치 모니터와 함께 도착했다. 그 팀은 동시에 여러 윈도가 필요한 개발 작업을 하고 있었는데, 15인치 모니터 안에서 가장 최근 태스크를 최상단에 올려 놓으려면 작업을 끊임없이 바꿔주어야 했다. 분명 더 큰 모니터를 사용해야 훨씬 효율적이었다.

보급 담당자는 두 시간도 안 되어서 더 큰 모니터로 교체해 주었다. 그 다음, 나는 경영진과 함께 워크스테이션의 규정을 변경했다.

개방된 업무 환경을 활용하라. 개방된 환경은 사람들 간의 의사소통을 더욱 원활하게 만들고 쉽게 어울리도록 하며 자기 조직화를 촉진한다. 개방적인 팀 공간으로 걸어 들어가면 팀이 어떻게 일하고 있는지를 즉시 파악할 수 있다. 침묵은 불길한 징조다. 내가 대화를 들을 수 있다는 것은 사람들이 협업을 하고 있다는 것을 의미한다. 칸막이가 쳐진 사무실에 들어가면 종종 너무나도 조용한데, 이것은 상호작용의 부재를 가리킨다. 오늘날 사무실에서 칸막이는 극약이다. 칸막이는 말 그대로 사람들 사이를 갈라놓고 분열시킨다.

만약 내가 새로운 소프트웨어 회사를 차린다면, 어떤 사무실을 얻든지 콘크리트 바닥에 나무를 깔고 벽은 화이트보드로 둘러친 후 전화기와 인터넷 선을 사무실 여기저기에 설치할 것이다. 그 다음 사람들에게 바퀴가 달린 책상과 서류함, 컴퓨터 그리고 모니터가 실린 손수레를 지급할 것이다. 마지막으로 사람들로 하여금 각자 알아서 작업 그룹을 형성하게 하고 현재 누가 누구와 일하느냐에 따라서 가구들을 배치하게 할 것이다. 나는 이런 환경에서 일해봤는데 정말 환상적이었다. 여러분이 지금 사무실에서 벌어지는 일들을 소리로 들을 수 있는 분위기에서 일한다면 아마 활력을 느낄 수 있을 것이다. 이런 사무실에서는 항상 좋은 일들이 벌어질 것이다. 물론 모든 회사가 사무실을 이런 식으로 개조할 수 있는 것은 아니다(혹은 그러길 원치 않거나). 그러나 배치를 바꾸는 것만으로도 협업을 촉진시킬 수 있다. 나는 회의실이 충분하지 않은 회사의 경우에는 여러 개의 사무실을 하나의 팀룸(team room)으로 둔갑시켰다. 팀이 이 새로운 방으로 이사하자마자 생산성이 극적으로 증가하였다.

약간의 제약이 필요하긴 하지만 스크럼 팀은 업무 시간을 스스로 결정할 수 있다. 그렇지만 오후 10시부터 오전 6시까지 일하는 식으로 회사의 기본 규정을 깨뜨려서는 안 된다. 반면에 회사는 팀이 가장 일하기 좋은 시간대를 찾게 할 의무가 있다. 물론 팀원들은 다른 팀원들이 함께 있는 시간에 일을 해야 한다.

일일 스크럼 회의

소프트웨어 개발은 엄청난 의사소통을 필요로 하는 복잡한 프로세스다.

팀에게 있어서 일일 스크럼 회의는 의사소통의 장이다.

각 스크럼 팀은 매일 '일일 스크럼 회의(Daily Scrum Meetings)'이라고 불리는 15분짜리 현황 파악 회의를 갖는다. 이 회의에서는 지난 회의 이후로 무엇이 달성되었고, 다음 회의까지 무엇을 할 예정이며, 무엇이 진행을 방해하고 있는지 서로 알게 한다. 일일 스크럼 회의는 사람들이 팀을 기반으로 신속하고 일사불란하게 그리고 서로 존중하며 협업하는 개발에 적응하도록 해준다. 또한 의사소통을 향상시키고 다른 불필요한 회의를 줄여주며 개발의 장애물을 식별/제거하고, 신속한 의사결정을 부각/촉진시켜 모든 사람이 프로젝트를 충분히 이해하게 한다. 이 모든 것이 하루 15분 회의를 통해 얻을 수 있는 성과이다. 내가 계속해서 듣는 장애 요소는 팀원들이 다른 현황 회의에도 참석해야 한다는 것이다. 나는 팀에게 다른 현황 회의에 참석하지 말라고 한다. 프로젝트가 어떻게 진행되고 있는지 알고 싶은 사람은 일일 스크럼 회의에 참석해서 들을 수 있기 때문이다.

스크럼 마스터는 일일 스크럼 회의를 성공적으로 주관할 책임이 있다. 스크럼 마스터는 규칙을 강조하고 사람들이 간결하게 말하도록 해서 일일 스크럼 회의가 길어지지 않도록 해야 한다. 이 같은 규칙은 누구에게나 동일하게 적용되어야 하기 때문에 많은 용기가 필요하다. 수석 부사장에게 끼어들어 방해하지 말라고 말하기는 어렵기 때문이다.

관리자들은 일일 스크럼 회의에서 오고 가는 이야기들에 주의를 기울임으로써 팀이 어떤 일을 하고 있고, 그것이 성공할 것 같은지 아닌지에 대한 감을 얻을 수 있다. 일일 스크럼 회의에 참석하는 것은 보고서를 읽는 것보다 더 쉬울 뿐만 아니라 현황 파악에도 유리하다. 일일 스크럼은 관리자들뿐 아니라 팀에게도 이득이 된다. 스크럼은 공개되어 있기도 하지만 단도직입적이기도 하다. 또한 보고 간격이 겨우 24시간에 불과하기 때문에 팀의 상황을 지속적으로 관찰하기가 쉽다.[6] 스크럼 마스터는 팀원이 자신의 업무에 필요한 것들을 조금이라도 얻으려고 기를 쓰고 있는지 아닌지를 손쉽게 파악할 수 있다. 팀원이 프로젝트에 흥미를 잃었는가? 가족 문제로 누군가가 일에서 손을 놓고 있지는 않은가? 어떤 사안에 대해서 팀 내에 불화가 있지는 않은가? 회의 중에 어떤 태도들을 보이는가? 등등 말이다.

나는 한때 세련된 회의실을 스크럼 룸으로 사용한 적이 있다. 세련되었다라고 말하는 이유는 벽에 화이트보드가 아니라 그림들이 걸려 있었기 때문이다. 한 달 내내 화이트보드들을 달아 달라고 요청했지만 나의 요청은 묵살되었다. 결국 나는 임시방편으로 접착 기능이 있는 플립 차트 종이를 사용했다. 이 종이는 정말 환상적이었다. 뭔가를 적고 나서 보관하고 싶으면 떼어내서 각각을 벽에 붙일 수가 있었다.[7] 하루는 종이를 모두 다 써버린 적이 있었다. 주변을 둘러 보았지만 대체할 만한 것을 찾을 수가 없었다. 결국 그림을 떼어낸 후 매직 마커로 벽에 적기 시작했다. 금세 벽은 글씨로 가득 찼다. 다들 사회적 금기라도 깬 것마냥 혼비백산했다. 물론 이 사실이 시설 관리 부서의 귀에 들어가게 되었는데, 그들의 반응은 벽에 칠을 다시 하고, (마침내!) 화이트보드를 설치해주는 것이었다. 우리는 이 이야기를 통해 생산성을 고도로 유지하기 위해서 시설을 최대한 활용해야 한다는 걸 알 수 있다.

회의실 만들기

스크럼 마스터는 일일 스크럼의 시간과 장소를 마련해야 한다. 일일 스크럼이 열리는 곳을 스크럼 룸(Scrum Room)이라고 부른다. 팀은 매일 같은 시간 같은 장소에서 일일 스크럼 회의를 개최한다. 스크럼 룸은 팀이 일하는 곳에서 쉽게 접근할 수 있는 곳이어야 한다. 이 방에는 (회의 중에 닫아 놓을) 문, (원격으로 참석할 팀원들을 위한) 스피커폰, 탁자와 팀원들이 둘러앉을 만큼 충분한 의자 및 (이슈들과 장애 요소들을 기록하고, 일일 스크럼 후의 일반적인 브레인스토밍을 위한) 화이트보드가 갖추어져 있어야 한다.

닭과 돼지가 함께 모여 있을 때, 닭이 "식당을 시작하자!"고 제안했다. 돼지가 잠깐 생각을 하더니 물었다. "그러면 식당 이름을 뭐로 하지?" 이에 닭이 대답하길, "햄과 달걀은 어때!" 그러자 돼지가 말했다. "그건 안 되겠는데. 너는 그저 (달걀이나 제공하는 것으로) 참여할 뿐이지만, 나는 (내 살을 베어내는) 희생을 해야 한단 말이지!"

닭과 돼지

팀원들은 목표 달성에 필요한 일들을 해내면서 목표를 향해 헌신한다. 그들이 돼지라고 불리는 까닭은 우화 속의 돼지처럼 프로젝트의 성공에 자신을 바치기

---

6 (옮긴이) 하루의 한 번이라는 것은 최대의 간격이며 상황에 따라서는 좀더 짧은 것이 좋을 수도 있다. 역자의 경우, 하루에 두 번 즉 점심시간을 전후로 4시간마다 스크럼 회의를 연 적이 있었다. 또 다른 예로는 2007년 한국 게임 개발자 컨퍼런스의 애자일 게임 개발에 대한 패널 토의에서 나온 사례를 들수 있다. 김창준 님이 컨설팅한 어느 웹 개발팀의 경우에는 1시간 단위로 아주 짧막한 스크럼 회의를 열었다고 한다. 이런 방식을 사용하면 피치 못할 사정으로 스크럼 회의에 불참했더라도 아무 부담 없이 다음 스크럼 회의에 참석해서 현황을 파악할 수 있다는 장점이 있다.

7 (옮긴이) 역자는 3M 포스트-잇 이젤 패드를 사용한다. 화이트보드와 비교할 때 장점은 적고 나서 어디엔가 다시 옮겨 적어야 하는 수고를 덜 수 있다는 점이다.

때문이다. 그외 다른 사람은 모두 닭이다. 닭들은 일일 스크럼에 참석할 수 있지만 주변에 머물러 있어야만 한다. 어떤 식으로도 회의를 방해해서는 안 된다. 여기에는 어떤 말을 하거나 어떤 몸짓을 하거나 어떤 소음을 내는 것도 모두 포함된다.[8] 닭들은 손님으로 온 것이기 때문에 스크럼의 규칙을 따라야 한다.

나는 웹을 통해서 무역 관련 잡지들을 발행하던 회사에서 스크럼을 시행한 적이 있었는데 한 잡지 당 한 팀으로 시작했다. 회사 내 다른 사람들이 스크럼이 어떻게 돌아가는 것인지 알고 싶어했기 때문에 나는 그들을 일일 스크럼 회의에 초대했다. 곧 30명이 넘는 닭들이 스크럼 회의실에 가득 차게 되었다. 어떤 방이든지 이 정도의 인원이 있으면 움직임이 많고 주의가 산만해지기 마련이다. 일일 스크럼에 참석하고 싶어하는 닭들이 많이 있다. 제품 관리자와 경영진, 사용자들처럼 스프린트의 진척을 파악하고 싶어하는 사람들 말이다. 그러나 그 일일 스크럼 회의는 역동적이지 않을 것이다. 참관자들을 최소로 유지하라. 여러분이 일일 스크럼 회의를 다른 팀들을 위한 일종의 훈련으로 활용하지 않기를 권한다.

회의 시작하기

스크럼 마스터는 일일 스크럼의 원활한 진행을 책임진다. 스크럼 마스터는 스크럼 회의실이 제대로 준비되어 있는지를 확인한다. 스크럼 마스터는 회의 시작 전에 원격지에서 일하는 팀원들을 위해서 컨퍼런스 폰을 설치한다.[9] 또한

---

8 (옮긴이) 격자가 아는 한 애자일 실천자는 이에 대해서 다음과 같이 말했다 : "닭은 닥쳐라!" 고상하지는 않지만 함축적이고 통렬한 표현이 아닐 수 없다.

9 폴 마틴(Paul Martin)은 전원이 서서 회의를 해야 할 정도로 매우 작은 자신의 사무실에서 일일 스크럼 회의를 열었다. 게다가 그의 사무실에 있는 사람들은 전체 팀원의 1/3에 불과했고 나머지 2/3는 각각 벌링턴과 시애틀에 흩어져 있었다. 그러나 그 팀은 내가 아는 스크럼 팀들 중 최고의 팀이었다. 그들은 IDX의 모든 제품에 사용되는 웹 프레임워크를 만들어냈다. 제프 서덜랜드, 2001년(개인적인 편지에서)

스크럼 마스터는 회의 중간에 주의가 산만해지는 것을 최소화해서 사람들이 회의에 집중하고 회의가 늘어지지 않도록 한다. 예를 들어서, 어떤 스크럼 마스터는 사람들이 의자를 옮기면서 잡담에 빠지지 않도록 회의가 시작하기 전에 의자를 잘 배치하기도 한다. 어떤 방법을 써서라도 팀의 생산성을 향상시키는 것이 스크럼 마스터의 역할이다. 의자를 잘 배치하는 것은 그 작은 예에 지나지 않는다.

팀은 보통 탁자 같은 것을 중심으로 둥글게 둘러앉아 회의를 하지만, 회의를 서서 하면 회의가 좀더 빨리 끝난다는 것을 아는 팀은 서서 하기도 한다.[10] 팀원들은 도착하는 즉시 원하는 순서대로 앉는다. 팀원이 아닌 사람은 팀원이 둥글게 앉은 원의 바깥에 앉히거나 서있게 한다. 손님을 탁자에 둘러 앉히거나 팀원이 앉은 원 안에 집어넣으면 중간에 끼어들거나 잡담을 하게 된다. 이렇게 되면 회의의 길이를 통제하기 어렵게 된다. 만약 닭에 해당하는 사람들이 원 밖에 있으면 그들은 물리적으로 자신들이 당사자가 아니라 방청객이라는 사실을 자각할 것이다.

모든 팀원들은 일일 스크럼 회의마다 제 시간에 도착해야 한다. 회의는 누가 있든지 없든지 간에 예정된 시간에 시작한다. 많은 스크럼 마스터들이 지각한 사람에게 소액의 벌금을 물리는 방식으로 주의를 주는 것이 중요하다고 역설한다. 지각을 했거나 결석한 팀원에게는 $1의 벌금을 부과하고 스크럼 마스터는 즉시 이 돈을 걷는다.[11] 이렇게 걷힌 돈은 정기적으로 자선 단체에 기

---

10 (옮긴이) 역자 또한 의자와 탁자가 없이 서서 하는 회의(stand-up meeting)를 선호한다. 그 이유는 경험상 의자와 탁자가 있으면 서로 간의 거리가 멀어져서 의사소통의 밀도가 줄어들고 늘어지기 쉬워서 집중력이 떨어지기 때문이다.

11 (옮긴이) 이 방식에는 한 가지 약점이 있는데, 그것은 지각자나 결석자가 벌금을 내는 것으로서 자신의 잘못이 사라졌다고 생각한다는 점이다. 따라서 다음 두 가지 보완책을 권장한다. 1) 결석의 벌금을 지각보다 높게 설정하고 2) 누군가가 지각하거나 결석할 경우, 다른 팀원들도 같이 벌금을 낸다. 이렇게 하면, 지각자 혹은 결석자가 자신의 행동이 팀 전체에 영향을 미친다는 사실을 깨달을 수 있고 다른 팀원들도 그들이 지각이나 결석을 하지 않도록 도울 수 있게 된다.

부하는 등 의미있는 일에 쓴다.

일일 스크럼의 형식

일일 스크럼 회의에서는 돼지에 속한 사람들만이 발언권을 갖고 있으며, 한 번에 한 사람씩 돌아가면서 발표한다. 한 사람이 자신의 현황을 보고하는 동안 나머지 사람은 그의 이야기에 귀 기울여야 한다. 물론, 잡담은 허용되지 않는다. 발표가 끝나면 스크럼 마스터는 그 사람의 바로 왼쪽에 있는 사람에서부터 시계 방향으로 돌아가며 세 가지 사항에 대해 얘기하도록 한다.

지난 일일 스크럼 이후로 무엇을 했는가? 중간에 주말이나 휴일이 낀 경우를 제외하고, 이 질문은 지난 24시간에 관한 것이다. 팀원들은 오직 자신의 팀과 이번 스프린트와 관련하여 자신이 한 것들에 대해서만 언급한다. 예를 들어, 팀은 시간제 임시 직원의 업무 중 팀의 업무와 직접적인 연관이 없는 것에는 관심이 없다. 만약 팀원이 이번 스프린트에서 자신들이 하기로 계획한 일이 아닌 다른 일을 하고 있다면, 그 다른 일을 장애 요소로 취급해야 한다. 팀의 업무와 관련이 없는 것은 무엇이나 장애 요소가 된다.

지금부터 다음 일일 스크럼까지 무엇을 하려고 하는가? 이 질문 역시 오직 팀과 이번 스프린트에 대한 것이다. 팀원 각자가 어떤 일들을 하려고 하는가? 팀원이 하려고 하는 일은 반드시 팀이 하기로 계획한 것에 부합해야 한다. 만약 팀원이 다른 일을 하려고 한다면 반드시 그 이유를 확인해야 한다. 일일 스크럼이 끝난 후에도 새로운 업무에 대해 논의할 필요가 있을 수도 있지만 그렇게 되면 다른 팀원들도 새로운 업무에 따라 자신들의 기존 업무를 수정해야 한다. 이 질문에 대한 대답을 보면서 팀과 관리자는 일이 계획에 맞게 제대로 진행되고 있는지 아니면 변경이 필요한지를 판단할 수 있다.

업무를 하는데 무엇이 방해되는가? 만약 팀원이 계획한 대로 업무를 할 수 없거나 그럴 가능성이 있다고 생각한다면 무엇이 방해하고 있는가? 다시 말해서 그 업무의 진행을 가로 막고 있는 것은 무엇인가? 각 팀원은 계획을 세우고 목표를 설정했으며 목표를 달성하기 위해서 경험주의적으로 해결법을 모색하고 있다. 개별 팀원들의 발목을 붙잡아서 팀 전체의 속도를 저하시키는 것은 무엇인가? 팀원들이 회사에 속해있고 그곳의 문화와 방식에 익숙해져 있겠지만, 그들로 하여금 '틀에서 벗어나' 생각하도록 유도해야 한다. 만약 이상적인 작업 환경을 떠올려 본다면, 지금의 팀에는 무엇이 더 필요할까? 좀 더 자세하게 말해서, 무엇이 팀을 개인들이 모인 그룹이자 결속이 단단한 팀으로서 더욱 생산적으로 만들 수 있을까?

팀원들은 이 세 가지 질문에 요점만을 간추려서 간결하게 말해야 한다. 도움이 필요하다는 것을 강조하려는 경우를 제외하고 해당 업무가 어떻게 완료되었거나 될 것인지에 대해서 미사여구를 동원하거나 장황하게 설명해서는 안 된다. 예를 들어서, 자신이 어떤 모듈의 기능 구현을 완료하려고 했으나 특정 알고리즘이 어떻게 작동하는지 이해하기 힘들다고 보고할 수 있다. 혹은, 어떤 코드를 확인할 예정인데 소스 코드 관리 시스템이 계속 비정상적으로 종료된다고 말할 수도 있다.

일일 스크럼 회의는 설계 회의가 아니며 작업 회의처럼 돌변해서도 안 된다. 설계에 대해서 논하거나 그 자리에서 문제를 해결하려 들지 말라. 이런 중요한 문제들을 논의하기에는 유연하게 활용할 만큼 시간이 길지 않아 부적합하다. 회의의 범위를 제한해서 스크럼 마스터는 회의 시간이 늘어나는 것을 방지하고 일정한 길이로 유지해야 한다. 만약 일일 스크럼 회의에서 다룰 사안의 범위가 커진다면 어느 누구도 시간이 얼마나 필요한지 예측할 수 없을 것이다.

장애 요소 식별하기

만약 팀원이 업무를 효과적으로 수행하는 데 장애가 되는 것을 발견했다면, 스크럼 마스터는 그 장애 요소들을 기록하고 제거할 책임이 있다. 장애 요소는 벽에 걸린 화이트보드 같은 곳에 적어 두어야 한다. 만약 스크럼 마스터가 그 장애 요소를 제대로 이해하지 못했다면, 스크럼 회의가 끝난 후에 해당 장애 요소를 보고한 사람을 만나서 좀더 자세히 듣도록 한다. 일반적인 장애 요소들은 다음과 같다.

- 워크스테이션, 네트워크나 서버들 중 하나 혹은 전체의 작동이 중지되었다.
- 네트워크나 서버가 느리다.
- 인사 부서의 교육 훈련에 참석해야 한다.
- 경영진과의 현황 회의에 참석해야 한다.
- 경영진이 스프린트 백로그에 없는 다른 일을 시켰다.
- 이번 스프린트에 해당 팀원이 하기로 한 것과는 다른 일을 요구 받았다.
- 어떻게 처리해야 할지 모르겠다.
- 설계가 확실하게 결정되지 않았다.
- 기술을 어떻게 사용해야 할지 자신이 없다.

스크럼 마스터의 최우선 업무는 장애물을 제거하는 것이다. 만약 팀원이 스크럼 마스터에게 이것만 해결되면 자신의 생산성이 올라갈 것이라고 말한다면, 스크럼 마스터는 그것을 해야만 한다. 이렇게 스크럼 마스터는 일일 스크럼을 통해서 팀의 생산성을 향상시키기 위해서 자신이 무엇을 해야 하는지에 대한 정보를 직접적으로 얻을 수 있다.

만약 장애물이 즉시 해결되지 않으면, 다음날 팀은 여전히 장애를 겪고 있다고 보고 할 것이다. 그러나 장애 요소가 제거되지 않았는데도 팀원들이 장애 요소에 대해서 보고하지 않는 것은 좋지 않은 조짐이다. 이것은 스크럼 마스터가 자신들의 문제를 해결할 수 있고 실제로 그럴 것이라는 확신을 잃어버렸다는 것을 의미한다. 어떠한 이유로든 장애 요소를 제거하지 못했다면 스크럼 마스터는 다음 일일 스크럼에서 이 사실을 보고 해야만 한다.

만약 화이트보드에 적힌 미해결 장애 요소가 계속 늘어나기만 한다면 회사에서 팀을 충분히 지원하지 않고 있다는 것을 의미한다. 이 경우, 스크럼 마스터는 스프린트를 취소할 수도 있다. 스프린트의 중단은 매우 강력한 무기다. 스크럼 마스터가 판단하기에 해당 프로젝트에 대한 회사의 지원이 거의 없어서 팀을 거의 무력하게 만든다고 판단하고 심히 우려될 경우에만 이 무기를 사용해야 한다. 지원이 부족한 이유는 해당 프로젝트가 중요한 프로젝트가 아니거나 회사가 어떤 프로젝트도 제대로 지원할 수 없는 상태일 수도 있기 때문이다. 물론 그 이유는 해당 프로젝트에서 그리 중요하지 않다. 스크럼 마스터는 많은 장애 요소들을 목격했고, 관계자가 그 장애 요소들을 제거하길 원치 않거나 제거할 능력이 없다는 사실이 중요하다. 스크럼 마스터는 스프린트를 취소하기 전에 자신이 목격한 사실들과 관리자의 지원 부족이 야기할 수 있는 결과를 매우 조심스럽게 그러나 열성적으로 논의해야만 한다. 일단 스프린트 취소를 결정하게 되면, 스크럼 마스터는 프로젝트를 성공시키기 위한 관리자의 지원이나 회사 차원의 노력이 부족했음을 효과적으로 알려야 한다.

의사결정

스크럼 팀은 스프린트 목표를 달성하기 위해서 제품 백로그를 제품 증분으로 바꾸는데 필요한 모든 사항을 결정할 수 있는 권한을 갖고 있다. 팀은 최선의 결정을 내리고 최선의 결과를 내기 위해 필요한 것이라면 예산이 허락하는 한도 내에서 무엇이든지 할 수 있다. 팀원들은 다른 사람들을 면담하거나 컨설턴트를 초빙하거나 책을 읽거나 인터넷을 뒤지거나 간에 필요한 것이라면 무엇이든 할 수 있다. 한편 어떤 팀원은 미결정사항을 장애물로 여길 수 있다. (예를 들면, "저는 이걸 할지, 저걸 할지 모르겠어요.") 그럴 경우, 스크럼 마스터는 (가능하다면 즉시 그 자리에서) 결정을 내릴 책임이 있다. 그러나 스크럼을 처음 시행하는 팀의 경우 스크럼 마스터가 팀을 위해서 너무 많은 결정을 내리지 않도록 주의해야 한다. 대부분의 조직에서는 의사결정을 위임하는 것이 낯설기 때문에 스크럼 마스터는 팀이 목표를 완수하기 위해 스스로 결정을 내릴 수 있도록 도와야 한다. 하지만 팀이 외부인에 의존해서 결정하면 할수록 자신들의 목표에 대한 통제권이 약해질 것이다.

팀이 확신을 갖고 있지 못하다면, 확신을 갖기 위해 필요한 정보라면 무엇이든지 입수해야만 한다. 때때로 팀은 어떤 결정이 너무 위험하거나 민감한 사안이라고 느낄 때 다른 누군가가 대신 결정해줄 것을 요청한다. 이 경우 스크럼 마스터는 일일 스크럼이 끝난 후 팀과 함께 결정을 내린다. 팀은 자신이 가진 최고의 정보를 기반으로 어떻게 행동할 것인지 결정해야 하지만 자신의 본능적 직관을 조화시켜야 한다. 대부분의 경우, 재빠른 결정이 다른 누군가가 결정해주기를 기다리면서 일을 뭉개고 있는 것보다 낫다. 보통 팀은 다른 누구보다 무엇이 대안인지는 훨씬 더 잘 알고 있다. 또한 완료된 작업은 관성이 있는데다가 보통 '충분히 좋은' 편이다. 최악의 경우라도 아무것도 하지 않은 것보다는 낫다.[12]

대부분의 경우 결정된 내용에는 큰 문제가 없다. 그러나 때때로 잘못된 의사결정에 따라서 엉뚱한 기능이 만들어지거나, 기술을 부적절하게 적용하는 경우도 발생한다. 스프린트가 끝날 무렵 제품 증분을 검토할 때 이런 점이 명확해진다. 만약, 이번 검토 회의에서 잘못된 의사결정 사항이 보이지 않는다면 그건 중요하지 않은 것일 것이다.[13] 그렇지 않고 잘못된 결정을 바로잡기

---

12 (옮긴이) 스프린트 기간 동안 작업한 내용 전부를 버려야 하는 일이 벌어지더라도, 그게 잘못된 결정이라는 걸 알 수 있었다는 점에서는, 빈둥거리면서 결정이 날 때까지 아무 것도 하지 않는 것보다 낫다.

위해서 재작업이 필요할 수도 있다. 스프린트는 매우 짧기 때문에 잘못된 결정이라고 해도 업무에 30일 이상 영향을 끼치는 경우는 매우 드물다.

만약 일일 스크럼 회의에서 결정을 내릴 수 없다면, 스크럼 마스터는 일일 스크럼이 끝나고 한 시간 이내에 결정을 내려서 팀 전체에 전파해야 한다.

후속 회의 개최하기

위의 세 가지 질문에 대한 대답을 들어 확인된 현황과는 다른 무엇이 필요하다면, 후속 회의를 개최할 필요가 있을 것이다. 어떤 팀원이 자신의 현황을 보고한 이후에 다른 팀원이 다음과 같이 불쑥 끼어들 수 있다. "저는 일일 스크럼 회의 후에 이 사안에 대해서 좀더 논의하고 싶습니다. 관심이 있으신 분은 누구든지 가지 말고 남아주세요." 한 명 이상의 팀원이 해당 주제에 대해서 깊은 이야기를 나누고 싶어할 수도 있다. 이 대화는 설계나 요구사항에 대한 다른 대안이나 해석이 될 수도 있다. 또는 어떤 팀원이 마침 같은 일을 하고 있어서 정보를 공유하고 싶어할 수도 있다. 이와 같은 정보 공유 문제는 범위가 막연하여 설계에 대한 토론으로 이어지기도 한다. 어떤 팀원이 마침 이전에 비슷한 일을 해봤거나 그 일을 처리하는 더 쉬운 방법을 알 수도 있을 것이다. 그러나 이런 경우, 다른 팀원이 또 다른 접근법을 제안하게 되고, 그 결과 설계에 대한 토론으로 바뀌어 버린다.

작업에 관련된 회의는 어떤 결정에 이르거나 설계 또는 표준에 대한 토론으로 발전되어야 한다. 어느 경우이든 간에 대화에는 아무런 제한이 없다. 더 많은 시간이 소요될 수도 있지만 다른 팀원들이 합류할 수도 있기에 이러한 토론은 모두 가치 있을 뿐만 아니라 꼭 필요하다. 단지 일일 스크럼이 끝난 다음에 벌어져야 할 뿐이다. 일일 스크럼과 실제 작업에 관련된 모든 회의는 명확

---

13 (옮긴이) 눈으로 확인할 수 있는 구현 결과가 없다는 것은 '잘못된 의사 결정 사항'이 개발 기간 도중에 아예 무시되었기 때문일 것이다.

하게 구분하도록 해야 한다. 그렇게 하지 않으면, 현황 파악 회의와 실제 업무 회의 사이의 구분이 희미해지면서 딱 정해진 짧은 시간만 소요되는 일일 스크럼의 장점을 상실하게 된다.

스프린트 계획 회의

고객, 사용자, 경영진, 제품 책임자와 스크럼 팀은
스프린트 계획 회의에서 다음 스프린트의 목표와 기능을 결정한다.
그 다음, 팀은 제품 증분을 개발하기 위해서 필요한 개별 태스크들을 도출한다.

스프린트 계획 회의의 개요

스크럼 팀은 스크럼 마스터뿐만 아니라 팀원이 아닌 다른 사람들과도 스프린트를 계획한다. 스프린트 계획 회의는 사실상 두 개의 연속된 회의로 구성된다. 첫 번째 회의에서 팀은 제품 책임자, 관리자 그리고 사용자를 만나 다음 스프린트에서 어떤 기능을 개발할 것인가를 결정한다. 두 번째 회의에서는 다

그림 3.1 **신규 스프린트를 위해 투입해야 할 것들**

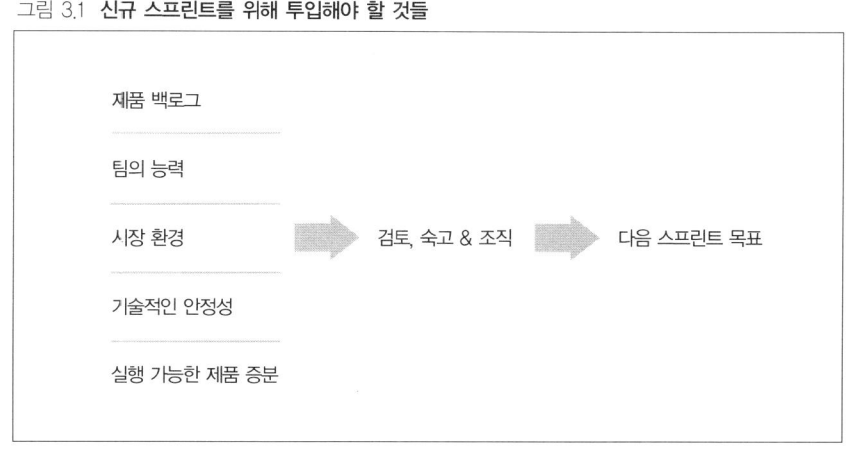

음 스프린트 동안 그 기능을 어떻게 제품 증분으로 만들 것인가를 팀 스스로 결정한다. 이 회의에 투입해야 할 것들은 제품 백로그, 최신 제품 증분, 팀의 역량과 과거 실적 자료 등이다. 신규 스프린트 계획 수립의 개요에 대해서는 그림 3.1을 참고하라.

다음 스프린트의 목표 선정과 제품 백로그 확정

제품 책임자가 최우선 제품 백로그를 발표하는 것으로 회의를 시작한다. 제품 책임자는 이전 스프린트 종료 시점에서 있었던 시연('스프린트 검토' 참고)을 바탕으로 백로그에 어떤 변화가 적당한가에 대한 토론을 주관한다. 팀이 다음에 하길 바라는 것이 있다면 그것은 무엇인가? 팀은 제품 책임자, 관리자, 고객과 함께 제품 백로그 중 다음 스프린트(공휴일을 포함한 순수 달력상의 30일) 동안 개발 가능하다고 믿는 것들을 선별한다. 최우선 제품 백로그의 예는 다음과 같다.

- 기존 데이터베이스에 연동된 애플리케이션을 통해서 복구 가능하고 안전하게 접근을 할 수 있는 미들웨어를 구현한다.
- 계정 관리 시스템의 사용자 계정 변경 기능은 계정 관리 시스템이나 데이터베이스가 비정상적으로 종료될 때 트랜잭션을 소실한다. 이 트랜잭션을 보장하라.
- 클라이언트 계정 변경 기능은 실시간으로 '우선순위가 높은' 계정들을 식별해야 한다.

제품 백로그는 기능과 기술의 혼합체다. 만약 사용할 기술이 이미 결정되어 있다면 초기 백로그 항목이 보다 구체적일 수 있다. 예를 들면 다음과 같다.

- BEA 시스템의 턱시도(Tuxedo)와 CORBA 호환 래퍼를 사용해서 애플리케이션과 기존 데이터베이스를 연동할 안전하고 복구 가능한 객체지향 미들웨어를 구현한다.

팀은 기능들을 어떻게 구현할지 자유롭게 선택할 수 있다. 위의 경우를 예로 들면, 팀은 오직 제품 백로그들 중에서 우선순위가 가장 높은 항목들만을 골랐다. 또한 새로운 기술을 바탕으로 이 기능들을 구현하려고 시도하고 있다. 물론 팀은 정확히 어느 것이 구현 가능하고, 선택한 기술이 얼마나 적합할지, 혹은 개발하려는 기능이 얼마나 구현하기 쉽거나 어려운지 알지 못한다.

스프린트 목표란, 선정된 제품 백로그의 구현을 통해 달성되는 어떤 목표로서 선정된 제품 백로그를 바탕으로 결정된다. 예를 들어서 다음과 같은 스프린트 목표가 있을 수 있다.

- 스프린트 목표 : 선별된 고객 서비스 트랜잭션들이 뒷단의 데이터베이스에 접속할 수 있도록 표준화된 미들웨어 메커니즘을 제공한다.

스프린트 목표를 설정하는 이유는 해당 스프린트 동안 개발할 기능에 관해서 팀에게 융통성을 발휘할 여유를 주기 위해서다. 스프린트 목표는 예를 들면 이런 것일 수도 있다. '안전하고, 복구 가능한 트랜잭션 미들웨어 기능을 통해서 클라이언트 계정 변경 기능을 자동화한다.' 팀은 일을 하는 동안 이 목표를 되새기며 목표를 이루기 위해서 기술을 발휘해 기능을 구현하게 된다. 작업이 팀이 예상한 것보다 어렵다고 판명나면, 팀은 그 기능의 일부만을 구현할 수도 있다. 스프린트 검토 회의에서 관리자, 고객과 제품 책임자는 기능이 어떻게, 어느 정도 구현되었는지를 검토한다. 또한 스프린트 목표가 어떻게 달성되었는지를 검토한다. 만약 불만족스럽다면 관리자, 고객과 제품 책임자는 요구사항이나 기술 그리고 팀의 구성에 대해서 새로운 결정을 내릴 수 있다. 그러나 스프린트 동안에 스프린트 목표를 어떻게 달성할 것인가는 어디까지나 팀이 스스로 결정한다. 스프린트가 끝날 무렵 완료되지 않은 작업들은 제품 백로그에 다시 집어넣는다.

스프린트 목표에 맞게 스프린트 백로그 정의하기

스프린트 목표를 설정하고 나면 목표 달성을 위해서 어떤 작업들을 완수할 것인가를 결정한다. 이 사항을 결정할 때에는 모든 팀원이 참석해야 한다. 기술적이거나 도메인에 대한 조언을 제공할 다른 사람들을 초대할 수도 있다. 제품 책임자도 종종 참석한다. 새로 결성된 팀은 종종 이 회의를 통해서 자신들이 개인으로서가 아니라 하나의 팀으로 살거나 죽을 수 있다는 사실을 처음으로 깨닫는다. 팀은 모든 것이 전적으로 자신들의 독창성, 창조성, 협력과 협업 그리고 해내려는 노력에 달려 있다는 사실을 깨닫는다. 팀이 이 사실들을 깨닫는 순간, 자기 조직화를 통해 진정한 팀의 특성과 행동이 드러나게 된다. 이 회의에서 경영진이나 사용자는 팀의 결정을 방해할 어떤 행동이나 말을 해서는 안 된다.

팀은 스프린트 목표 달성을 위해 필요한 태스크들의 목록을 작성한다. 이 작업들은 제품 백로그를 작동하는 소프트웨어로 변환하는데 필요한 태스크들의 상세한 목록이다. 각 태스크는 대략 4시간에서 16시간 안에 완료할 수 있을 만큼 충분히 자세하게 명시되어 있어야 한다. 이 태스크 목록을 스프린트 백로그라고 부른다. 팀은 스프린트 백로그에서 자신이 할 태스크를 스스로 선택하고 결정한다. 때로는 스프린트 백로그의 일부밖에 작성할 수 없을 때가 있다. 또한 팀은 나머지 태스크들을 완전히 정의하기 전에 초기 아키텍처를 정의하거나 설계를 만들어낼 수도 있다. 이와 같은 경우 팀은 사전 조사, 설계 및 아키텍처 작업을 가능한 자세히 정의하고, 그 작업들이 완료되었을 때 뒤이어 수행해야 할 업무들을 남겨두어야 한다. 그때가 되면 해당 업무들에 대한 이해가 깊어지면서 업무를 보다 상세화하기 위한 또 다른 회의를 소집할 수도 있다.

앞서 말한 스프린트 목표를 달성하기 위해서 팀은 다음과 같은 스프린트 백로그들을 선택할 수 있다.

- 트랜잭션 요소들을 백엔드의 데이터베이스 테이블에 매핑 한다.
- 정의된 메서드와 인터페이스를 통해서 트랜잭션을 처리하는 비즈니스 오브젝트를 C++로 작성한다.
- 모든 대기열(queue), 메시지 통신과 트랜잭션 관리에는 턱시도를 사용한다.
- 필요한 확장성을 만족시키는지를 확인하기 위해서 트랜잭션 성능을 측정한다.

팀은 스프린트 기간 내내 스프린트 백로그를 수정한다. 스프린트 백로그가 개개의 태스크로 바뀌게 되면 예상보다 태스크가 많다는 (혹은 적다는) 것을 알게 된다. 또한 주어진 태스크에 필요한 시간이 예상보다 길다는(혹은 짧다는) 것을 알게 된다. 새로운 업무가 필요해지면 스프린트 백로그에 추가한다. 태스크를 착수하거나 완료할 때마다 각 태스크 완료까지 남은 시간의 추정치를 계속 갱신한다. 만약 어떤 태스크들이 불필요하다고 판단되면 그것들을 제거할 수도 있다. 스프린트 동안에는 오직 팀만이 스프린트 백로그를 변경할 수 있다. 스프린트 백로그는 스프린트 동안에 완수하기로 계획한 작업이 어떻게 진행되고 있는지를 실시간으로 한눈에 알아볼 수 있게 해준다. 스프린트 백로그는 전적으로 팀에게 달려있는 것이다.

때때로 스크럼 팀은 자신들이 한 번의 스프린트 주기 동안 끝내기에는 너무 많은 제품 백로그를 선택했다는 사실을 깨닫기도 한다. 이런 일이 벌어질 경우 스크럼 마스터는 즉시 제품 책임자와 스크럼 팀을 한 자리에 모은 다음 제거하더라도 스프린트 목표 달성에 지장이 없는 제품 백로그를 모두 함께 선정한다. 만약 어느 제품 백로그를 제거하기 어렵다면 개발 범위를 줄일 수 있는 기능은 어떤 것이 있는지 알아본다.

스프린트를 서너 번 정도 겪고 나면 팀은 계획을 수립하는 데 점점 더 능숙해진다. 먼저, 팀은 자신이 맡은 임무를 달성하지 못하는 것에 대해서 민감해진다. 스크럼 프로세스에 익숙해질수록, 구현하려는 기능과 사용하는 기술에 대한 이해도가 높아질수록, 하나의 팀으로서 똘똘 뭉쳐질수록, 점점 더 많은 성과를 내게 된다.

스프린트

개발팀은 스프린트라고 불리는 한정된 기간 동안 일을 한다.

앞에서 스크럼 팀은 다음 스프린트(Sprint) 동안에 무엇을 개발할 것인지를 결정했다. 이제는 스프린트 목표를 달성하기 위해서 전력 질주할 차례다. 팀은 목표 달성 방법을 자유롭게 선택할 수 있다. 기술 및 조직 내부 환경 그리고 외부 환경을 고려하여 팀이 스스로 판단하기에 가장 적합한 방법으로 목표를 달성할 수 있다.

전쟁이 발발하면 군대는 일단의 작전 팀을 작전 지역의 요소요소에 투입한다. 각 팀마다 달성해야 할 목표가 존재하고 각 팀은 자신들의 목표를 달성하기 위해서 자율적으로 움직인다. 팀은 필요한 모든 훈련과 보급을 마친 상태다. 그러나 투입 지점은 일반적으로 복잡할 뿐만 아니라 심지어는 아수라장의 한복판같이 혼란스러운 경우가 많다. 더구나 현재 상황이나 해야 할 일에 대해 팀이 갖고 있는 정보라고는 사전에 수립한 작전 계획이 전부다. 따라서 팀은 임무 달성을 위해 즉자적으로 대응할 수밖에 없게 된다. 그리고 정해진 시간이 되면 작전이 종료되고 팀은 복귀하게 된다.

스크럼에 관한 최초의 기술도 이와 매우 유사하다[Takeuchi and Nonaka]. "이 프로세스는 대체로 관리자가 프로젝트 팀에게 대략적인 목표를 부여하는 것으로 시작된다. 드물기는 하지만 명확한 제품 컨셉이나 세부적인 업무 계획을 나누어 주기도 한다. 요컨대, 프로젝트 팀은 극한의 자유를 갖고 있지만 그와 동시에 목표로 형상화된 극한의 도전에 직면하게 된다. 이 도전으로 인해서 기존의 지식은 무용지물이 되고 프로젝트 팀은 무정보 상태(zero information)에 빠지게 된다. 따라서 팀은 자력으로 생존하고, 역동적인 조직으로 거듭날 방도를 찾아야만 한다."

"우리가 조사한 몇몇 회사들에 따르면 이 프로세스는 엄청난 시행착오를 만들어내는 경향이 있다. 그러나 이 시행착오는 귀중한 학습 경험으로서 언제나 긍정적으로 받아들여지게 될 것이다. 가장 중요한 사실은 이 혼란스러운 프로세스가 기존의 순차적인 개발 프로세스보다 훨씬 혁신적인 제품을 더 빨리 생산해 낸다는 점이다. 또한 팀원들 간의 상호작용을 통해서 각 개인의 지식을 폭넓게 확장시킴으로써 팀원들은 '능력을 고루 갖춘 유능한 개발자'로 성장할 것이다."

제품 증분은 혼돈의 산물이다

스프린트 계획 회의에서 전반적인 목적과 목표가 수립되고 나면 스크럼 팀이 스프린트에 투입된다. 팀은 복잡한 요구사항과 예측 불가능한 기술을 제품 증분으로 만들기 위해 최선을 다해야 한다. 또한 혼돈을 길들이고 복잡성을 예측 가능한 제품으로 바꾸어 놓아야 한다. 뭐 이런 일이 다 있을까?

스크럼은 사람들에게 불가능한 복잡성으로부터 예측 가능한 제품을 쥐어짜내도록 요구한다. 어떤 사람들은 이런 종류의 업무를 감당할 수 없다. 그런 사람들은 스프린트 중간에 해당 프로젝트에서 빠지고 싶어할 수도 있다. 또 어떤 사람들은 최선을 다해서 무언가를 만들어내야만 하는 이 기회를 즐기기도 한다. 성공적으로 스크럼에 적응하는 사람들은 한 조직의 중핵을 담당할 만한 인물들이다. 스크럼은 이런 사람들을 판별하는데 도움이 된다. 경영진은 한 스프린트 동안 한 팀에게 30일을 투자한다. 팀이 내놓은 결과물이 어떻든 팀은 요구사항과 기술에 대한 소중한 지식을 얻는다. 팀이 가시적인 결과물을 내놓지 않는다 하더라도 팀은 매우 유용한 학습 과정을 경험하게 된다. 변경된 스프린트 목표에 다시 한번 도전하기 위해서 스스로를 훈련시키는 셈이다. 팀이 작업 분야와 문제의 복잡성에 대해 더 깊이 이해하게 되면서 성공에 한 발자국 더 다가서게 될 것이다.

방해 금지, 난입 금지, 잡상인 금지

30일간의 스프린트 동안 팀은 자유롭게 방임된다. 팀은 헌신적인 목표를 달성할 제품 증분 구축을 책임진다. 팀은 스스로 판단하기에 적합하다고 생각하는 대로 행동할 권리가 있다. 팀 외부의 어느 누구도 팀이 스프린트 동안 하고 있는 업무의 범위나 성격을 바꿀 수 없으며 새로운 기능이나 기술을 추가해서도 안 된다. 팀의 업무 방식에 대한 간섭도 금지된다. 이것은 마치 전장에 투입된 부대가 일일이 지시를 받지 않고 작전을 수행하는 것과 같다.

많은 조직이 처음에는 스프린트 동안 팀을 자유롭게 풀어주어야 한다는 사실에 거북해 한다. 옳지 않을 뿐만 아니라 너무 위험하다는 생각이 드는 것이다. 그러나 팀을 믿고 그들로 하여금 가장 적합한 최선의 방책이 무엇인지 알아내도록 하는 것이 정말 관리자에게는 이상한 얘기로만 들릴까? 그리고 실제로 얼마나 위험할까? 관리자는 가능한 최고의 사람들을 팀에 배정했다. 팀이 하려는 일은 스프린트 목표와 제품 백로그에 정의되어 있다. 최악의 경우라고 해도 달력상의 30일을 낭비하는 것에 지나지 않는다. 또한 관리자는 일일 스크럼에 참석하거나 최신 스프린트 백로그를 살펴봄으로써 팀이 어떻게 일하고 있는지를 확인할 수 있다. 팀이 어떤 결과물도 내놓지 못하는 것은 정말 최악의 경우이겠지만 그럼에도 불구하고 팀은 많은 것을 배우게 된다. 대체로 팀은 최선을 다해 결과물을 내놓는다. 그리고 그 중 대부분은 기대치를 뛰어넘는다. 일단 창조적인 분위기로 흐르게 되면 팀의 창조성과 생산성이 급격히 상승한다. 스프린트는 직원들이 할 일이 무엇인지 알고 그것을 해낼 수 있다는 것을 놓고 관리자와 내기를 하는 것과 같다.

스프린트의 동작 메커니즘

스프린트의 길이는 달력으로 30일이다. 팀은 그 기간 동안 문제를 해결하고 제품 증분을 만들어낸다. 스프린트의 길이가 30일인 이유는 그 이상이 되면 관리자가 참견하고 싶은 욕망을 억누르기 어렵기 때문이다. 스크럼을 처음 접해보는 사람들은 보통 스프린트의 길이를 60일 아니면 2주 혹은 1주로 바꾸고 싶어 한다. 그러나 이러한 유혹을 뿌리치는 것이 좋다. 프로젝트에 대한 다양한 압력들을 고려했을 때 30일은 절묘한 절충안이기 때문이다. 모든 사람이 스크럼을 충분히 경험하고 난 다음에는 기간을 변경해도 좋다.

스프린트 기간 동안 팀은 전권을 행사한다. 팀은 자신들이 원하는 만큼 일할 수 있다. 원한다면 언제든지 회의를 열 수 있다. 오전 6시부터 오후 10시까지 설계에 대해 회의할 수도 있다. 수일 동안 벤더나 컨설턴트와 면담을 하거나 웹에서 정보를 찾을 수도 있다. 팀이 이러한 절대권을 가질 수 있는 이유는 경영진이 팀에게 30일 동안 자치권을 부여했기 때문이다.

모든 제품 개발 프로젝트는 다음 4가지 변수에 의해 제약을 받는다. (허용된) 시간, (인력과 자원 측면에서의) 비용, (산출물의) 품질, (산출물의) 기능이다. 스프린트는 앞의 세 가지 변수를 훌륭하게 고정시킨다. 스프린트는 언제나 30일 걸린다. 비용은 현재 팀원들의 봉급과 개발 환경으로 국한된다. 그러나 이것은 보통 스프린트를 시작하기 전 해당 사항이다. 스프린트 동안에 장애물을 제거하기 위해 정해진 예산으로 컨설턴트를 고용하거나 도구를 구매할 수도 있다. 품질은 보통 팀이 속한 회사의 기준에 따른다. 만약 그렇지 않다면, 스프린트를 시작하기 전에 목표하는 품질을 정의할 필요가 있다.

스프린트 목표에 부합하는 한, 팀은 해당 스프린트에서 구현하기로 했던 기능들을 변경할 권한을 갖고 있다. 이것을 위해서 개발할 기능의 범위를 늘리거나 줄인다. 예를 들어서, '계좌 잔액을 확인한다' 라는 기능의 범위를 변경한다고 하자. 팀은 이 기능을 가능한 모든 계정의 잔액을 확인하는 것으로 확대하거나 혹은 단 한 개의 계정으로 국한시킬 수 있다. 이 기능을 구현하기 위한 설계와 코드는 확연하게 다르다. 스프린트 검토 회의에서 기능이 구현된 정도를 시연하고 그에 대해서 토론한다. 아직 구현되지 않았거나 완성되지 않은 기능들은 제품 백로그로 되돌린 후 우선순위를 매긴다.

스프린트 동안 팀이 반드시 지켜야 할 사항이 두 가지 있다. 일일 스크럼 회의와 스프린트 백로그다. 이 두 가지는 팀의 필수 작업 도구다. 일일 스크럼 회의에는 모든 팀원이 직접 참석하든 전화를 이용하든 반드시 참여하도록 유도해야 한다. 이메일이나 팩스와 같은 간접적인 현황 보고는 금지된다. 스프린트 백로그는 반드시 최신 상태로 유지해야 하고 팀의 활동을 정확하게 반영해야 하며, 이를 통해서 진화하는 팀과 팀의 업무를 정확하게 그려내야 한다. 그래서 스프린트 백로그를 작업하는 팀원들은 그 추정치를 계속 갱신한다.

스프린트 동안 팀은 모든 업무를 측정하고 경험적으로 통제한다. 어떻게 일이 진행되느냐에 따라 더 많거나 혹은 더 적은 일이 완료된 상태에 있을 수 있다. 완료되는 업무량에 영향을 주는 요소들에는 팀의 협업 능력, 각 팀원의 기술 수준, 수행할 업무의 상세함, 사용하는 도구의 성능과 팀에게 부여된 기준치가 포함된다. 스크럼에서는 팀이 자신들의 업무량을 조절할 수 있기 때문에 스프린트 목표에 부합하는 한 팀은 조금 더 일하거나 조금 덜 일할 수 있는 약간의 유연성을 갖고 있다.

스프린트가 끝날 무렵이 되면 팀은 제품 증분을 인도해야만 한다. 일일 빌드(Daily product builds)는 팀의 진척도를 측정하는 훌륭한 수단이다. 빌드하기에 앞서 테스트 스위트(test suite)를 갱신하고 각 빌드마다 스모크 혹은 회귀 테스트(smoke, regression test)를 수행해야 한다. 매 빌드마다 코드 체크-인을 하는 것도 팀의 의사소통과 협업을 향상시키기 때문에 고려해 볼 만한 좋은 생각이다.

비정상적인 스프린트 중단

예정된 30일이 지나기도 전에 스프린트가 취소되는 경우도 발생한다. 어떤 경우에 스프린트를 취소해야 할까? 기존의 스프린트 목표가 쓸모없게 되면 경영진이 스프린트를 취소할 수 있다. 혹은 회사 전체가 방향을 바꾸거나 시장 상황이나 기술적인 요구사항이 변경될 수도 있다. 물론 경영진은 간단하게 결정을 변경할 수 있지만, 일반적으로 기존 스프린트 목표가 더 이상 현재 상황에서 적합하지 않으면 스프린트를 취소해야만 한다. 그러나 스프린트는 길이가 30일로 매우 짧기 때문에 경영진이 스프린트를 취소하는 게 좋겠다고 생각하는 경우는 거의 없다.

하지만 때때로 팀이 스스로 스프린트를 취소하겠다는 결정을 내리기도 한다. 스프린트를 겪으면서 팀은 자신들의 능력과 프로젝트의 요구사항을 더 잘 이해하게 되지만 스프린트 도중에 자신들이 이번 스프린트 목표를 달성할 수 없다는 사실을 깨닫게 될 수도 있다. 업무에 대한 팀의 생각이 바뀌지 않았다 하더라도 팀이 심각한 난관에 직면했다면 스프린트를 취소할 수 있다. 혹은 팀이 스프린트 목표를 달성했다고 판단해서, 더 많은 기능을 구현하기 전에 경영진으로부터 더 많은 지시를 받기 위해서 스프린트 중단을 결정하기도 한다.

팀이 스프린트를 취소할 수 있는 권한을 갖는 것은 매우 중요하다. 누군가가 업무의 성격이나 범위를 변경하려고 하면 팀이 스프린트를 중단할 수 있기 때문에 업무에 집중하는 것이 가능하다. 모든 사람이 이 사실을 알고 있으면 결과적으로 변경을 자제하게 된다. 새로운 스프린트를 시작하기 위해서는 다 함께 모여서 스프린트 계획 회의를 열어야 하기 때문에 스프린트 중단은 자원을 낭비하는 행위다. 스프린트 중단을 위한 회의를 할 때 처음 받는 질문은

"이 회의가 이렇게 빨리 열리게 된 것은 누구 책임인가?"이다. 사람들은 이 질문에 대한 대답으로 자신의 이름이 거론되는 것을 원치 않기 때문에 스프린트가 중단되는 경우는 극히 드물다.

스프린트 검토

스프린트 검토(Sprint Review)는 정보 전달을 위한 회의로 네 시간이 소요된다.
이 회의에서 팀은 경영진, 고객들, 사용자들과 제품 책임자에게 자신들이
이번 스프린트에서 개발한 제품 증분을 선보인다.

인공위성과 위치 확인 시스템(Global Positioning Systems, GPS)이 발명되기 전에 대양을 오가는 배들은 매일 아침저녁으로 자신들의 위치를 '정정(fix)' 했다. 항해사는 서너 개의 별들이 지평선과 이루는 각도를 측정해서 각 별과 조응한 배의 상대적인 위치를 기입한 다음, 그 선들을 서로 교차시켜서 현재의 위치를 찾아냈는데 이 과정을 바로 '정정(fix)'이라고 부른다. 이것을 통해서 배의 실제 위치를 파악했고 배의 위치에 대한 이전 추정치의 오류를 바로 잡았다. 조류, 바람, 불완전한 조타 장치와 서투른 위치 파악으로 인해서 추정한 배의 위치와 실제 위치 사이의 차이가 수마일 가량 벌어질 수도 있다. 날씨가 좋지 않으면 시계(visibility)가 열악해서 수일 동안 위치 파악을 할 수 없는 경우가 많아지고, 위치에 대한 추정도 점점 더 맞지 않게 되기도 한다. 배가 해안에 가까이 다가가면 종종 정확한 위치를 파악할 때까지 해안선을 따라 항해하지만 가장 최근의 위치가 비교적 최선의 정보이기 때문에 배의 일등 항해사는 이를 바탕으로 항로를 결정했다.

스프린트 검토는 프로젝트에 이와 같은 정정(fix)을 제공한다. 팀은 스프린트가 끝날 무렵에 팀이 어느 위치에 있게 될 것인지를 추정하고, 그에 따라 항

로를 설정한다. 스프린트가 끝날 즈음 팀은 자신들이 개발한 제품 증분을 선보인다. 경영진, 고객들, 사용자들과 제품 책임자는 제품 증분을 평가하고 이번 스프린트 동안 팀이 겪은 이야기에 귀를 기울인다. 그들이 무엇을 잘 했고 무엇을 잘못 했는지 듣는다. 제품과 시스템 구축이라는 긴 항해에서 자신들이 실제로 어디쯤 왔는가를 파악하고 정정한다. 이 모든 것이 끝나고 나면 다음에 무엇을 할 것인가에 대해서 근거 있는 결정을 내릴 수 있게 된다. 다시 말해서, 목적지에 도달하기 위한 최선의 항로를 결정하는 것이다. 마치 '별을 쏘기(shooting the stars)'[14]가 배 위에서의 안정적인 삶을 제공하는 것처럼, 30일간의 스프린트 주기는 팀원들의 삶과 심지어 회사에서의 삶에 의미 있는 리듬을 제공해 준다. 30일마다 열리는 스프린트 검토 회의와 나머지 29일 동안 개발이 진행되는 식의 리듬 말이다. 경영진은 스프린트 검토 회의를 통해서 팀이 보유한 자원을 갖고 무엇을 개발할 수 있었는지를 확인한다. 고객들은 스프린트 검토 회의에 참석해서 팀이 개발한 것이 마음에 드는지를 살펴본다. 제품 책임자는 스프린트 검토 회의에서 얼마나 많은 기능이 구현되었는지 확인한다. 다른 엔지니어들과 개발자들은 팀이 해당 기술로 무엇을 할 수 있었는지를 보기 위해서 이 회의에 참석한다. 모든 사람은 팀이 무엇을 개발했고, 이번 스프린트는 어떠했는지, 해당 기술이 효과가 있는지, 어떤 손쉬운 해결책들이 적용되었고 팀이 무엇을 추가할 수 있었으며, 다음에 할 것들에 대해서 팀은 어떻게 생각하는지를 알고 싶어하기 때문이다.

스크럼 마스터는 스프린트 검토 회의의 진행과 조율을 책임진다. 스크럼 마스터는 팀과 함께 안건들을 정리하고 이번 스프린트의 결과물들을 누가 어떻게 선보일 것인지에 대해서 토론한다. 스크럼 마스터는 회의 개최로부터 일주일 전에 모든 참석자에게 연락을 해서 시간, 날짜, 장소, 참석자 및 안건을 확

---

14 (옮긴이) 직각기를 통해 별을 관측하는 모습이 마치 별을 쏘는 것 같아 보인다고 해서 생긴 표현.

인시킨다.

회의를 준비하면서 팀은 이번 스프린트 동안 자신들이 개발한 것을 이해시키기 위해서 참석자들에게 무엇을 보여줄 것인가를 고려한다. 팀은 모든 사람이 가능한 한 제품 증분의 다양한 측면을 이해하길 원한다. 한편 참석자들은 이 회의에서 진정으로 무엇을 배워야 할까? 참석자들은 위에 보이는 기능뿐만 아니라, 그 아래에서 제품을 하나로 묶어주는 시스템과 아키텍처, 설계에 대해 배울 수 있어야 한다. 참석자들은 팀이 사용한 설계와 기술의 장단점을 알게 되고 다음 스프린트 계획에 고려해야 할 제약들과 극대화시킬 장점들이 무엇인지 파악할 수 있다.[15]

대개 프레젠테이션을 시작할 때, 스크럼 마스터가 이번 스프린트의 개요를 간결하게 설명해주는 것이 가장 좋다. 그 다음, 스프린트 목표와 제품 백로그를 해당 스프린트의 실제 결과와 비교해서 그 차이점을 토론한다. 팀원은 제품 아키텍처를 간략한 다이어그램으로 보여주고 설명할 수도 있다. 가장 효과적인 아키텍처 다이어그램은 기술적인 아키텍처와 기능적인 아키텍처 두 개를 동시에 보여주는 것이다. 다이어그램에 이전까지 완료되었던 기술과 기능을 눈에 잘 띄게 표시한 다음, 이번 스프린트에서 개발된 기술과 기능을 덧붙인다. 기능이 다이어그램에 표시될 때마다 팀원들은 해당 기능을 시연한다. 스프린트 검토 회의의 대부분은 한 장소에서 진행되지만 제품의 기능을 시연할 때에는 종종 자리를 옮기게 될 것이다.

스프린트 검토 회의 동안, 참석한 모든 사람들은 시연중인 제품의 기능이 사용자 환경에서 어떻게 돌아갈지를 직접 보게 된다. 제품을 직접 보면서, 다음 스프린트에는 어떤 기능이 추가되어야 할지를 고려하게 된다. 이런 제품

---

15 (옮긴이) 스프린트 검토 회의는 엔지니어가 아닌 다른 팀원들(기획자, 사업팀, QA 등)에게는 전반적인 시스템을 이해할 수 있는 좋은 기회가 된다. 엔지니어에게도 스프린트 검토 회의는 다른 부서의 팀원들이 어떤 기능을 원하는지를 직접 들을 수 있는 좋은 기회가 된다.

증분은 브레인스토밍에서 중심(focal point)이 된다. 예를 들어서, 한 사람이 제품 증분의 시연을 보고 다음과 같이 말할 수도 있을 것이다. "만약 우리가 '환자 의료 티용' 부분을 수동으로 처리했다면, 이걸 등록 과정에 바로 사용할 수 있겠군요!" 혹은 "이 기능은 각 구역의 재고 추정에서 우리가 겪고 있는 문제들을 해결해 줄 것입니다. 재고 데이터베이스에서 이것이 돌아가게 하려면 우리가 어떻게 해야 할까요?"

이러한 시연을 통해서, 팀은 참석자들이 해당 제품 증분의 강점과 약점 그리고 팀이 겪었던 난관들과 성공들을 이해할 수 있도록 힘써야 한다.

어느 누구도 스프린트 검토 회의 준비에 많은 시간을 투여하지 않도록 해야 한다. 이를 위해 파워포인트 프레젠테이션 혹은 그와 유사한 것들은 모두 금지시킨다. 그 이유는 만약 팀이 이 회의를 준비하는데 2시간 이상을 써야 한다면 원래하기로 했던 것보다 보여줄 것이 별로 없어서 이 사실을 화려한 프레젠테이션으로 감추려는 경우가 많기 때문이다. 스프린트 검토 회의는 형식이 중요하지 않다. 중요한 것은 팀이 개발한 제품이다. 스프린트 검토 회의는 개발 업무의 일환이다. 누구나 질문하고, 관찰하고, 토론하고 제안할 수 있으며, 그렇게 하도록 장려된다. 만약 타협을 많이 해야 한다면 그렇게 하라. 이 회의는 비평을 하거나 어떤 행동을 취하기 위한 것이 아니라 정보 교환을 위한 것이라는 점을 명심해야 한다. 참석한 모든 사람들이 이번 제품 증분을 이해하는 것이 가장 중요하다. 이 정보가 다음 스프린트 계획 회의의 토대가 되기 때문이다.

이 장에서는 스크럼의 실천법에 대해서 논했다. 이제 여러분은 제품 백로그를 활용해서 자신의 스크럼 팀과 함께 스프린트를 시작하기 위해서 무엇이 필요한지 감을 잡게 되었을 것이다. 다음 장에서는 어떻게 스크럼을 여러분의 조직에서 실천하고, 스크럼 프로젝트를 운영하는지에 대해서 설명하도록 하겠다.

스크럼 적용하기

이 장에서는 조직 내에서 스크럼을 어떻게 실천하고 관리할 것인지를 설명한다.

스크럼 실천하기

엔지니어링 실천법이 막대 사탕이라면 스크럼은 그것을 싸고 있는 포장지라고 할 수 있다. 즉, 스크럼은 기존의 엔지니어링 실천법을 아우르거나 포괄한다. 스크럼을 실천하는 것이 얼마나 쉬운지 많은 사람들이 종종 놀라곤 한다. 새로운 실천법이나 방법론을 실행하거나 문화를 바꾸는 것은 언제나 어렵고 심지어는 고통스럽기까지 하지만 스크럼은 그렇지 않다. 스크럼은 팀과 경영진이 바로 다음 30일에 집중하게 함으로써 기존의 업무를 단순화시킬 수 있다. 퍼트 차트, 업무 시간 추적, 기나긴 현황 파악 회의와 같은 관리 도구가 없어도 프로젝트를 제어할 수 있다.

스크럼은 업무에 대한 사람들의 생각을 바꾼다. 스크럼을 통해서 조직 내의 관리자와 실무자가 수행하는 역할이 진화하게 된다. 관리자의 서류 작업이 줄어들어서 실제적인 일을 추진하는 데 더 많은 시간을 쏟을 수 있게 된다. 실무자의 역할이 강화되어서 자신들의 업무에 더욱 집중할 수 있게 된다. 스크럼은 업무에 방해가 되는 오래된 습관과 낡은 구조들에 도전한다. (조직이 이러한 스크럼의 도전에 어떻게 반응하는지는 조직마다 다르다. 그러나 조직이 그 반응을 공식화하기 전에 팀은 스크럼을 통해서 제품을 세상에 내놓게 될 것이다.)

관리자들은 '스크럼 효과'가 일으킨 변화 때문에 당황할 수도 있다. 스프린트가 시작되면 팀이 할 일을 스스로 결정하고 목표 달성을 위해서 스스로 움직이기 때문에 관리자들은 자신들이 할 게 아무것도 없는 것처럼 느끼곤 한다.[1] 그러나 관리자는 팀의 좋은 코치이자 친구로서 할 일이 많다. 개발의 장애 요소를 제거하기 위해 조직을 움직여야 하는 일도 있고, 일일 스크럼에서 결정된 사항을 상위 조직에서 비준을 받아내는 일도 있고, 외부의 간섭을 차단하는 일도 있다. 이렇게 팀이 계속 업무에 집중할 수 있도록 가능한 도와야 한다.

신규 프로젝트에서 스크럼 실천하기

스크럼을 시행하다 보면, 신규 프로젝트에도 스크럼을 적용해 달라는 요청을 받게 된다. 그럴 경우, 며칠 동안 개발팀과 고객과 함께 '초기(starter)' 제품 백로그를 만들게 된다. 이 초기 백로그는 비즈니스에 필요한 기능들 약간과 몇 개의 기술적인 요구사항들로 구성되어 있다. 이 기능을 구현하기 위해서 팀은 미리 선정된 기술로 초기 시스템 프레임워크를 설계하고 구축한다. 그 다음 이 프레임워크에 사용자 기능을 구현한다. 임시 DB 혹은 기존 DB에 이런 기

---

1 (옮긴이) 많은 사람들(특히 관리자들)이 스크럼에서는 관리자가 필요 없을 것이라고 생각한다. 그러나 사실은 그렇지 않다. 단지 역할이 명령하고 통제하는 것에서 조언하고 지원하는 것으로 바뀔 뿐이다. 스크럼에서 관리자가 해야 할 일을 한마디로 정의하면, '창조적인 사람들을 계속 창조적이게 만드는 것'이라고 할 수 있다. 여기에는 사람들의 비전을 통합하고, 동기를 부여하고, 주인 정신을 북돋는 것이 포함된다. 더 자세한 것은 랠리 소프트(Rally Soft)의 「Project Manager's Survival Guide to Going Agile(http://epiphany.tistory.com/32)」이나 헨릭 크니버그(Henrik Kniberg)의 「Manager's Role in Scrum(http://epiphany.tistory.com/34)」을 참고하라. 더불어 「Servant leadership」(번역서; 서번트 리더십, 시대의 창, 2006)도 좋은 자료가 될 수 있다.

능들을 연동시켜야 하는 경우에 첫 번째 스프린트 목표는 다음과 같다.

"선택한 기술을 이용해 핵심적인 사용자 기능을 시연한다."

팀이 목표에 맞는 스프린트 백로그를 정의하는 데는 개발 환경을 구축하고, 팀을 조직하고, 코드 및 빌드 관리 규칙을 수립하고, 테스트 플랫폼에서 목표 시스템 기술을 구현하는 등 기능을 개발하는 데 필요한 모든 태스크가 포함된다. 이것이 한 스프린트 전체를 구성한다.

초기 스프린트에는 두 가지 목적이 있다. 첫째, 팀은 기능을 구현할 개발 환경을 정착시켜야 한다. 둘째, 팀은 30일 이내에 고객에게 시연하기 위해 시스템의 구동부를 구축한다. 이처럼 기능을 재빨리 시연함으로써 고객이 더욱 많이 생각하게 하고 또한 참여하게 한다. 시스템이 실제로 존재한다는 것을 고객이 알게 되면 다음과 같이 생각하게 된다. "시스템이 실제로 만들어졌군. 내가 어떤 걸 원하는지를 정해야겠어. 참여해야겠어!" 첫 스프린트에서 팀과 고객은 스프린트 목표와 백로그를 정의하고 제품 증분을 인도하고 또 정의하고 인도하는 30일 주기의 리듬을 타게 된다.

팀이 첫 스프린트에 몰두해 있는 동안 제품 책임자와 고객은 더 많은 제품 백로그를 만들어낸다. 제품 백로그를 완성하려 들 필요는 없다. 다음에 진행할 스프린트에서 필요한 우선순위가 높은 작업들만 충분히 추가되어 있으면 된다. 제품 책임자와 고객들은 스크럼에 대해 감을 잡아 가면서, 그들은 제품 백로그에 대한 장기적인 시각을 갖기 시작한다. 만약 지금까지 시스템이나 제품에 대한 비전이 분명하지 않았다면, 제품 책임자와 고객들은 비전을 분명히 하고 그에 맞춰 제품 백로그를 작성하게 된다.

진행 중인 프로젝트에서 스크럼 실천하기

나는 기존의 프로젝트나 제품 개발 과정에 스크럼을 적용해 생산성을 높이고 실제 돌아가는 코드를 만들어 낼 수 있게 해달라는 요청을 받곤 한다. 언젠가 자주 바뀌는 요구사항과 난해한 기술로 인해 고생하는 팀의 의뢰를 받았다. 그 팀은 그때까지 아무런 기능도 만들어내지 못했지만 요구사항 문서나 비즈니스 모델을 전달하려고 나름 애쓰고 있었다. 개발 환경은 이미 갖추어져 있고 팀은 타깃으로 삼은 기술에 이미 익숙해져 있던 상황이었다. 이런 경우 나는 스크럼 마스터로서 일일 스크럼을 주관하는 일부터 시작한다. 무엇이 팀을 방해하는지 찾아내려는 초기 일일 스크럼 회의는 몇 시간이 걸릴 수도 있다. 소프트웨어 개발이 지지부진한 이유와 현재 팀의 상태를 포함한 팀원 각자의 문제까지 낱낱이 논의하기 때문이다. 논의를 마치는 시점에서 나는 "다음 30일 동안 무엇을 개발할 수 있습니까?"라는 질문을 던진다. 팀이 무언가를 만들어내야 궁극적으로 소프트웨어 개발을 완료할 수 있다는 자신감을 스스로 가질 수 있을 뿐만 아니라, 이를 위해 서로 협력하는 모습을 기대하기 때문이다. 고객에게 중요한 기능에 우선 집중하도록 한다. 고객의 입장에서도 30일 만에 무언가를 기필고 만들어 내면 강한 인상을 받을 것이다. 수개월을 허비하고도 아무런 기능을 만들어내지 못해 고객이 결국 포기해버린 사례는 많이 볼 수 있다. 즉, 이 시점에서 가장 시급하게 해야 할 일은 팀이 스스로 자신을 믿게 하고, 고객이 팀을 믿게 하는 것이다. 이때 스프린트 목표는 이렇다.

"선택한 기술을 이용해 어떤 사용자 기능이든 시연한다."

일일 스크럼 회의에서는 팀의 진행을 방해하는 장애물들을 식별하고 그것들을 제거하도록 돕는다. 만약 팀이 첫 스프린트에서 일부 기능을 개발해 낼 수 있다면, 고객과 팀은 스프린트 검토 회의와 스프린트 계획 회의에서 다음에 무엇을 할 것인지 결정할 수 있게 된다. 이 도전에 실패한 팀을 나는 아직 만나본 적이 없다.

엔지니어링 실천법 개선하기

스크럼을 적용할 때 나는 팀이 채택한 엔지니어링 실천법을 평가한다. 엔지니어링 실천법은 때로는 괜찮지만 때로는 팀을 방해하거나 아예 망치는 경우도 있다. 그래서 나는 일일 스크럼을 사용해서 현재 시행 중인 엔지니어링 실천법의 결함을 찾아내고 팀 그리고 관리자와 함께 이를 개선하는 작업에 착수한다.

어떤 엔지니어가 일일 스크럼에서 현재 모델링 작업 중이라고 얘기한다면, 나는 그 일일 스크럼이 끝난 후 팀 전체와 함께 모델링 실천법에 대해 논의할 것이다. 거기에서 "팀이 코드를 어떻게 구조화할 것인가에 대한 방향을 정리하기 위해서 모델링을 하는 것인지? 아니면 단지 코딩하기 전에 필수적으로 모델링부터 해야 한다고 정해져 있기 때문에 하는 것인지?"를 물어볼 것이다. 만약 모델링이 기존에 있던 실천법이라면 나는 기술 부문의 경영진을 만나서 이 프로젝트에서는 모델링을 필수가 아니라 선택 사항으로 전환하는 것이 가능한지에 대해서 논의할 것이다. 특히나 모델들은 시스템이 진화하면서 금방 실정에 맞지 않게 되기 때문에, 모델을 문서화하는 게 어떤 가치가 있는지에 대해서도 논의할 것이다.

모델을 코드와 일치시키는 것은 어느 조직에게나 부담이 된다. 나는 보통 관리자에게 스캇 앰블러(Scott Ambler)가 추천한 것과 같은 좀더 애자일한 실천법을 채택하라고 권한다. 나는 관리자와의 토론에서 줄곧 경험주의적인 접근법을 옹호해 왔다. 미리 모델링할지 여부를 선택에 맡겼을 때 팀의 생산성이 올라가는가? 그렇다면 개발자가 생각을 정리하는 용도 정도로만 모델링을 쓰게 하라. 코드의 품질이 모델링을 강제했을 때보다 많이 떨어지는가? 그렇다면 품질이 중요한 부분을 작업할 때에는 모델링을 필수적으로 하게 하라.

만약 팀이 일일 스크럼에서 일일 빌드에 대해서 어떤 문제도 보고하지 않는다면, 나는 왜 아무도 문제를 이야기하지 않는지 묻게 된다. 언제나 일일 빌드에는 문제가 있다. 나는 간혹 일일 빌드 프로세스가 존재조차 하지 않는다는 사실을 발견한다. 나는 일일 빌드의 부재를 위험 요소라고 본다. 그게 없으면, 팀은 서로의 코드를 동기화하라는 요구를 받지 않게 될 것이고 코드가 깔끔하게 컴파일되지 않는다는 사실을 모를 수도 있게 된다. 일일 빌드가 없으면, 제품을 매일 테스트할 방법이 없다.[2] 심지어 팀은 코드들이 서로 잘 들어맞는지조차 알 수가 없다. 일일 빌드와 테스트를 시행하지 않으면 프로젝트가 팀이 생각하는 것보다 그다지 진척되지 않을 것이다. 일일 빌드는 팀이 매일 튼실한 기반 위에서 작업을 할 수 있게 해준다.

스크럼 마스터는 팀의 엔지니어링 실천법이 좋은지(혹은 존재조차 하지 않는지)를 판단한다. 최고의 스크럼 마스터는 동시에 훌륭한 엔지니어다. 스크럼 마스터는 마치 코치가 팀이 더 잘 하도록 팀을 가르치듯이, 팀이 자신의 엔지니어링 실천법을 개선하도록 도와준다. 스크럼 마스터는 팀으로 하여금 불필요한 실천법을 재평가하고 폐기하도록 하는 한편, 새로운 것을 평가하고 설계하고 도입하도록 한다. 예를 들어서, 마이크 비들(Mike Beedle)은 여러 익스트림 프로그래밍 실천법을 좋아하여 스크럼 팀들이 프로젝트에 그것을 도입하는 데 도움을 주었다.

---

2 (옮긴이) 에드워드 요든(Edward Yourdom)은 그의 명저 『죽음의 행진』에서 "일일 빌드는 프로젝트의 심장 박동을 재는 것과 같다."고 말했다. 다시 말해서, 일일 빌드는 해당 프로젝트의 진척을 측정하는 가장 효과적인 도구라는 뜻이다.

협업을 통한 비즈니스 가치 구현

어떤 사람들은 스크럼에 대해서 읽고 나서 이건 책임 회피에 불과하다고 생각한다. 그들의 생각은 다음과 같다.

"모든 것이 경험주의적이라면, 팀이 목표를 달성하기 위해서 오히려 기능을 줄이고, 비용을 증가시킬 수도 있잖아! 제품 백로그가 계속해서 생겨나고 진화하느라, 시스템조차 확정되지 않는군. 결과를 어떻게 알 수 있고, 프로젝트가 통제에서 벗어나는 것을 어떻게 막을 수 있지? 회사와 고객을 실망시키지 않고 팀이 해이해지는 걸 어떻게 막는담? 나는 출시일과 비용을 정할 수 있길 원해. 그런 다음 팀에게 개발의 책임을 맡길 거야. 만약 그 팀이 할 수 없다면, 할 수 있는 다른 누군가와 계약을 하겠어! 이 스크럼이라는 것에서는 내가 충분한 통제권을 가질 수 없다고!"

스크럼이 관리자의 활발한 참여(involvement)를 통해서 프로젝트를 통제한다는 사실을 모르기 때문에 이러한 두려움이 생겨난다. 시스템 개발에 대한 전통적인 접근법은 시스템의 비전과 전반적인 요구사항을 정의하는 것으로 시작한다. 그 다음, 개발 조직(혹은 외부 계약자)이 비용을 추정하고, 시스템 비용이 예산으로 책정된다. 그리고 시스템이 개발되고 구현된다. 고객은 시스템이 자신이 상상했던 비즈니스 가치를 제공할 것이라고 기대하지만, 구현 후 몇 개월이 지나도 그런 기대는 충족되지 않는다. 고객과 개발팀 간의 상호 작용이 거의 없다고 해서 이런 개발 방법을 '벽 너머(over the wall)' 개발법이라고 부른다.

스크럼은 관리자, 고객과 개발팀 사이에 훨씬 많은 협업을 필요로 한다. 고객은 팀의 지원을 받아서 비전과 시스템 요구사항(제품 백로그)을 만든다. 그러나 요구사항들이 프로젝트의 초반에 명확하게 정리될 수 있다는 신화는 깨졌다. 스크럼에서는 다음 세 번의 스프린트, 즉 세 달 안에 개발하기에 충분하고 우선순위가 높은 요구사항들을 먼저 정리한다. 나머지 요구사항들은 제품이 구현됨에 따라 알게 된다. 팀은 추정치를 준비하고 고객은 초기에 예측 가능한 제품 백로그에 예산을 할당한다.

그 다음 팀은 사업상 필요한 새로운 기능을 30일, 즉 한 스프린트 동안 개발한다. 각 스프린트의 끝자락에서 관리자는 팀과 함께 개발된 기능을 검토하고 그 가치를 평가한다. 해당 기능의 가치가 투여한 개발비만큼 되는가? 개발은 예측한 대로 진행되고 있는가? 비용이 계속적으로 증가하고 있는가? 그렇다면 그 부분에 대해서 어떤 일을 할 수 있는가? 해당 조직이 시연된 기능으로부터 비즈니스 가치를 획득할 수 있을 거라고 생각하는가? 현재까지 개발된 것으로 미루어 볼 때 다음에는 무엇을 해야 하는가? 스크럼은 관리자가 프로젝트를 직접 통제할 기회를 최소 30일마다 제공한다.

첫 세 번의 스프린트가 끝날 즈음, 대개의 경우 경영진은 여태까지의 진척 상황과 개발된 기능에 흡족해 하면서, 더 많은 기능 개발에 자금을 투입한다. 경영진은 제품 백로그를 살펴보고, 자신들이 투자하고자 하는 항목들을 선택한다. 만약 개발에 6개월이 소요되는 어느 기능에 투자하길 원한다면, 경영진은 단순히 최근 스프린트의 비용에 6개월을 곱해서 계산한다. 팀(들)은 고객이 개발에 자금을 투자하는 한 계속적으로 기능을 개발하고 인도한다.

경험상, 스크럼 팀들은 대개 자신들이 목표했던 기능들을 개발해낸다. 나는 앞에서 스크럼 팀이 스프린트 목표를 달성하기 위해서 기능을 축소시킬 수 있다고 말한 바 있다. 그러나 보통은 그 반대라는 점도 분명히 하고 싶다. 스크럼은 팀 스스로 자신들의 공약(commitment)을 지키기 위한 창의적인 방법을 찾도록 도와준다. 일반적으로 팀은 난국에 잘 대처하고, 전력으로 프로젝트에 헌신하고 처음에 공약한 이상의 결과물을 보여줌으로써, 스프린트 검토 회의에 참여한 관리자를 놀라게 한다. 팀은 스크럼이 제공한 환경에서 탁월한 성과를 보인다. 심지어 자신들이 예상했던 것보다 더 뛰어난 결과를 내놓곤 한다.

때때로 관리자는 정의하고 계획하는 습관을 바꾸는 데 많은 어려움을 겪는다. 관리자들은 프로젝트 초반에 모든 것을 정의하고 가격과 인도일을 확정해서 계약하는 데 익숙해져 있기 때문이다. 사전에 모든 것을 예측할 수 있다는 환상은 그러한 믿음의 신봉자에게는 커다란 위안이 되기 때문에 결코 버리기가 쉽지 않다. 그러나 이러한 예측 가능성에 대한 환상은 유연성을 포기하게 한다. 스크럼은 비즈니스 가치를 창출해내기 위해 관리자와 고객이 스크럼 팀과 함께 일하도록 요청한다. 많은 관리자가 스크럼의 높은 생산성과 유연성을 직접 경험하고 나서야 비로소 그들의 낡은 습관을 바꾸려 한다. 하지만 관리자가 아닌 다른 사람들은 현재 상황이 너무 끔찍해서 그럴듯해 보이는 거라면 무엇이든 받아들일 것이다.

다음 절에서는 프로젝트를 어떻게 경험주의적으로 관리할 것인가, 즉 스크럼을 사용해서 비즈니스 가치를 극대화하는 방법에 대해서 논의하고자 한다. 릴리스를 위해 계획된 업무를 측정하고, 업무의 처리 속도를 판정하고, 언제 그 업무가 끝날 것인지를 추정하는 방법을 보여줄 것이다. 더 중요한 것은 이 방식을 실제 업무에 도입하고 조직의 요구에 맞게 비용, 기능, 일정과 품질을 조정하고, 비즈니스 가치를 극대화하는 방법을 보여줄 것이라는 점이다.

프로젝트는 복잡하고 예측 불가능하여 경영진은 언제나 예상치 못한 일들이 벌어질 거라고 생각해야 한다. 나는 프로젝트가 진행됨에 따라서 어떻게 협업하고 트레이드오프해야 하는지에 대해서 설명할 것이다. 또한 "이번 릴리스에서 더 많은 기능을 원한다면 현재 팀의 생산성을 고려할 때 예상하는 출시일은 언제입니까?"와 "좀 더 빨리 릴리스하길 원한다면, 현재 팀의 생산성을 고려할 때 어떤 기능을 제외해야 합니까?" 같은 질문들을 다루는 방법을 알려줄 것이다.

프로젝트를 경험주의적으로 관리하는 방법을 세부적으로 살펴보기 전에 과연 어떤 느낌일지를 먼저 알아보도록 하자. 몇 년짜리 프로젝트보다는 한 팀이 몇 개월 안에 끝낼 수 있는 프로젝트를 예로 살펴볼까 한다. 전통적인 기업 환경에서 신참 스크럼 관리자가 경험주의적으로 관리한다는 것이 어떤 느낌일지 보도록 하자.

스크럼 관리의 예시

여러분이 기존 시스템을 수정해서 개인정보 보호와 보안 기능을 새롭게 추가하는 프로젝트의 관리자라고 생각해보자. 이번 프로젝트의 예산과 인력을 승인 받기 위해 집행위원들 앞에서 제안서를 발표할 날이 이미 잡혀있다. 집행위원들은 한 번도 스크럼에 대해 들어본 적이 없는 상태에서 단지 전체 계획을 퍼트 차트로 볼 수 있을 거라고 기대하고 있다. 이번 프로젝트에서 여러분은 제품 백로그의 초안을 작성하고 시범적으로 팀을 선택해서 예산을 잡고 가능한 프로젝트 완료 시점을 가늠해야 한다.

제품 백로그는 프로젝트에 필요한 주요 태스크들과 요구사항들로 이루어져 있다. 팀은 개인정보 보호와 보안에 필요한 요구사항들을 찾아내고 적절한 제품을 선택해서 기존 시스템 안에서 제품 구현을 시작해야 할 것이다. 또한, 이 시스템이 개인정보 보호 및 보안 기준에 부합하는지를 확인하기 위해서 테스트도 해야 할 것이다. 어떤 작업이 필요한지를 상세하게 기술하고, 각각의 작업이 어느 정도 소요될지 정확한 추정치를 얻기 위해 팀원 후보자들의 의견을 물어 보아야 한다. 이 추정치는 여러분이 선택한 팀이 태스크를 끝내고 기존 시스템에 집어 넣는 데까지 예상되는 시간을 날짜로 표현한 것이다. 여러분은 한 벤더에서 보안 전문가를 불러다가 이 추정치들을 수정하고 검토하게 했다. 이제 프레젠테이션 시간에 할 얘기를 제대로 이해하고 있다는 자신감을 갖게 되었다.

여러분이 선택한 **스크럼 팀**은 기존 시스템에 익숙한 엔지니어들과 여러분이 찾을 수 있는 최고의 테스터들로 구성되어 있다. 고용한 컨설턴트 역시 개인정보 보호와 보안에 관련된 규정을 완벽하게 이해하고 있으며 여러 차례 솔루션을 구축해 본 경험이 있다. 경영진이나 다른 프로젝트 관리자에게는 프로젝트가 시작될 경우 팀원들에게 다른 일은 시키지 말아 달라고 얘기해 놓았다. 제품 백로그의 추정은 팀이 이 프로젝트에만 전념한다는 가정하에 이루어져 있다.

프로젝트 예산은 팀원들의 급여, 컨설턴트 비용, 교통비, 간접비, 개발과 테스트에 쓰일 서버 구입비, 소프트웨어 구입비, 스크럼 팀이 사용할 기존 사무실 개조 비용으로 구성되어 있다.

개발 완료일은 제품 백로그에 있는 업무의 총량을 팀이 매 스프린트마다 완수할 수 있는 업무량으로 나누어서 결정한다. 여러분은 팀원들의 휴가 일정을 확인하고 병가를 합리적인 선에서 감안하여 모든 팀원이 한 달에 18일은 일할 수 있을 거라고 가정했다.

이제 집행위원회 앞에 설 차례다. 여러분은 프로젝트의 요구사항들을 설명하고, 이 요구사항들이 제품 백로그에 어떤 우선순위로 나열되어 있는지를 보여준다. 여러분은 이 프로젝트가 기존 시스템 안에 '아직 사용해 본 적이 없는' 개인정보 보호와 보안 기능을 구현하는 매우 어려운 프로젝트라고 설명했다. 게다가 기존 시스템의 코드 품질과 명확성이 의심스럽다보니 막상 작업에 들어갔을 때 예상보다 더 복잡한 일이 일어날 수도 있다. 팀은 해당 분야에 대한 지식을 갖고 있고 더불어 특수 보안 기술을 가진 컨설턴트도 고용한 상태다. 집행 위원들에게 이번 프로젝트의 복잡성을 해결하기 위해 새로운 개발

그림 4.1 **프로젝트 계획**

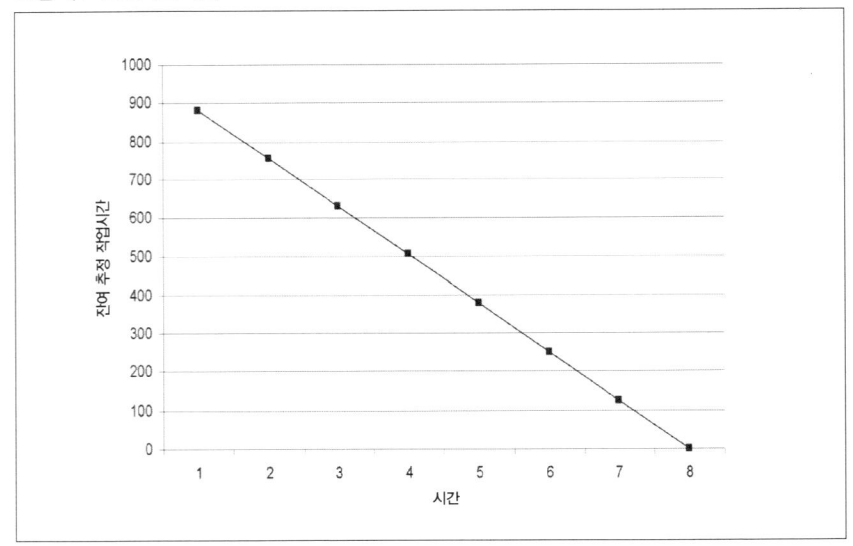

프로세스인 스크럼을 사용할 것이라고 이야기했다. 스크럼에 대해서는 장황하게 설명하거나 과장해서 말하지도 않았다. 대신 스크럼이 프로젝트의 복잡성을 해결할 수 있는 유연성을 팀에게 제공할 것이라고만 간단하게 설명했다. 스크럼은 여러분이 매달 경영진과 협력해 최우선 업무들을 처리하고 예상치 못한 문제들에 즉각적으로 대응할 수 있도록 할 것이다. 또한 집행 위원회에게 이와 같이 한 달 단위로 함께 일하면서 지속적으로 프로젝트의 방향을 지도해 줄 운영위원회를 구성해달라고 요청할 수 있다.

그 다음, 그래프를 통해서 프로젝트 계획을 설명한다(그림 4.1 '프로젝트 계획' 참조). 이 그래프는 프로젝트가 8개월 안에 완료될 것임을 보여준다. Y축은 제품 백로그의 작업들을 완료하는데 필요한 시간의 추정치를 가리킨다. X축은 프로젝트가 몇 개월 동안 진행될 것인지를 보여준다. 그래프의 선은 프로젝트 기간 동안 추정된 작업들이 규칙적으로 줄어드는 모습을 보여준다. 8개월 후 모든 작업이 완료되고 프로젝트는 종료된다.

여러분은 프로젝트를 8개월 안에 끝낼 생각이다. 하지만 집행위원들에게는 프로젝트 기간에 관련된 추정이 꽤나 까다로운 것이라는 걸 상기시키고, 대신 운영위원과의 월례 회의에서 프로젝트 진행 상황을 계속해서 보고하겠다고 약속한다. 위원들 사이에서 불평하는 소리가 들린다. 몇몇 위원은 왜 여러분이 다른 프로젝트 관리자들처럼 프로젝트가 언제 끝날 거라고 정확하게 얘기하지 못하는지를 물어본다. 여러분은 프로젝트에 사용될 기술과 요구사항의 복잡성을 위원들에게 설명한다. 이 프로젝트를 진행하면서 많은 학습이 필요하고, 여기에는 개발만큼이나 많은 연구가 포함된다고 설명한다. 또한 이런 불확실성과 복잡성 때문에 정확한 완료 시점은 보장할 수 없지만, 운영위원회와 함께 한 달 단위로 협력해 나갈 것이라고 이야기한다. 여러분과 개발팀, 운영위원들은 비즈니스 가치를 극대화하기 위해 다음에 무엇을 해야 하는지 매달 경험주의적으로 결정할 것이다.

첫 스프린트에서 팀은 예상보다 많은 시간을 프로젝트 환경 구축에 할애해야 했다. 서버는 늦게 도착했고 개발 소프트웨어는 새 운영체제에서 돌리기 위해 업그레이드를 해야 했다. 그 결과, 팀은 계획보다 훨씬 적은 양의 제품 백로그밖에 완료할 수 없었다. 스프린트 검토 회의에서, 팀은 기존 비즈니스 기능에 추가된 초기 보안 기능들에 대한 데모를 시연했다. 이 기능은 원래 팀이 목표했던 것보다는 못하지만, 적어도 보안 기능이 어떻게 동작할지를 보여주었다. 이제 여러분은 운영위원들과 함께 이렇게 개정된 프로젝트 계획안을 검토하게 된다(그림 4.2 '첫 수정 후의 프로젝트 계획' 참조).

이 계획안은 팀이 제품 백로그를 첫 달에 예상했던 것만큼 완료할 수 없었음을 보여준다. 운영위원회가 구현해야 할 보안 정도를 수정하거나 적용해야 할 기능의 범위를 축소하지 않는 한, 프로젝트는 계획보다 약 2주정도 늦게 완료될 것으로 보인다. 여러분은 운영위원회와 함께 이런 사실들을 바탕으로 어떻게 할지를 결정한다.

그림 4.2 **첫 수정 후의 프로젝트 계획**

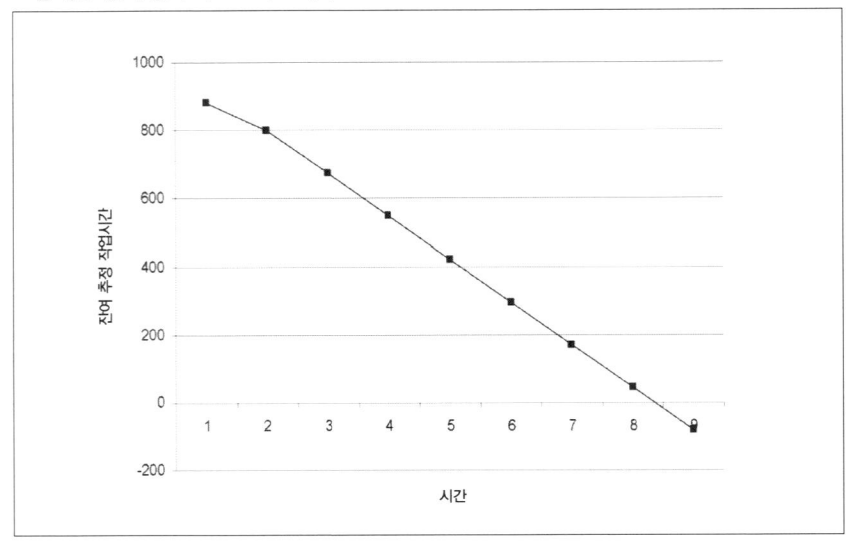

　　이번에 운영위원회에 보여준 것을 보통 '지연(slip)'이라고 부른다. '지연'
은 팀이 하고 있는 일에 대해서 제대로 알지 못했다는 것을 보여주는 부정적
인 단어다. 그러나 지극히 합당한 말이기도 하다. 팀은 스프린트 동안 발생할
모든 것을 다 추정하고 예상할 수는 없다. 예상치 못한 문제가 발생했고 이것
이 2주의 '지연'을 일으켰다. 복잡한 기술을 사용하고 요구사항이 수시로 추
가되는 프로젝트에서는 항상 예기치 못한 일들이 발생할 거라고 예상해야 한
다. 스크럼은 최소 30일마다 이런 지연을 직접적이고 즉각적으로 확인할 수
있게 해준다. 이때, 팀은 경영진과 함께 새로운 정보를 바탕으로 다음에 무엇
을 해야 할지를 결정할 수 있다. 마일스톤이나 프로젝트 종료 시점까지 기다
리지 않고도 30일마다 이런 수정 작업을 할 수 있다. 이번 경우에는 운영위원
회가 여러분에게 계획대로 프로젝트를 계속 진행할 것을 지시한다. 이들은 다
음 30일 후에 어떤 결과가 나타날지를 보고 싶어했다.

　　두 번째 스프린트에서 팀은 예상했던 것보다 많은 일을 완료할 수 있었다.

그림 4.3 **두 번째 수정 후의 프로젝트 계획**

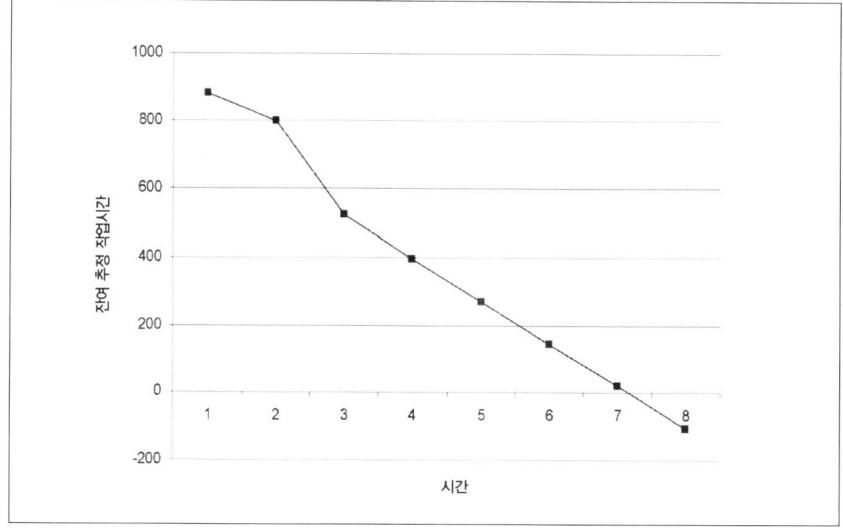

업체를 하나 선정해서 그 업체의 보안 제품을 기존 시스템 일부에 적용했다. 이 제품 덕분에 예상보다 작업이 단순해져서 팀은 이전 스프린트에서 구현한 보안 기능을 손쉽게 교체하거나 확장시킬 수 있었다. 여러분은 팀과 함께 제품 백로그를 다시 추정했다. 스프린트 검토 회의에서 여러분이 운영위원회에 제출한 새 프로젝트 계획은 그림 4.3 '두 번째 수정 후의 프로젝트 계획'과 같다.

그림 4.3의 프로젝트 계획은 팀이 프로젝트에 추정된 전체 작업 시간을 줄여 줄 수 있는 솔루션을 찾았음을 보여준다. 그 결과 프로젝트는 계획보다 3주가량 빨리 완료될 수 있을 것으로 보였다.[3] 이제야 운영위원회도 경험주의적인 관리가 어떤 것인지를 이해하기 시작한다. 이것은 다달이 실제로 어떤 일이 벌어지고 있는지를 확인해서 그에 적합한 결정을 내리는 것이다. 운영위원

---

3 선택한 보안 제품이 너무 강력하고 쓰기 쉽다 보니 남은 작업들이 예상보다 쉬울 거라고 생각할 수 있다. 하지만 여러분은 다음 스프린트를 경험하고 난 후에 추정치를 변경하길 원한다.

회는 막연한 약속이 아니라, 다달이 결과물에 따라 프로젝트를 지도할 수 있다. 결과적으로, 조정 위원회는 전달에 자기들이 아무것도 바꾸지 않았다는 사실이 다행이라고 생각하게 된다.

한편, 운영위원들은 새로 구현된 결과물을 보면서 스크럼 팀으로부터 그에 대한 이야기를 직접 들을 수 있어서 만족스러웠다. 스크럼 팀원 중 한 명이 시스템에 침투(security breach)를 시도하고, 이에 대해 새 소프트웨어가 어떻게 대응하는지를 시연했다. 이것은 이 프로젝트가 예상하고 있는 여러 종류의 침투 방법들에 대한 논의를 불러 일으켰다. 운영위원들은 프로젝트를 계속 진행하도록 하면서 여러분에게 일일 스크럼 회의가 어디에서 열리는지를 묻는다. 그들은 어떤 일이 벌어지고 있는지를 직접 보고 싶은 것이다.

경험주의적인 관리

퍼트 차트 따위는 집어 던져라.
스크럼은 그처럼 지루한 것보다는 좀더 참여적인 관리 행위를 필요로 한다.

스크럼에서의 관리자는 럭비나 축구의 코치와 비슷하다. 코치는 팀이 최고의 플레이를 펼칠 수 있게 할 수 있는 모든 것을 다 한다. 팀 플레이를 지켜보면서 교체 선수를 투입하고, 물을 가져다 주고, 고래고래 소리 지르며 지시하고, 팀을 열정적으로 돌보고 경기에 관여한다. 프로젝트는 끊임없이 변화한다. 프로젝트 내의 활동들 역시 끊임없이 변화한다. 관리자는 경기가 진행되는 과정을 지켜보면서 도와주려고 노력하지만 경기 결과는 팀원들의 손(혹은 발)에 달려있다.

관리자는 스프린트가 진행되는 것을 지켜보면서 진행 정도를 평가하고, 어떻게 하면 팀의 생산성을 높이고 팀이 맞닥뜨린 문제를 해결할 수 있도록 도울 것인가를 결정한다. 처음 생각했던 것보다 훨씬 더 복잡한 기술 때문에 팀이 곤란을 겪고 있다면, 관리자는 어떻게 팀을 도와줄 것인가를 고민해야 한다. 교육 과정이 필요할까? 컨설턴트를 고용해야 하나? 다른 기술을 사용해야 할까? 관리자는 스프린트 기간 동안 자신의 팀에 대해 잘 알게 된다. 스프린트 사이에, 관리자는 팀의 다음 스프린트를 개선시키기 위한 조정 작업을 하게 된다. 이 모든 변경 작업은 직접적인 관찰에서부터 비롯된다.

스크럼에서는 상식을 자유롭게 적용해야 한다. 일정을 맞추지 못할 것 같으면 인도해야 할 기능을 줄여라. 기능을 줄일 수 없다면 기능 내의 성능을 약간 줄여라. 또는 비용을 늘려 다른 스프린트를 동시에 돌릴 수 있는 개발팀을 하나 더 추가하든지 아니면 전문가를 고용하라. 스크럼은 이런 결정을 내리는데 필요한 모든 정보를 관리자에게 제공한다. 이제 관리자는 어떻게 프로젝트에서 비즈니스 가치를 극대화할 수 있을지를 결정해야 한다.

관리자의 책임 중 첫 번째는 팀의 생산성을 향상시키기 위해서라면 물불을 가리지 않는 것이고, 두 번째는 그 결과에 순응하는 것이다. 관리자는 오로지 팀을 돕기 위해 존재하고 그보다 더 중요한 것은 있을 수 없다. 팀이 회의실을 필요로 할 때, 임원들이 할 수 있는 최선의 행동은 자신의 사무실 공간을 빼서라도 팀이 사용할 회의실을 만들어 팀이 계속 전진할 수 있게 하는 것이다.

스크럼은 관리자에게 두 가지 정보를 제공한다. '직접적인 관찰'(그림 4.4 '관찰' 참조)과 '백로그 그래프' 차트가 그것이다. 관리자는 이 두 가지 정보를 적극적이고 현명하게 사용해서 프로젝트의 상황을 속속들이 파악하고 적절한 결정을 내리도록 해야 한다. 스크럼에는 나몰라라 하는 방관자적인 관리자가 설 자리는 없다.

그림 4.4 **관찰**

직접적인 관찰을 빈번하게 하라

스크럼은 프로젝트의 진행 상황을 직접 확인할 수 있게 해준다.

일일 스크럼 회의는 각 팀의 진행 상황을 직접적으로 볼 수 있는 기회를 제공한다. 관리자는 일일 스크럼 회의에 참석해서, 팀의 협동 정신, 각 팀원의 참여도, 팀원들 간의 상호작용, 완료될 작업, 결정해야 할 사항들과 제거해야 하는 장애물들을 관찰한다.

일일 스크럼 회의에서는 어떻게 이야기하는지 뿐만 아니라 어떤 얘기가 오가는지도 주의 깊게 들어라. 팀원 중 한 명이 의기소침해 있다면, 왜 그런지 알아내라. 작업 속도를 빠르게 하기 위해, 팀원의 일을 변경하거나 도움을 줄 방법은 없을까? 팀원들 대부분이 버둥대고 있다는 느낌이 든다면, 그들이 가지고 있는 문제는 무엇일까? 전문가를 고용하면 어떨까? 끝나고 남아서 팀과 함께 문제점들에 대해 끝까지 토론해 보자. 설계에 대해 의견 충돌이 있다면, 당사자들을 남게 해서 결론이 날 때까지 토론해 보자. 어떤 팀원이 며칠 동안 스크럼 회의에 결석했다면, 그 팀원이 어디에 있는가? 어떻게 그 사람을 다시 일터로 데려올 것인가? 그가 회사의 불필요한 회의에 붙잡혀 있지는 않는가? 팀을 지원하기 위해 여러분이 무엇을 할 수 있을지를 주의 깊게 듣고 살펴보라. 그러면 팀은 최고의 능력을 발휘할 것이다. 어떤 일들이 벌어지는지 지켜보고 어떻게 하면 팀의 의사소통이 원활해지고 한층 자율적으로 움직이고 장애물을 피해서 더 생산적이 되도록 지원할 수 있을지 알아보라.

스프린트 검토 회의에서 스크럼 팀은 관리자에게 지금까지 만들어낸 것을 시연한다. 팀은 자신들이 구축한 실제 제품의 기능을 실행해서 보여준다. 물론 팀이 모델, 설계, 아키텍처와 유스 케이스도 만들 수 있다. 이런 것들은 팀의 생각을 정리하는 정도밖에 도움이 되지 않는다. 진짜 중요한 것은 출시할 제품의 기능이다. 설계 자체는 제품이 될 수 없다. 오로지 작동하는 코드만이 제품이 될 수 있다.

스프린트 검토 회의에서 팀은 스프린트 기간 동안 어떤 일들이 있었는지를 토론한다. 사용 중인 기술과 관련해서 어떤 문제들이 있었는가? 어떤 다른 접근법이나 설계를 사용했는가? 요구사항에서 모순되는 내용이 발견되지는 않았는가? 스프린트 목표를 어느 정도나 달성할 수 있었는가? 기능이 어느 정도 수준까지 구현되었는가? 코드를 얼마나 잘 테스트했는가? 제품 증분이 다음 작업을 위해 얼마나 잘 안정화 되었나? 팀원 간의 협업은 얼마나 잘 이루어졌는가? 다른 쓸만한 전문가는 없는가?

이런 질문들은 관리 활동에 필요한 정보가 된다. 팀원들의 얘기를 신중하게 들으면 다음에 좀더 나은 결정을 내리는 데 도움이 된다. 팀의 구성을 바꾸어야만 한다면 어떻게 할 것인가? 다음 스프린트에서 더 좋은 기술, 기반 설비, 환경이나 설계가 필요하진 않은가? 다음 스프린트에서 이미 구현한 기능을 좀더 심화해야 하는가? 아니면 새로운 기능을 추가해야 하는가? 스프린트가 끝날 즈음이 되면, 이런 결정을 내리는 데 필요한 가능한 최고의 정보를 얻을 수 있게 된다. 이제 여러분은 팀의 다음 스프린트 대비를 효과적으로 도와줄 수 있게 되었다.

백로그, 진척 상황 평가하기와 미래 예측하기

관리자는 목표를 설정한다. 그런 다음 이 목표를 달성하기까지 얼마나 진행되었는지 보고한다. 앞에서 우리는 3/4분기 말까지 릴리스하기로 계획했었다. 그 때까지 준비될까? 관리자는 다음 질문들에 대해 답변할 수 있어야 한다.

- 스프린트 진척도 - 팀은 스프린트 목표에 얼마나 도달하였는가?
- 릴리스 진척도 - 목표한 품질과 기능을 만족하는 릴리스는 언제 준비되는가? 정해진 시한에 맞추기 위해 릴리스에 변경을 가할 필요는 없는가? 제 시간에 필요한 기능까지 포함해서 릴리스하려면 추가 자원 투입이 필요하지는 않은가?
- 제품 진척도 - 시장이 필요로 하는 것과 비교해서 제품은 어느 정도나 완성되어 있는가?

직접적인 관찰은 이러한 질문들의 일부분만 답해주고 나머지는 작업 백로그가 답해준다. 작업 백로그는 특정 시점에 남아 있는 작업량을 보여준다. 백로그의 기울기는 시간에 따라 백로그에 남아 있는 추정 작업량을 그래프에 입력해서 얻을 수 있다. 이 백로그 기울기는 팀의 능력, 즉 팀이 얼마나 빨리 백로그의 작업을 처리할 수 있는가를 나타낸다. 백로그 기울기는 팀마다 다르고 같은 팀도 시간에 따라 달라진다. 팀의 기술이나 백로그 추정의 정확성, 예상치 못한 복잡성 같은 변수들이 이 기울기에 영향을 미친다.

작업 백로그와 백로그 기울기는 스프린트와 제품 릴리스에 대한 지표가 될 수 있다. 비록 신뢰성이 떨어지긴 하지만 작업 백로그와 백로그 기울기를 수차례 릴리스된 제품이나 전체 시스템을 평가하는 데에도 사용할 수 있다.

스프린트 백로그는 스크럼 팀이 이번 스프린트에 선정한 태스크들로 이루어져 있다. 이 태스크들은 선별한 제품 백로그를 스프린트 목표로 바꾸기 위한 작업이다. 태스크의 추정 단위는 시간(hour)이며 대개는 각각 4시간에서 16시간 정도의 업무들이다. 스프린트 계획 회의에서 팀은 백로그를 구성하고 각백로그 항목들을 완료하는 데 필요한 총 시간을 추정한다. 팀은 빠뜨린 작업이 없는지를 확인하기 위해 업무 상호 의존도(dependency diagrams)[4]를 사용할수도 있다. 스프린트 백로그를 작업하는 팀원들은 자신들이 맡은 스프린트 백로그 항목을 완료하는 데 필요한 예상 작업 시간을 끊임없이 갱신해야 한다. 이 추정치는 작업이 처음 예상보다 더 복잡한 것일 경우 증가할 수도 있다. 반면에 추정치를 너무 높게 잡아서 작업이 예상보다 빨리 끝날 수도 있다. 어쨌든 일단 태스크가 시작되면, 이 백로그 아이템이 완료되어 남은 작업 시간이 0이 될 때까지 그 작업을 맡은 팀원이 추정 시간을 매일 갱신한다.

제품 증분을 구축하는 동안 종종 예상치 못한 작업이 발견되고 생겨나게 된다. 팀은 이렇게 새로 발견된 작업을 새로운 백로그 항목으로 만들고 이들에 대한 작업 완료 시간도 추정해야 한다.

릴리스 백로그는 제품 백로그의 부분 집합으로 특정 릴리스를 위해 선별한 것이다. 제품 백로그는 어떤 제품에 필요하다고 알려진 모든 작업을 담고 있는 목록이다. 제품 책임자는 작업들 가운데 가장 우선순위가 높은 것부터 시작해서 예상되는 릴리스에 어떻게 나눠 넣을지를 결정한다. 예를 들면 이렇다. 앞에서부터 72번까지의 제품 백로그 항목들은 2001년 3/4분기에 출시 예정인 릴리스 11.2에 할당한다. 73번부터 160번 제품 백로그 항목들은 2002년 1/4분기에 나올 릴리스 11.3에 구현한다. 스크럼 팀이 각 스프린트마다 제품을 인도함에 따라, 제품 책임자는 각 릴리스에서 계획해 놓은 제품 백로그를

---

4 (옮긴이) 그림 5.3 퍼트 차트를 참고하자.

경험주의적으로 조정하게 될 것이다. 예상보다 많은 작업이 완료되었다면, 제품 책임자는 릴리스 날짜를 앞당기거나 릴리스 11.3에 하려고 계획해 두었던 기능의 일부를 미리 구현할 수도 있다.

각 제품 백로그 항목마다 제품 책임자가 입력해 놓은 추정치가 있다.[5] 릴리스 백로그 추정의 기본 단위는 일(day)이다. 제품 책임자는 제품 백로그 항목에 대해 설명하고 작업 시간을 가능한 정확하게 추정할 수 있도록 팀원들과 함께 논의해야 한다. 제품 책임자는 각 항목이 좀더 명확해질 때마다 추정을 갱신한다.

제품 백로그에는 제품에 필요해 보이는 모든 작업이 들어간다. 백로그는 제품의 특징, 기능, 기반 설비, 아키텍처, 기술적인 작업들로 구성된다. 제품 책임자는 각각의 항목을 구현하는 데 필요한 작업량을 날짜로 추정한다. 관리자와 제품 책임자 모두 당장 다음 제품 릴리스에 포함되지 않는 제품 백로그에는 그다지 크게 신경 쓰지 않고 간단하게 정의하고 추정한다. 이런 백로그 항목의 추정치를 기초로 한 예측은 릴리스 추정보다는 훨씬 신뢰도가 떨어지는데, 그 이유는 제품 백로그에는 '있으면 좋긴 하겠지만, 구현하지 않을 수도 있는' 우선순위가 낮은 항목들이 많기 때문이다. 제품 책임자는 추정을 가능한 최신으로 유지하도록 노력해야 한다.

스프린트 관리하기

스프린트 관리란, 팀이 스프린트 목표를 달성할 수 있도록 지원하는 것을 뜻한다. 팀이 제품 백로그 중 일부를 골라 스프린트 목표로 만들면, 여러분이 할 일은 팀의 장애물을 제거하고 의사 결정을 통해 팀을 지원하는 것이다. 또한

---

5 (옮긴이) 작업 소요시간에 대한 추정은 실무자가 하지만, 이것을 백로그에 추가할 때에는 제품 책임자의 확인을 거치게 된다.

팀원들의 작업을 모니터링하고 진행이 완료되도록 지원할 수도 있다. 팀이 스프린트 목표를 전부 완료하기 힘들어 보인다면, 어떤 식으로 작업량을 줄여서 스프린트 목표에 맞출 수 있을지 재평가 하는 작업을 지원할 수도 있다. 이게 불가능하다면, 진행 중인 스프린트를 중단시키고 다시 새로운 스프린트를 구성하는 방법도 고려할 수 있다. 팀과 함께 작업함에 따라 스프린트 목표 수립과 달성을 점점 잘하게 된다.

팀은 스프린트 백로그를 만들고 이를 최신으로 유지한다. 스프린트 백로그는 이번 스프린트 목표를 달성하기 위해 해야 할 모든 작업이다. 여러분은 스프린트 백로그 그래프를 통해 팀이 현재 진행 상황을 알 수 있게 해줄 수 있다.

그래프를 작성하면서 전체 스프린트에 남아 있는 백로그들의 추정 날짜를 모두 더해 얼마나 많은 일이 남아 있는지를 확인하라. 현재 스프린트에 남아 있는 작업의 총량은 스프린트 백로그에 남아 있는 전체 작업의 합계로 표현된다. 이들 합계를 하루 단위로 만들고, 이 값으로 전체 스프린트에 남아 있는 작업량을 나타내는 그래프를 작성하라. 그래프의 점들을 연결하면 스프린트 목표 달성까지 팀의 진행 상황을 알 수 있다.

친구 하나는 "추정 작업 자체도 노력이 필요하고 그래프 그리는 것도 시간이 많이 들지. 만약 태스크들에 미리 정해진 순서가 없다면, 이런 고생을 한들 무슨 수로 기간을 산정해 낼 수 있겠나?"라고 얘기했다. 이런 질문 자체가 퍼트 차트 기반의 시간 보고 체계에서 경험주의적인 방식으로의 이동이 얼마나 어려운 것인지를 보여준다. 기간은 스크럼에서 크게 고려되지 않는다. 남은 작업과 날짜는 스프린트 끝에서 남은 작업량이 0에 도달할 수 있도록 노력하는 과정에서 관심을 가져야 하는 변수 중 하나일 뿐이다.

그림 4.5의 '완벽한 백로그 그래프'는 의심쩍을 정도로 완벽한 스프린트 백로그 그래프의 예라고 할 수 있다. 남은 작업 하나 없이 끝나는 스프린트를 보

그림 4.5 **완벽한 백로그 그래프**

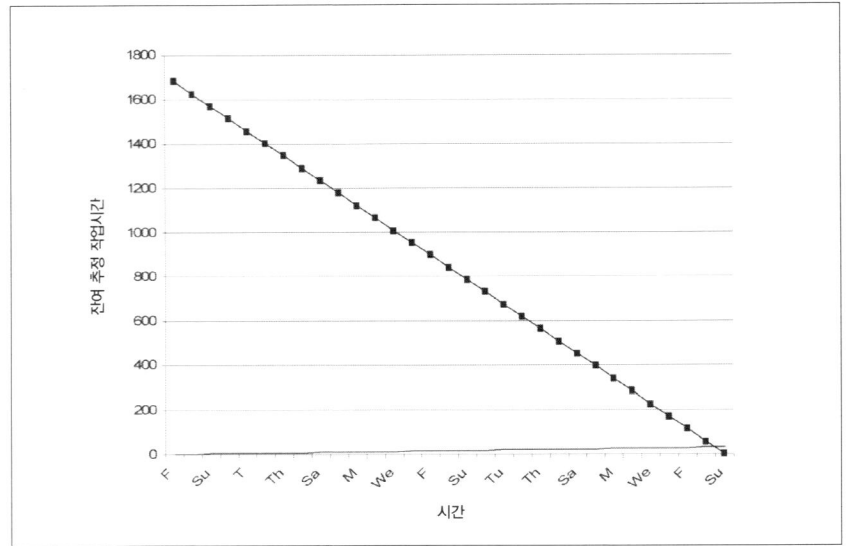

여준다. 남은 작업량은 1680시간에서부터 0시간까지 30일 스프린트 동안 매일 56시간씩 선형적으로 줄어들고 있다. 모든 태스크가 처음 추정대로 완료되었고 모든 팀원이 매일 같은 양을 규칙적으로 작업했다. 아무런 추가 작업도 생기지 않은 것이 마치 지름길처럼 쭉 내리뻗었다.

이와 같은 스프린트 백로그 기울기 그래프를 보게 된다면 조심해라. 실제로 이런 그래프가 존재하려면 팀은 스프린트 계획 회의 동안에 완벽한 스프린트 백로그를 준비해야 한다. 어떠한 추가 작업도 생겨선 안 되고 어떠한 작업도 제거되어선 안 된다. 게다가 이 팀은 날마다 전체 태스크들에 대한 추정치를 56시간씩 줄여가며 스프린트 백로그 추정치를 갱신했다. 이런 일이 일어날 가능성은 거의 0%에 가깝다. 이 그래프를 일일 스크럼 회의에서 들은 것과 비교해 보라. 어떤 팀도 이렇게 완벽하고 질서 정연할 수 없다. 예를 들면, 이 그래프에서는 팀이 하루에 56시간의 작업량을 매일 소화하고 있다. 법정 근무일뿐만 아니라 토요일, 일요일에도 일을 했다는 뜻인가? 이게 그래프가 말하고 있

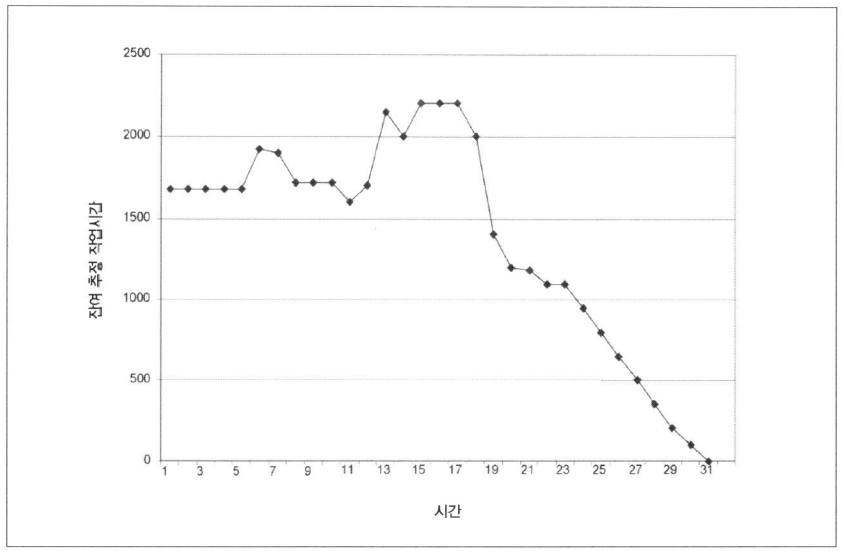

그림 4.6 **훨씬 있을 법한 백로그 그래프**

는 것이다!

그림 4.6의 '훨씬 있을 법한 백로그 그래프'는 훨씬 더 현실적으로 있을 법한 스프린트 백로그 차트를 보여준다. 여기에서 다이아몬드는 각 날짜별로 전체 스프린트 백로그에 남아 있는 작업 추정치의 합계를 나타낸다. 각 다이아몬드를 연결한 선은 스프린트 기간 동안 남아 있는 추정 작업량을 따라간다. 스프린트를 관리함에 따라 이 그래프를 해석하는 법도 배우게 될 것이다. 일반적인 해석들도 있고 여러분의 팀에서만 나타나는 특이한 패턴들도 있을 수 있다.

위의 스프린트 그래프에서 어떤 일이 실제로 일어났는지는 표 4.1, 스프린트 성향 설명(sprint signature description)에 적혀 있다.

팀은 30일간의 스프린트라고 하는 최대 허용 시간(time-box) 안에 있게 된다. 18일째, 스프린트 완료 전까지 끝내야 하는 기능이 너무 많이 남아 있다. 팀원들은 제품 책임자와 스크럼 마스터를 만나서 스프린트 목표를 시간 안에 완수

그림 4.7 **스프린트 성향**

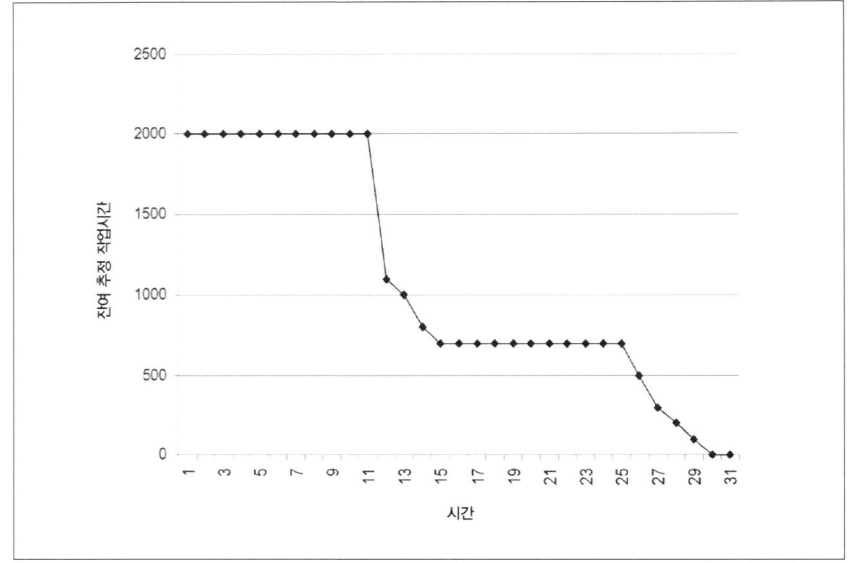

할 수 있도록 몇몇 작업을 제거하거나 기능을 축소할 수 있는지를 물어 본다. 일부 작업이 제거되고 팀은 30일 안에 스프린트 목표를 맞출 수 있게 된다.

'남은 작업 보고(Work remaining reporting)'에서는 태스크들을 끝내기 위해 필요한 추정 시간을 갱신한다. 이것을 '시간 보고(time reporting)'와 혼동해서는 안 된다. 스크럼에는 팀이 지금까지 작업한 전체 시간을 추적하는 메커니즘은 없다. 스크럼은 목표를 얼마나 달성했는가를 평가할 뿐, 목표를 달성하기 위해 얼마나 많은 시간을 썼는지에 대해서는 평가하지 않는다. 스크럼은 결과 지향적이다. 스크럼은 과정 지향적이지 않다.

스프린트 성향

함께 작업해 나가면서 팀은 스프린트 백로그 작성과 관리에 있어 팀 고유의 스타일을 만들게 되는데, 이는 독특한 작업 패턴으로 나타난다. 어떤 팀은 꾸준하게 일하고, 어떤 팀은 단숨에 몰아서 하고, 또 다른 팀은 스프린트 막바지에 가서야 일한다. 다그쳐야 되는 팀도 있고, 반면에 규칙적으로 하는 팀도 있다. 시간이 지남에 따라 각 팀의 백로그 차트는 예상 가능한 패턴의 형태를 띠기 시작한다. 차트는 팀이 기술과 비즈니스, 제품 도메인, 팀원 각자에 대해 알면 알수록 점점 안정된다. 이런 차트 패턴들을 스프린트 성향(Sprint signatures) 이라고 한다. 팀이 어떻게 일하고 있는지를 그래프로 그릴 때 이들의 성향을 보게 된다. 이 성향은 여러분이 일일 스크럼 회의 때 듣게 되는 것들을 반영 - 또 다른 확인 - 하게 된다. 일단 팀이 하나의 성향으로 정착한 후에는 변화에 주의해야 한다. 사람이 스트레스를 받았을 때 성향에 변화가 생기는 것처럼 팀 역시 마찬가지다. 성향의 변화는 팀 관리를 도와주는 데 또다른 정보 원천이다

예를 들어, 어떤 팀의 스프린트 백로그는 항상 스프린트 초반에 치솟았다가 후반에 극적으로 줄어드는 모양이 된다. 측정 방법에 대해 다시 검토하고, 이런 현상이 부적절한 스프린트 계획과 마지막 10일간의 (품질을 떨어뜨리는)과로, 야근 대문인지 혹은 남은 작업량을 자주 추정하지 않아서 생긴 문제인지를 확인하라. 몇몇 성향들을 확인해보고 이게 무엇을 의미하는지를 해석해보자.

추정 작업 시간이 날짜가 바뀌었는데도 그대로 있다면 이는 팀이 작업하면서 추정 갱신 작업을 하지 않았다는 것을 의미한다(그런 경우는 거의 없지만 아무도 일하지 않았을 수도 있다). 그림 4.7 스프린트 성향이 이런 일이 벌어졌음을 보여준다. 이런 성향은 스크럼에 익숙하지 않은 팀에서 자주 보게 된다. 첫 열흘간, 팀은 새로운 추정치로 스프린트 백로그를 갱신해야 한다는 걸 깜빡했다. 11일째가 되어서야, 팀은 작업 추정 갱신 작업을 해야 한다는 걸 기억해냈다. 팀은 추정 작업량이 1100시간 남은 12일째를 기준으로 추정치를 갱신한다. 15일째부터 25일째까지의 스프린트 백로그를 추정하는 데 있어 팀은 아까와 비슷한 문제를 겪는다. 이런 그래프를 가지고서는 관리자와 스크럼 마스터

표 4.1 **스프린트 성향 설명**

기간	있었던 일
1일째	스프린트 계획 회의를 가졌다. 1680시간 정도의 스프린트 백로그를 구성했다.
2–3일째	주말이라 아무런 작업도 없었고 남은 추정 작업 시간에도 변경된 점이 없다.
4–5일째	팀원들이 작업을 진행했다. 하지만, 자신들의 작업 목록의 남은 추정 작업 시간은 재조정하지 않았다. 덕분에 남은 추정 작업 시간은 하나도 줄어들지 않았다.
6–8일째	팀원들이 남은 추정 작업 시간을 재조정하기 시작했다. 6일째에 확인해 보니, 남은 추정 작업 시간이 처음 생각보다 더 많다는 것을 알게 되었다. 그후부터는 조금씩 줄어들었다.
9–10일째	주말이라 아무런 작업도 없었고 남은 추정 작업 시간에도 변경된 점이 없다.
11일째	일부 태스크가 완료되어 남은 추정 작업 시간이 줄어들었다.
12–15일째	예상치 못한 다른 작업이 필요하다는 것을 알게 되었다. 또한 기존에 진행 중이던 태스크도 처음 예상보다 많은 시간이 필요하다는 것을 알게 되었다. 남은 추정 시간이 2150 시간으로 껑충 치솟았다.
16–17일째	너무 많은 작업이 남아 있어 팀원들은 의욕을 잃어버렸다. 주말이라 아무런 작업도 없었고 남은 추정 시간에도 변경된 점이 없다.
18일째	팀은 더 많이 일했고 남은 작업량도 줄어들었다. 또한 스프린트 목표를 충족하는 선에서 줄이거나 아예 제거할 수 있는 태스크를 결정하기 위해 제품 책임자와 스크럼 마스터를 만났다. 몇몇 스프린트 백로그는 제거되었고, 다른 일부 태스크도 처음 계획보다 기능을 떨어뜨려 남은 추정 작업량을 줄였다. 전체 남은 추정 작업량이 1400 시간으로 줄어들었다. 이 일만 완성하게 되면, 비록 기능이 완벽하게 구현되는 건 아닐지라도 팀이 스프린트 목표를 달성하게 될 것이다.
19일 째	팀은 새로운 스프린트 백로그를 적용해서 스프린트를 계속 진행했다. 남은 추정 작업 시간이 줄어들었다.
20–30일째	열심히 하기만 한다면 스프린트 목표를 달성할 수 있었기 때문에, 팀원들은 의욕적으로 일할 수 있었다. 팀은 주말까지 포함해서 규칙적으로 일했다.[6] 31일째, 남은 추정 작업시간은 0이 되었고 팀은 스프린트 목표를 맞출 수 있었다.

---

6 (옮긴이) 스크럼은 연장 근무를 금지하지 않는다.

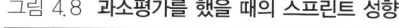

그림 4.8 **과소평가를 했을 때의 스프린트 성향**

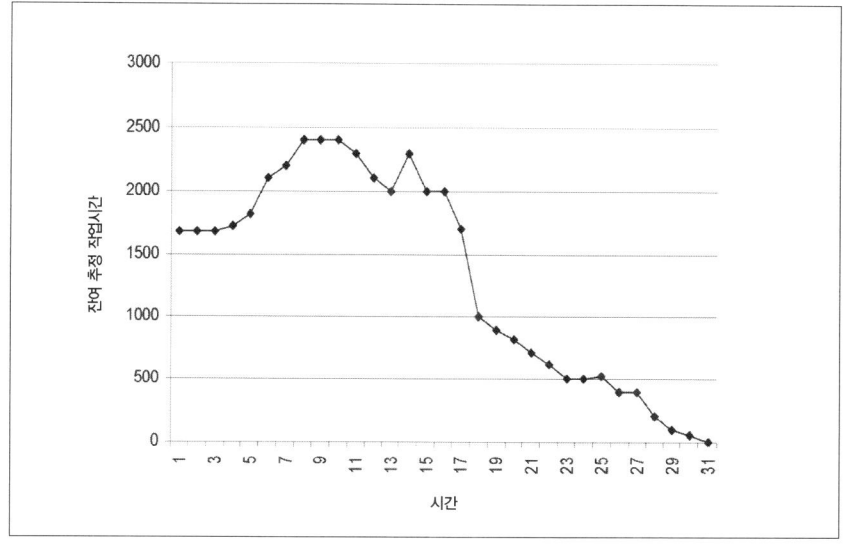

가 이번 스프린트에서 어떤 일이 일어났는지, 어떻게 도와줄 수 있을지 알 수가 없다. 스크럼 마스터가 팀이 스프린트 백로그를 작업 중에 계속 갱신하게 하기 전까지 관리자는 필요한 정보를 일일 스크럼 회의에서의 관찰에만 의존해야 할 것이다.

그림 4.8 '과소평가를 했을 때의 스프린트 성향'은 새로운 스크럼 팀에서 전형적으로 나타난다. 이 팀은 개발에 필요한 기술과 개발 환경, 도메인에 대해 익히고 있으며 함께 일하는 법도 배워나가는 중이다. 팀의 추정 능력은 아직 그렇게 뛰어나질 못하다. 이 팀은 첫날 스프린트 계획 회의에서 스프린트 백로그의 작업이 1680시간이 걸릴 것이라고 추정했다. 다음 날은 주말이라 팀원들은 집에서 보냈다. 작업 첫 주에 팀은 스프린트 백로그의 작업을 처리하면서 백로그 또한 다시 평가했다. 작업이 진행됨에 따라 팀은 추가 작업을 발견했고 기존 작업도 이전 예상보다 더 오래 걸릴 것으로 추측했다. 덕분에 남은 추정 작업 시간은 계속 늘어만 갔다. 9, 10일째는 주말이었다. 그 다음 주에

는 주말을 포함해 합심해서 열심히 노력했고 많은 작업을 끝낼 수 있었다.

남은 추정 작업 시간은 17일째인 일요일 저녁에 1700시간까지 줄어든다. 18일째가 되자, 팀은 스프린트 동안 이 모든 작업을 끝낼 자신이 없어 스크럼 마스터, 프로젝트 매니저, 제품 책임자를 만난다. 그들은 다같이 모여 어떻게 하면 기능 구현은 줄이면서도 스프린트 목표는 달성할 수 있을지를 궁리한다. 이들은 스프린트 백로그에서 약 700시간 정도의 작업을 제거했고 남은 추정 작업 시간은 1000시간 정도로 줄어들었다. 팀은 이 스프린트를 완료하기 위해 착실하게 작업한다. 팀은 다음 스프린트에서는 좀더 신중하게 추정할 것이다. 또한 점점 도메인, 기술, 스크럼을 통한 협력에 익숙해졌기 때문에 추정 작업은 이전보다 쉬울 것이다.

그림 4.9 '과대평가된 스프린트의 성향'에서 스크럼 팀은 초기 추정 작업을 마치고 다음 주부터 작업에 들어가기로 한다. 작업이 진행됨에 따라 남은 작업량이 생각했던 것보다 훨씬 적다는 걸 알게 된다. 기술과 도메인을 잘 몰랐기 때문에 작업에 대해 과대평가를 했던 것이다. 11일째가 되자 스크럼 팀은 이번 스프린트가 30일 이전에 끝날 것 같다고 판단한다. 12일째에 팀은 스크럼 마스터, 프로젝트 매니저, 제품 책임자와 함께 만난다. 팀은 제품 증분 개발을 마치고 스프린트를 일정보다 빨리 끝낼 수도 있다(기울기를 봐서는 17일 째쯤에는 모든 일이 끝날 것으로 보였다). 또는 기능 구현을 심화시키고 디자인이나 아키텍처를 더 구축할 수도 있다. 팀은 작업에 열중하고 있었고 좀더 해보는 게 좋겠다고 모두가 동의한다. 팀은 스프린트를 계속하고 기능을 처음 예상보다 훨씬 심도 있게 개발한 상태로 스프린트를 마감한다.

백로그 기울기를 관찰하다 보면 팀이 도메인, 툴, 스크럼, 자기 조직화를 배워감에 따라 성향이 점차 다른 형태로 변화되는 경향을 볼 수 있게 된다. 그러나 스프린트를 서너 번 진행하다 보면, 전체 팀원의 개성 - 위험을 즐기는 사람, 조심스러운 사람, 꼼꼼한 사람, 초과 근무를 즐기는(over timers) - 에 따라

그림 4.9 **과대평가를 했을 때의 스프린트 성향**

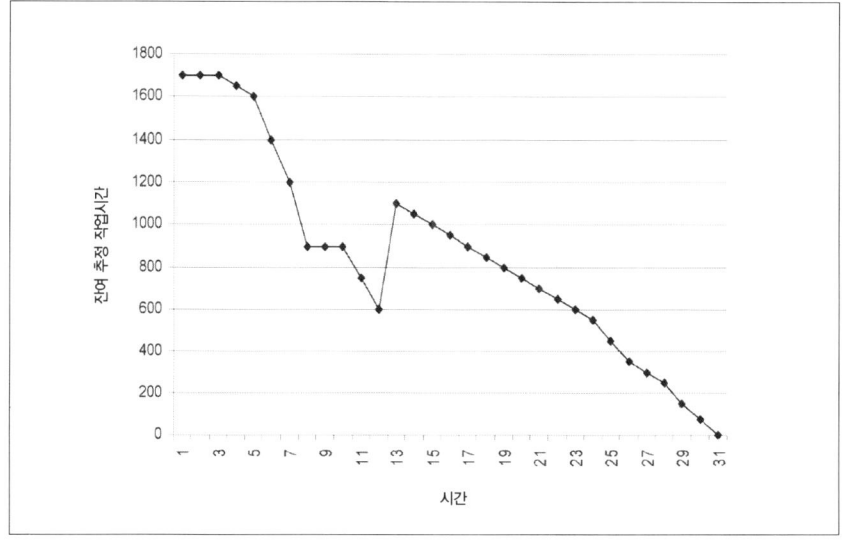

점점 독특한 형태의 백로그 성향을 갖게 된다. 팀이 정기적으로 남은 작업시간을 갱신할 경우, 일일 스크럼 회의에서 듣고 보게 되는 것들이 백로그 성향에도 묻어나게 된다.

릴리스 관리하기

제품은 고객을 만족시키거나 시장에서의 의무를 다하기 위해 릴리스된다. 릴리스를 통해 기능, 비용, 품질 요구사항과 기간에 대한 약속 간의 균형을 맞춘다.

내가 처음으로 스크럼에 대해 발표한 곳은 OOPSLA 96이었고, 이 발표는 꽤나 뜨거운 논쟁을 불러 일으켰다. 나는 작업이 진행됨에 따라 요구사항이나 기술이 점점 더 분명해지고, 그에 따라 관리자가 가격, 기능, 시간, 품질을 트레이드오프(trade off)하는 스크럼의 경험주의적인 특징을 강조했다. 많은 참석자들이 "저희 같은 경우 무엇을 얻을지, 예산은 얼마나 필요한지, 언제 제품을 출하할지를 정확하게 관리자에게 말해야 합니다. 우리 회사 관리자는 그런 걸 원하고 있어요."라며 큰 목소리로 불평했다. 어떤 참석자는 큰 소프트웨어 회사의 제품 관리자였는데, 매년 릴리스 계획을 보고해야 했고 이사들에게 가격이나 기능, 시간, 품질은 작업이 진행됨에 따라 경험적으로 달라질 수 있다고 보고하길 꺼렸다. "그렇게 얘기하면 이사진들이 저를 해고하겠죠."

스크럼은 관리자와 이사진과 함께 일하는 대안적인 방법을 제공한다. 예를 들어, 제프 서덜랜드 기술 이사는 이젤 사(Easel Corporation)의 사장을 찾아가 다음과 같이 얘기했다.

"사장님, 개발팀이 한 번이라도 전통적인 프로젝트 계획에 맞춰 일하는 걸 보신 적 있으십니까?"

"아니요."

"저는 사장님이 믿어야 하는 건 오직 팀이 시연할 수 있는 진짜 돌아가는 소프트웨어밖에 없다고 생각합니다. 만약 저희 팀에게 30일 스프린트 기간 동안만이라도 완벽한 자유를 보장해 주신다면, 스프린트가 끝났을 때 사장님은 결과가 좋든 안 좋든 제품이 어디까지 진행되었는지를 정확하게 확인할 수 있으실 겁니다."

"좋습니다. 그렇게 되면 제품 개발이 어디까지 진행되었는지, 또 어떤 결정이 적절한지를 처음으로 알 수 있게 되겠군요. 그렇다면야 그 팀에게 일정 기간 동안의 자율권을 주는 위험을 기꺼이 감수하도록 하겠습니다."

이런 의견들은 소프트웨어 산업의 딜레마를 보여준다. 우리 시스템 개발자들이야 개발하면서 모든 것을 미리 정확하게 파악할 수 없기 때문에 항상 트레이드오프가 발생한다는 사실을 잘 안다. 그러나 관리자들은 예측하고 싶어 하기 때문에 우리는 종종 관리자 앞에서 그들이 듣고 싶은 것만을 얘기해야 하는 상황에 처하게 된다. 그게 뭐 그리 나쁘냐고? 진짜 재앙이 발생하기 전까지 관리자는 아무것도 모르게 되고 우리가 하는 말을 다 받아들인다. 이렇게 되면 관리자의 참여와 지식, 자원, 지혜를 얻지 못하게 된다. 만약 관리자가 왜 트레이드오프를 하는지 이해하게 되면, 관리자도 참여하고 협력할 것이다. 관리자로서 이것은 대단한 일이 아니다. 그런데 우리가 말한 대로 구현할 수 있다고 얘기하는 순간부터 아마 그들은 매우 놀라기 시작할 것이다.

비용, 날짜, 품질, 기능 관리하기

고객은 제품에 돈을 쓴다. 제품은 고정된 무엇이 아니다. 제품은 고객이 쓰려는 돈과 그 돈을 통해 얻어 내려는 비즈니스 가치 사이의 트레이드오프이고, 이것이 필요한 시기와 원하는 품질 간의 트레이드오프이다. 한 번이라도 자기 집을 지어본 사람은 이런 식의 협상이 어떤 것인지 알 것이다. 협상 과정은 작업을 시작할 때뿐만 아니라 작업 전반에 걸쳐 계속 발생한다. 그러나 소프트웨어 개발은 집짓기 과정보다는 훨씬 더 불확실하다.

관리자는 개발을 진행하는 동안 가격, 기간, 기능, 품질이라는 네 가지 변수를 잘 관리해야 한다. 관리자는 고객이 목표를 만족하는 선에서 충돌하는 변수들의 절충안을 선택하는 것을 돕는다. 관리자와 팀이 이 네 변수를 다 만족할 수도 있지만 일반적으로 관리자가 이 네 가지 변수 사이의 절충안을 고객과 함께 현명하게 또 공개적으로 협상해 내야 하는 경우가 훨씬 더 많다.

네 개의 변수에 대해 고객과 얘기하는 동안에는 아무것도 감추려 하지 말라. 나는 프로젝트 매니저가 고객이 원하는 기한을 맞추려면 기능이 부족해지거나 제품이 불안정해진다는 걸 뻔히 알면서도 그에 대해 약속하는 걸 보아왔다. 고객을 실망시키기 싫은 프로젝트 매니저는 기능이나 품질이 떨어진다는 걸 숨긴 채 고객이 원하는 기간에 동의해 버린 것이다.

우리가 알고 있고 믿고 있는 상황을 자기 몫으로 받아 안는 고통스러울 정도의 정직함, 이것이 최선이다. 이렇게 해야 개발 기간 동안 무엇을 숨기는데 시간을 쓰지 않고 대신, 실제 일어나는 일에 맞춰 고객과 친밀하게 작업할 수 있다. 고객과 열린, 정직한 관계를 맺는 것은 스크럼에서 가장 중요한 관점이다. 스크럼은 모든 걸 볼 수 있게 한다. 고객에게 거짓으로 허풍을 치면 스크럼에서는 들통 나기 정말 쉽다.

트레이드오프의 기본 원리

제품 백로그 그래프는 릴리스에 대한 가격, 기간, 기능, 품질 간의 트레이드오프를 만드는 데 계량 도구(quantitative tool)로 사용된다. 이 그래프는 릴리스 기간 내에 남은 작업의 추정 날짜를 추적한다. 각 제품 백로그 아이템에는 자신의 남은 추정 작업 시간이 있다. 제품 책임자는 이 값을 매주 갱신한다. 그래프는 y 축을 남은 추정 작업 시간으로, x 축을 프로젝트나 릴리스 시간 축으로 사용한다. 각 날짜 별로 남은 추정 작업 시간의 합을 그래프에 기입해라. 이들 표시 사이를 시간 축에 따라 이어라. 백로그는 일반적으로 줄어들지만, 신규 작업 역시 제품 개발 과정에서 항상 새로 발견된다. 백로그가 오르락내리락 할 것이라고 예상해라.

　20주 기간 동안 개발한 릴리스가 정확히 예상대로 진행된 경우를 그림 4.10 완벽한 릴리스 조정에서 볼 수 있다. 진짜 간단한 프로젝트에서조차 그림 4.10과 같이 진행하기는 너무 복잡하고 여러 가지 변수들이 존재한다. 그림 4.10은 제품 책임자가 프로젝트 시작 전에 이 제품이 필요로 할 모든 것에 대해 전부 예측할 수 있었다는 걸 의미한다. 또한 릴리스 기간 중에 추가 기능 요청이 하나도 없었거나, 혹은 정확히 추가되는 기능만큼 다른 기능을 제거했다. 이 그래프는 스프린트 팀이 예측불능의 어떠한 복잡함이나 놀랄 만한 일 없이 규칙적이고 체계적으로 개발을 진행할 수 있었다는 걸 의미한다. 그러나 대부분의 경우 프로젝트를 진행하면서 그리는 백로그 차트는 아마 그림 4.11

그림 4.10 **완벽한 릴리스 조정**

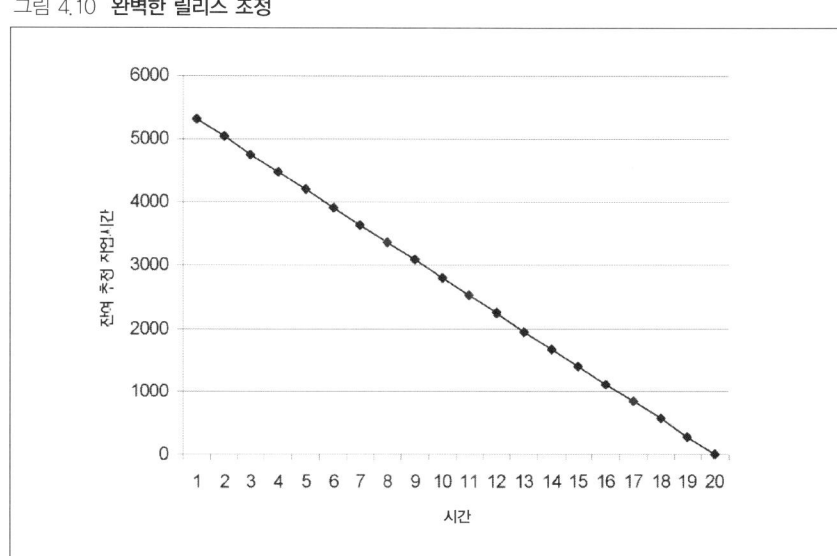

그림 4.11 **기능이 축소된 릴리스**

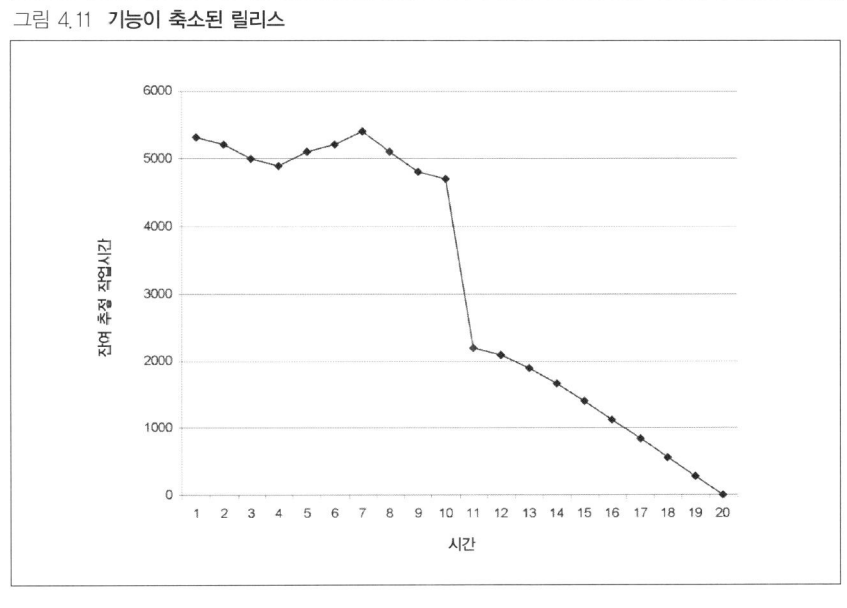

기능이 축소된 릴리스와 같은 모양새가 될 것이다.

제품 책임자는 시작할 때 시스템을 완료는 데 필요한 작업이 5400시간 정도가 될 것이라고 추정했고, 이를 20개월째에 릴리스하기로 했다. 두 개의 스크럼 팀이 프로젝트에 투입되었다. 그래프에서 제품 책임자는 7개월째가 되자 우려하기 시작하는 것으로 보인다. 제품 백로그가 줄어드는 속도가 20개월만에 릴리스하기에는 충분하지 않았다. 여러 스크럼 팀을 조정하는 일이 예상보다 어려웠을 수도 있고 도메인을 이해하기 어려웠거나 기술이 작업하기에 어렵거나 혹은 기능을 과소평가했을 수도 있다. 백로그의 작업은 20개월 안에 릴리스할 수 있을 정도의 기울기로 줄어들지 않고 있었다. 작업 속도(혹은 기울기)를 결정하기 위해 현재 기울기 추세로 시간 축을 따라 이어서 언제 모든 작업이 완료될지를 확인해보라. 그림 4.11에서 보면 제품 책임자와 사용자는 8월과 9월의 작업 기울기를 그리면서 20개월째에 릴리스될 수 없을 정도로 할 일이 굉장히 많이 남았음을 깨닫게 된다. 그들은 팀과 만나 스무 달만에 릴리스 목표를 맞추기 위해 어떤 기능을 구현할 수 있는지를 재평가했다. 회의 결과, 많은 기능을 이번 릴리스에서 제거했고 남은 다른 기능들도 일부 축소했다. 남은 제품 백로그는 4800시간에서 2200시간으로 줄어들었다. 프로젝트는 계속 진행되었고 개발팀은 새로운 기능을 릴리스 날짜에 맞춰 개발할 수 있었다.

어떤 프로젝트에서는 관리자가 릴리스 날짜나 기능을 변경하지 않고 대신 비용을 늘리는 수가 있다. 비용을 늘리는 방법 중 하나가 프로젝트에 팀을 추가하는 것이다. 이때는 여러 팀이 동시에 한 프로젝트 백로그에 작업하게 된다.

그림 4.12 두 번째 팀이 추가된 릴리스에서, 제품 책임자와 관리자는 처음 5개월 동안의 작업 추세를 지켜본 후, 이대로 있다간 예정된 시한을 맞출 수 없을 거라고 평가했다. 그들은 선도적으로 두 번째 개발팀을 구성해 프로젝트에 투입했다. 두 번째 개발팀의 팀원들이 이번 도메인과 기술에 익숙한 사람들이었기 때문에 즉시 프로젝트에 도움이 되었다. 두 번째 팀의 투입 결과, 다달이

그림 4.12 **두 번째 팀이 추가된 릴리스**

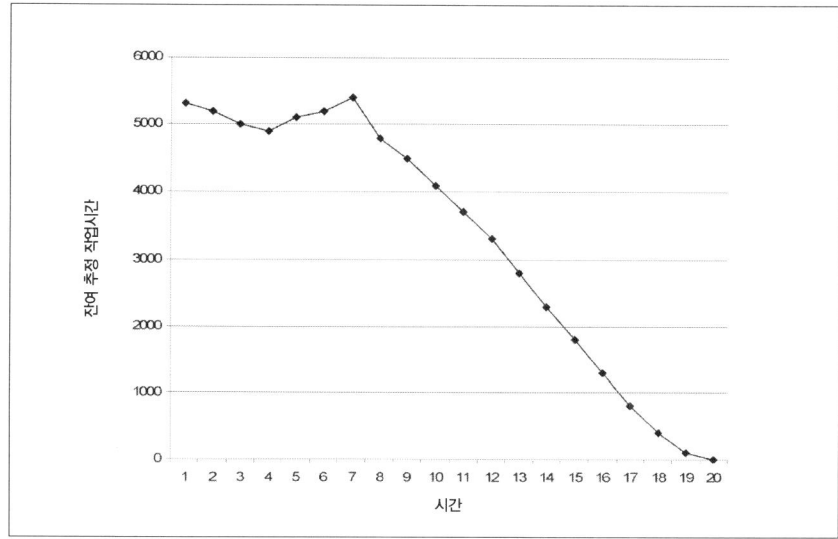

그림 4.13 **릴리스 날짜 지연**

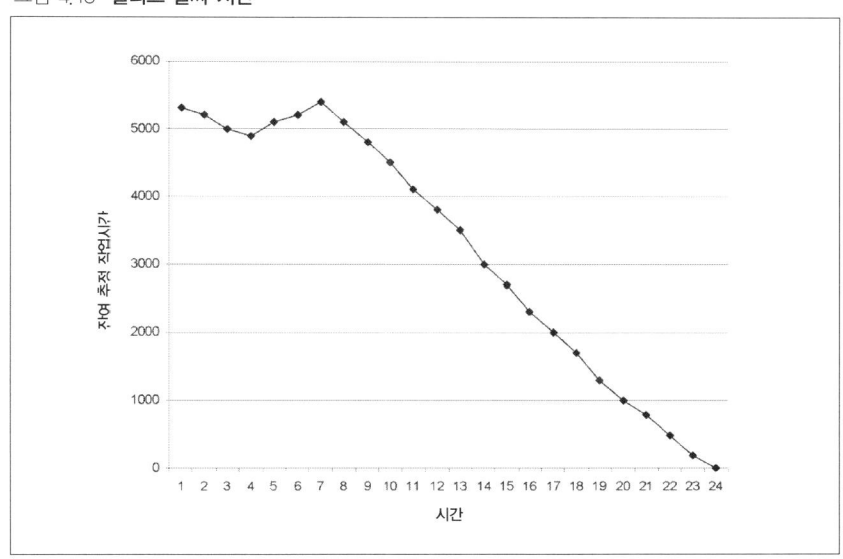

처음 계획보다 많은 양의 작업이 완료되었다. 이 방법은 작업이 처음 예상보다 많다는 걸 알게 되었을 때 쓸 수 있는 대안이다.

그림 4.13 릴리스 날짜 지연은 백로그가 처음 기대한 것보다 느리게 줄어들고 있는 걸 발견한 또 다른 제품 책임자와 관리자의 경우를 보여준다. 이 경우에는 제품이 당장 꼭 필요한 것이 아니었기 때문에 릴리스 날짜가 밀리도록 그냥 두기로 했다. 팀이 안정화되기 시작한 아홉 달째를 기준으로 작업 기울기를 그려보았을 때, 4주 정도가 밀린다는 걸 알 수 있었다. 고객은 그 정도의 지연(slip)을 허락했고 릴리스 날짜는 변경되었다.

작업 추세선이 기대했던 대로 나오지 않는다면 가격, 기간, 품질, 기능의 조정 작업을 한 번 이상 해줘야 한다.

왜 스크럼인가?

스크럼은 기존 프로세스나 방법론이 사용해 온 명시적인 프로세스 제어와는
근본적으로 다른 경험주의적인 프로세스 제어 모델을 기반으로 한다.
이번 장에서는 스크럼의 주요 골자를 다룬다.

「왜 스크럼인가?」에서는 스크럼의 정수를 보여준다. 스크럼은 기존의 시스템
개발 방법론과는 완전 다른 가정과 기초를 토대로 한다. 스크럼은 전통적인
명시적 프로세스 제어 모델과는 다른 경험주의적 프로세스 제어 모델을 기반
으로 한다. 이번 장에서는 왜 기존의 명시적 모델 대신 경험주의적 모델이 시
스템 개발 프로젝트에 적합한지를 보여준다. 일단 스크럼의 경험적인 기초를
이해하고 나면, 왜 이것이 다르게 느껴지는지, 왜 이게 통하는지, 왜 이게 진정
한 패러다임의 전환인지 알 수 있게 될 것이다.

　나는 1장에서 인디비주얼 사(Individual, Inc.)를 소개했었다. 그곳의 PNP 팀
은 모순되고 복잡하며 잡음(noise)이 가득하고 열악한 환경에서 헛되이 제품
개발에 힘쓰고 있었다. 모든 팀원에게는 당장 구현해야 하는 최우선 기능들이
할당되어 있었다. 스크럼은 팀이 잡음과 복잡함 속을 헤쳐 나갈 수 있게 했다.
팀은 30일간의 스프린트 동안 집중할 수 있었고, 한 번에 한 증분(increment)씩

제품을 만들어 나갈 수 있었다. 이번 장에서는 PNP 같은 팀이 겪어야 했던 잡음에 대해 얘기할 것이고, 이런 잡음이 다른 모든 시스템 개발 프로젝트에서도 어떻게 일반적으로 나타나는지, 이런 문제를 스크럼을 통해 어떻게 해결하는지 보여줄 것이다.

일상의 잡음

여기에서 '잡음(noise)'이란 시끄러운 소리가 아니라, 시스템 개발에 있어서의 예측할 수 없고 불규칙적이며 일관되지 않은 부분을 뜻한다. 즉 잡음은 익숙한 일상생활을 방해하는 모든 행위들의 예측 불가능한 부분을 뜻한다. 잡음은 예상치 못한 고장을 일으켜 우리의 모든 신경이 그곳에 쏠리게 만든다. 잡음은 어디에나 있다. 잡음은 핸드폰의 전파를 방해해서 상대방의 말을 알아듣기 힘들게 하기도 하고, 전류를 왜곡시켜 컴퓨터를 뻗게 하기도 한다. 한편 집안에서는 아이들이 끊임없이 시끄럽게 굴어 아내와의 대화를 방해하기도 한다. 신호 대비 잡음 비율이 지나치게 높을 경우 듣고 싶은 소리가 듣기 싫은 소리, 즉 잡음에 묻혀 듣기 어렵게 된다.

　생각해 보면 '0.00' 같은 안정되어 보이는 숫자조차도 소수점 둘째 자리부터 잡음이 생긴다는 걸 알 수 있다. 내가 부엌 선반을 놓을 공간을 쟀을 때 12피트 4인치가 나왔다. 하지만, 틈이 생기지 않게 하려면 12.38 피트와 같이 좀더 정밀하게 잴 필요가 있었다. 이런 측정값 역시 반올림 과정에서 잡음이 생긴다. 사실 선반을 놓을 공간의 실제 길이는 12.374452 피트다. 게다가 선반을 만들기 위해 톱질 하는 과정에서도 톱날의 너비 때문에 또 다른 잡음이 발생하게 된다. 잡음, 부정확, 불확실, 예측 불가능함은 어디에나 있다.

　복잡계 이론(complexity theory)은 잡음의 패턴과 그 원인을 이해하는 새로운 방법이다. 잡음은 어느 것에게나 타고난 것이고 항상 존재한다. 반올림은 잡

그림 5.1 **색 테스트**

red
yellow
green
blue
red
blue
yellow
green
blue

음을 무시하기 위한 메커니즘이다. 완벽하고 정확한 숫자란 우리가 무언가를 예측할 수 있다고 믿게 만들어주는 일종의 환상인 것이다. 만약 싱크대 선반의 길이를 12.38인치라고 가정하고, 다른 잡음이 이 정도 오차 범위 안에서 해결될 수준이라면, 이 숫자를 넘더라도 적당히 얼버무릴 수 있을 것이고 부엌 선반은 공간에 웬만큼 맞을 것이다.

간섭(interference)의 훌륭한 예를 미국 심리학 협회 웹 사이트에서 찾아 볼 수 있다. 여러분은 색 테스트를 그림 5.1 이나 표지에서 볼 수 있다.[1] 색 테스트에 있는 글자를 글자대로 읽지 마라. 대신 글자들의 색을 크게 그리고 최대한 빠르게 읽어보라. 깜짝 놀라게 될 것이다.

여러분이 대부분의 사람들과 같다면, 글자의 색인 '파랑, 초록, 빨강' 대신 '빨강, 노랑, 초록'으로 읽으려 할 것이다. 잡음은 바로 여러분의 인식을 간섭한다. 이 단어들 중 하나를 바라볼 때, 우리는 단어의 색과 단어의 의미 둘을

---

1 (옮긴이) 스트룹 간섭효과(Stroop Interference Effect), 표지 날개의 색 테스트를 참조하라.

동시에 보게 된다. 두 내용이 모순될 경우 선택을 해야만 한다. 경험적으로 단어의 색보다는 단어의 의미가 더 중요하다고 배워왔기 때문에, 글자 색에만 집중하려고 하면 간섭이 생기게 된다. 이런 간섭 효과는 우리가 뭔가에 집중할 때에도 스스로를 완벽하게 제어하지 못한다는 것을 보여주고 있다. 즉, 잡음이 우리를 간섭하는 것이다.

모든 물리적인 과정은 어느 정도의 잡음이나 예측 불가능한 움직임을 보인다. 나는 예측 가능한 일들보다 예측 불가능한 것에 대해 좀더 집중함으로써 선택적으로 잡음을 제거하는 법을 배워왔다. 이렇게 꼭 필요한 곳에만 집중한 덕분에 이런 혼란스러운 세상에서도 나의 역할을 제대로 해낼 수 있었던 듯하다.

시스템 개발 프로젝트에서 일어나는 잡음

예전에는 시스템 개발 프로젝트에 잡음이 훨씬 적었다. 내가 처음 개발하던 애플리케이션은 시어스 로벅 & 컴퍼니(Sears Roebuck & Company)[2]에서 사용할 주문 접수 시스템이었다. 시어스는 효율을 높이기 위해 당시 사용 중이던 수주 프로세스를 자동화하고 있었다. 없던 것을 새로 개발해내는 작업이 아니었기 때문에 해야 할 일이라고는 기존 작업들이 수작업으로 어떻게 돌아가고 있는지를 세심하게 조사하는 것뿐이었다. 나는 어셈블리 어를 사용해 IBM System 360 컴퓨터에서 매일 돌아가는 작업 스트림에 들어갈 프로그램을 만들었다. 처음 2년간은 IBM 하드웨어, MVT 운영체제, 어셈블러, 작업 관리(job control)에 둘러싸여 있었다. 모르는 게 있을 때마다 부서에 있는 아무에게나 돌아 앉아 물어볼 수 있었다. 시스템이 어떻게 돌아가는지 적혀 있는 IBM 매

---

2 (옮긴이) http://www.sears.com/ Sears, Roebuck and Co.

뉴얼은 어디서나 찾아볼 수 있었다. 여기 시스템 개발 프로젝트에는 잡음이 거의 없었다. 모든 것이 잘 알려져 있고 모든 사람이 이해하고 있었다. 유일한 불안 요소라고는 신입 사원인 나 하나밖에 없었다.

80년대와 90년대 동안 시스템은 경쟁적으로 발전하기 시작했다. 시스템은 완전히 새로운 프로세스로 구현되었고, 기존 프로세스 역시 - 예를 들어 인터넷 뱅킹 같은 - 새로운 방식으로 바라보기 시작했다. 신기술들이 계속 뒤이어 나타나서 기존 기술이 충분히 파악되기도 전에 그것으로 교체되곤 했다. 예를 들자면, 클라이언트 - 서버 시스템은 많이 설치되었음에도 불구하고, 복수의 애플리케이션과 DLL을 여러 개의 플랫폼과 운영체제 릴리스 위에서 유지하는 버전 관리 문제는 완전히 해결된 적이 한 번도 없었다. 대신, 씬-클라이언트(thin-client)나 다중 티어 모델로 옮겨갔고, 이것은 한 가지 문제를 단순화하는 대신 다른 새로운 난제들을 불러오곤 했다. 최근 다녀온 시스템 제품 회사의 이사회에서 어떤 이사가 다음과 같이 한숨짓는 소리를 들었다. "도대체 기술 정체기는 언제 온답니까?"

시스템 개발에 관련된 잡음은 요구사항, 기술, 사람이라는 세 가지 요소에 의해 영향을 받는다. 제품 요구사항이 분명하고 엔지니어들이 선택된 기술로 제품을 어떻게 만들어야 하는지를 정확하게 알고 있을 경우 잡음이나 불확실성은 굉장히 낮다고 할 수 있다. 작업은 순탄하게 진행될 것이고 갈아엎거나 실수를 최소로 할 수 있을 것이다. 잡음은 요구사항이 잘 이해되지 않고 서로 협의도 이루어지지 않을 때 증가한다. 잡음은 선택한 기술사용 능력이 불확실할수록 증가한다. 신기술로 새 프로세스를 구축하는 개발 프로젝트는 매우 잡음이 심하고 불확실성이 크다고 할 수 있다.

새로운 기술과 기능(functionality)에 기반을 둔 제품의 출시가 빨라졌다. 확실성과 신뢰성은 시장 경쟁력을 위해 희생되었다. 너무 오랜 시간을 요구사항 분석에 써 버린다면 경쟁사가 시장을 차지해 버릴 것이다. 신제품은 신기술의 일부로 편입되고 이런 신기술들은 다시 제품 개발에 사용된다. 핸드헬드 운영 체제에서 돌아가고 무선 네트워크를 통해서 객체 데이터베이스와 연동되는 소프트웨어를 개발하기 위한 수많은 새로운 개발방법과 플랫폼들이 소개되었고, 이걸 보고 있자면 정신이 혼미해질 지경이다.

예를 들어, 90년대 중반 엑스레이와 컴퓨터 단층 촬영(CT Scan), 자기 공명 영상(MRI) 사진들은 필름 대신 디지털 형식으로 인화되기 시작했다. 의료 기관들은 워크플로 시스템의 일부로 필요할 때마다 이 영상들을 방사선과에 공급할 수 있지 않을까를 생각하기 시작했다. 인터넷과 웹 기술을 적용하면, 전 세계에 있는 방사선과 의사들이 실시간으로 공동 작업할 수 있을 것이다. 내가 일했던 의료 소프트웨어 회사가 이런 기능을 제공하는 시스템을 최초로 구축할 수 있었다면 엄청난 시장 경쟁력을 얻을 수 있었을 것이다.

첫 번째 요구사항은 RAID 1 디스크에 들어있는 디지털 영상을 방사선과의 워크스테이션으로 전송하는 것이었다. 이런 요구사항은 꽤 분명해 보였고 팀이 어떤 일을 해야 하는지가 비교적 예측 가능하다고 생각했다. 하지만 작업을 해나감에 따라 예상치 못한 복잡한 지뢰들이 나타났다. 방사선과의 디스플레이는 고해상도의 워크스테이션일 수도 있고 일반 컴퓨터 모니터일 수도 있었다. 사용 가능한 대역폭도 굉장히 넓거나 겨우 56Kb일 수도 있었다. 방사선과 의사들은 영상을 돌리거나 확대할 수 있어야 하고 다른 영상들을 차례차례 비교할 수 있어야 하므로 버퍼링이 필요할 수도 있었다. 영상을 전송할 때는 영상 압축 기법을 쓸 수 있지만 압축 손실은 제한된 범위 내에서만 허용되었고 손실 범위는 아직 정의되지도 않았다. 미국 식품 의약청(FDA)은 이런 영상 기기가 의료 기기인지 여부를 아직 결정하지 않았지만, 만약 의료 기기로 결정된다 해도 전혀 새로운 테스트와 요구사항들이 적용될 것이다.

개발팀은 새로운 기술, 자꾸 바뀌는 요구사항, 다양한 구현 대안들과 씨름해야 했다. 개발팀은 신기술과 요구사항들을 어떻게든 잘 융합해서 6개월 안

그림 5.2 **프로젝트 복합도**[3]

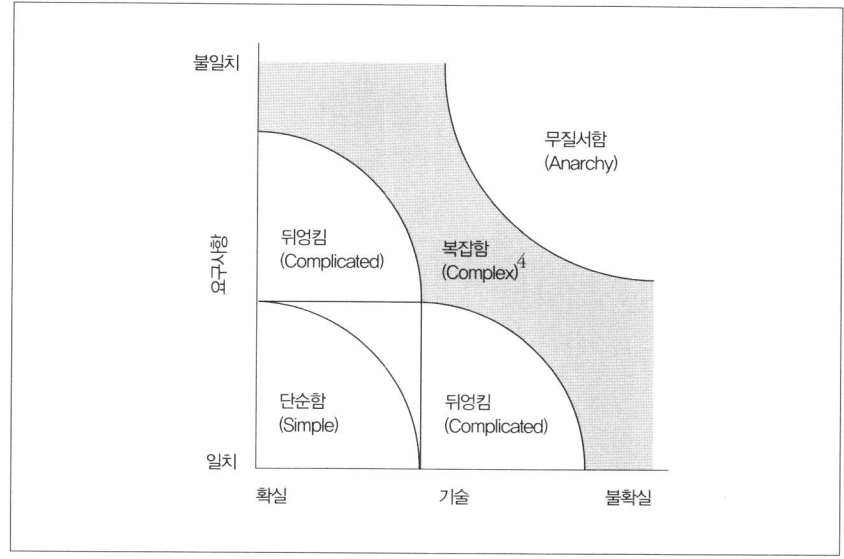

에 시연 가능한 상태의 제품을 만들어 낼 수 있을지를 결정해야 했다. 새 기술을 분석할 때마다 전혀 다른 복잡함과 어려움이 튀어나왔고 요구사항을 결정하려고 할 때마다 새로운 대안이 제시되곤 했다. 요구사항들과 기술이 너무나 예측 불가능하고 잡음이 심해 팀이 한 가지 해결책에 집중해서 본격적으로 작업하기가 힘들었다. 기술과 요구사항의 변경은 팀의 집중과 작업 진척을 어렵게 만들었다.

그림 5.2의 프로젝트 복잡도는 시스템 개발 프로젝트의 잡음 정도를 판별하는 데 쓰일 수 있는 그래프다. Y축에는 현재 프로젝트 요구사항의 불확실한

---

3 출처 : Strategic Management and Organisational Dynamics The Challenge of Complexity(3rd Edition by Ralph D. Stacey, Financial Times, Harlow, England)

4 (옮긴이) 'Complex'의 라틴어 어원인 'complexus'는 'com'과 그리스어 'pleko'가 붙어서 생긴 단어다. 즉, complex는 '복잡하여 혼란스러워 보이지만 질서 정연함이 숨어 있다는 의미'다.

정도를 놓았다. 만약, 프로젝트 요구사항을 완벽하게 이해하고 있다면 잡음은 굉장히 낮다고 할 수 있다. 그러나 만약 요구사항의 일부만 이해하고 있다든가 혹은 계속 추가되고 있다면 잡음 정도는 높다고 할 수 있다. X축에는 선택된 기술이 현재 프로젝트의 목표 달성에 도움을 얼마나 줄 수 있을지에 대한 가능성을 두었다. 이는 '기술 확실성(technology certainty)'이라고 알려져 있다. 만약 모든 기술이 익숙한 것들이고 프로젝트의 목표 달성에 신뢰성 있게 사용될 수 있다면 잡음 정도는 낮다고 할 수 있다. 만약 요즘 유행하는 제대로 검증되지 않은 기술을 사용한다면 잡음은 높다고 할 수 있다. 예를 들어, 메인 프레임, 배치 시스템 개발은 쉽고 잡음이 적은 쪽에 속하고 다중 티어(N-tier)에 웹으로 배포되는 무선(wireless) 기술은 복잡하고 잡음이 높은 쪽에 속하게 된다.

나는 '사람'이라는 세 번째 인자를 아직 그래프 방정식에 추가하지도 않았다. '사람' 인자가 추가되면 어떤 것도 간단하지 않다. 팀 내의 인간관계에서 비롯되는 복잡함은 프로젝트의 잡음 정도를 증가시킨다. '사람' 인자를 고려할 경우, 프로젝트의 복잡도를 무조건 한 단계 높여야 한다. 즉, 특정 기술을 사용하기로 하고 기능에 대한 합의가 이루어진 어떤 프로젝트가 있다고 할 때, 이 프로젝트가 '단순함'으로 분류되어 있었다면, '사람' 인자를 고려하기 시작하면서부터는 '복잡함'이란 분류에 들어가게 된다.

프로젝트의 잡음 범주는 프로젝트를 관리하고 시스템을 개발하기 위해 어떤 접근법을 사용해야 하는지를 알려준다. 프로세스를 조정, 관리하기 위한 이론에는 두 가지 접근 방법이 있다. 첫 번째는 '명시적인 프로세스 제어 모델'이라는 것이다. 프로세스가 큰 잡음 없이 단순한 경우라면 어떻게 작업해야 하는지에 대한 정의를 적어둔 뒤 이를 이용해 매 프로세스마다 반복해서 똑같은 결과를 이끌어 낼 수 있을 것이다. 이것을 '명시적인 프로세스(defined process)'라고 한다.

'관리와 제어'는 모든 게 분명하고 예측 가능할 수 있도록 프로세스들을 잘 정의하는 방식으로 수행된다. 관리와 제어는 명시적인 프로세스의 예측 가능성에서부터 시작된다. 프로세스들이 정의되어 있기 때문에 그룹으로 묶을 수 있고 예측 가능하고 반복 가능하게 작동할 것이라고 기대할 수 있다. 이런 프로세스의 집합 속에서, 명시적인 프로세스 제어 모델은 간단한 교통 신호등 시스템이나 복잡하긴 하지만 잘 정의된 제약 시스템 같은 것을 모델링하고 제어하는 데 쓰이게 된다. 하지만, 어떤 시스템 개발 프로젝트도 명시적인 프로세스 제어 모델에 적합할 정도로 단순하고 잡음이 적은 경우는 없다.

만약 어떤 프로세스가 반복 가능할 정도로 충분하게 자세히 설명하기 힘들 경우, 또 복잡도가 너무 커서 같은 프로세스로 모델링을 해도 다른 결과가 나올 경우, 이런 프로세스를 '복잡한 프로세스(complex process)'라고 한다. 이런 복잡한 프로세스를 연달아 작업할 경우에 똑같은 결과가 나오기란 정말 어렵다. 프로서스 내의 활동에 너무 잡음이 많아서 신뢰할 만한 결과를 얻을 수가 없다. '경험주의적인(empirical) 프로세스 모델'이 이런 복잡한 프로세스를 관리, 제어하기 위해 사용된다. 이런 관리와 제어는 잦은 점검(inspection)과 상황에 맞는 반응을 통해 수행된다.

왜 기존의 시스템 개발 방법론은 통하지 않나?

대부분의 기존 시스템 개발 방법론은 자기야말로 다양한 범위의 프로젝트와 시스템 개발 노력에 사용될 수 있다고 주장한다. 이런 방법론들은 명시적인 제어 관리를 사용하고, 개발 프로세스와 기술들에 대한 기술 자료(knowledge base, KB)를 포함한다. 기술 자료 안의 모든 프로세스와 기술들은 마치 간단하고 반복 가능한 것인 양 정의되어 있다. 이러한 기술 자료들은 의존 관계에 따라 묶여서 미리 정의된 프로젝트 템플릿에 등록된다. 각 템플릿은 특정한 형식의 프로젝트에 적용될 수 있는데, 예를 들면 인터페이스 개발이나 온라인 개발 혹은 객체지향 기술을 이용한 웹 개발을 들 수 있다. 프로세스와 이들 사이의 관계가 명시되어 있기 때문에, 이런 방법론들을 공급하는 업체들은 템플릿이 어떤 종류의 프로젝트에나 반복적으로 사용 가능하다고 주장하는 것이다.

이런 명시적인 제어 방식이 통하려면 개발 방법론들이 프로세스를 충분히 정확하게 정의할 수 있어야 하고, 그 결과 발생하는 잡음도 반복 가능성이나 결과 예측성을 침해하지 않아야 한다. 나는 클래스 하나를 수도 없이 정의하지만 결국에는 쓰지도 못하고 버릴 명세를 써 놓는 개발자를 여럿 보아왔다. 이런 프로세스 정의는 이를 통해 안정된 클래스 명세를 여러 번 반복해서 만들 수 있을 때에만 유용하다. 클래스 생성에 고려해야 할 요소들이 너무 많아 막연하고 느슨하게 정의할 경우 프로세스 정의는 쓸모없는 것이 되어 버린다. 즉, 프로세스의 정의가 너무 빈약해서 그걸 실제로 적용했을 때 반복 가능한 결과가 나오지 않게 된다. 너무 복잡해 매번 다른 정의가 필요한 개발 활동은 하나의 프로세스 정의로 추상화시키기가 불가능하다.

기존의 시스템 개발 방법론들이 기반하고 있는 개발 활동 정의는 불완전하고 취약하다. 방법론들은 흔히 수천 개의 프로세스 명세를 포함한다. 나는 주요 상용 방법론의 여러 프로세스 정의를 분석했다. 충분히 분석한 끝에, 단 하나의 프로세스도 반복 가능한 결과를 보장 못할 정도로 충분히 자세하게 정의되어 있지 않다는 것을 알게 되었다. 예를 들어, 한 방법론의 프로세스에서 어떤 프로세스를 완료하기 위해 필요한 자원을 어떻게 명시했는지 보자. "3.5명의 설계자가 4개의 클래스가 필요한 프로세스 하나를 완료하는 데에는 16 시간이 걸린다." 도대체 이 클래스의 기능은 어떤 수준인지, 인터페이스는 어떤 모양인지, 어떤 개발툴로 정의되고 구현되었다는 것인지? 개발하는 설계자의 실력은 어느 수준인지, 객체지향 기술은 어느 정도인지, 그리고 그날 개발자의 기분은 어떤지? 이런 자세한 정의 없이는 그 프로세스를 반복 가능하고 예측 가능하다고 할 수 없다.

만약 단순하면서도 비교적 잡음이 적은 행위를 하는 클래스를 찾은 경우 그 행위들을 하나의 모델로 추상화시켜 정의할 수 있을 것이다. 이러한 모델은 프로세스 운영을 자세하게 정의해야 앞으로 비슷한 작업을 할 경우에 도움을 받을 수 있을 것이다. 어떤 일이 일어날지 예측할 수 있기 때문에 그것에 대해 상세하게 기술할 수 있다. 잡음이 적기 때문에 이 프로젝트 상세 항목은 별 혼란 없이 반복적으로 사용될 수 있다. 이런 작업의 결과는 예측 가능하다.

뉴턴의 법칙이야말로 바로 이런 추상화 중 하나이다. 물리적 물체와 운동 간의 관계를 알아내기 위해서 수많은 실험들이 행해졌다. 상호 관계는 낱낱이 밝혀져 공식으로 혹은 법칙으로 만들어졌다. 수학적으로 뉴턴의 운동 제2법칙의 '따름 정리(corollary)'는 다음과 같은 공식으로 표현된다. $a = F/m$ (a: 가속도, F : 흠, m : 질량). 이 공식은 힘이 주어졌을 때의 가속도와 질량 간의 관계를 표현하는 명시적인 프로세스 모델이다. 이 명시적인 모델은 수많은 관찰을 통해서 추상화되었고, 마침내 법칙으로 표현되었다. 정의가 반복 가능하기 때문에 제어는 이 정의를 전적으로 신뢰하고 적용할 수 있다. 가속도, 힘, 질량 간의 관계에서 발생하는 잡음은 무시할 만하다. 거의 모든 경우에 이 공식은 어떤 변수에 대해서도 수용할 만한 정확한 결과를 내놓는다.

시스템 개발 프로세스 명세서가 명시적인 프로세스 제어 방법론에서 적절하게 사용될 수 있도록 정의하기 위해서는 적어도 다음 내용들을 염두에 두어야 한다.

- 모든 입력에 대한 상세하고 완전한 설명. 그 설명에는 입력의 내용과 그 입력이 얼마나 정확한지, 그리고 어떤 매체(media)를 통하는지가 포함되어야함
- 출력 값에 대한 그만큼의 상세하고 완벽한 설명
- 입력 값을 출력 값으로 변환하는 데 필수적으로 필요한 프로세스에 대한

설명과 그에 사용된 특정 도구와 기술에 대한 참고문헌들

- 변환 과정을 수행하는 사람들이 가져야 하는 기술, 능력, 훈련에 대한 상세한 설명
- 근무 시간이 어떻게 구성되어 있는지에 대한 설명

'근무 시간'이라는 용어가 무엇을 의미하는지 생각해 보자. 지금 얘기하는 근무 시간이 잘 훈련되어 있고, 교육 수준이 높고, 조직에 잘 적응하고, 집중을 잘 하고, 인간관계가 원만하며, 아침에 커피 한 잔만 딱 마신 후 바로 일하기 시작하는 기술자의 한 시간을 의미하는 것인가? 그렇지 않은 다른 사람의 한 시간을 의미하는 것인가? '근무 시간'이라는 용어를 일관되게 사용한다는 것은 서로 다른 두 근무자에게 시간당 생산성이 똑같을 것을 요구하는 것과 다를 것이 없다.

퍼트 차트는 명시적인 프로세스를 제어하기 위한 프로세스다. 작업에 대한 각 퍼트 차트에서 작업 시간을 일관되게 예측해야 하고 측정해야 한다. 그렇지 않을 경우 모든 프로세스에서 잡음이 생기게 되고, 이렇게 축적된 잡음과 부정확함으로 인해 전체 프로젝트는 침몰하게 된다.

상호 의존적이고 불완전하게 명시된 프로세스들의 연결에 기반을 둔 프로젝트가 진행됨에 따라 모순과 불완전함, 차질들이 축적되게 된다. 한 태스크가 끝나면 그 결과가 다음 태스크를 시작하는데 사용되기 때문에, 첫 번째 태스크에서 발생하는 모든 잡음은 다음 태스크에 이어지게 되고 그 결과 다음 태스크의 잡음을 발생시키게 된다. 첫 번째 태스크가 '90% 완성'한 프로젝트라고 하자. 이 태스크로만 봐서는 90%를 완수하였지만 제품으로 봐서는 겨우 30%만이 완수되었다. 이런 상황은 다음 태스크로 넘어가면서 점점 더 나빠지게 된다.[5] 아래와 같은 프로세스는 대부분의 상용 시스템 개발 방법론에서 찾아볼 수 있다.

'논리적 데이터베이스를 최적화하라. 어떤 레코드 타입이 분리되거나 합쳐져야 할지 결정하기 위해, 개체(entity) 속성, 볼륨(volume) 정보, 보안 요구사항을 평가해라. 레코드/세그먼트/테이블 타입을 상호 참조하고, 공유되는 기존 데이터베이스와 새로 생성되는 데이터베이스를 서로 구별해 주기 위한 개체를 준비해라. 한 개체가 하나 이상의 레코드에 매핑될 경우, 필드 매핑을 위한 속성을 하나 포함하라.'

경험상, 두 사람에게 똑같은 입력 값을 주더라도 이 프로세스로부터 항상 다른 결과가 나올 것이다. 심지어 같은 사람이 연달아 같은 작업을 했을 때조차 다른 결과를 만들어낼 것이다. 왜? 이 프로세스 정의는 너무나 엉성하고 막연하기 때문이다. 이 막연함은 필연적이다. 만약, 4,017명이 논리적 데이터베이스를 최적화한다면, 4,017개의 다른 결과를 얻게 될 것이다. 이런 설명을 위와 같은 하나의 모델이나 프로세스 설명으로 만들기 위해 추상화 할 수 있는 유일한 방법은 세부 항목을 제거하는 것이다. 불행하게도, 이 과정에서 제거되는 세부 항목이 바로 반복 가능성을 위해 요구되는 그 세부 항목인 것이다. 위의 추상화된 프로세스에서 나타나는 엉성함과 세부 사항 부족은 실제로 특정 데이터 모델을 최적화하려고 시도할 때 바로 나타난다. 다음과 같은 영역들(최소한으로)이 반복 가능하게 만들기에 너무 엉성하게 정의된 부분이다.

- 어떻게 개체 속성을 평가할 것인가?
- 개체 속성의 특성은 어떤 것들인가?
- 개체 속성은 이 모델의 일부인가?
- 어떤 도구를 사용하고 있는가?
- 파일은 어떻게 열 수 있는가?
- 분리하고 합체하는 데 사용되는 규칙(rule)에는 어떤 것이 있는가?

---

5 (옮긴이) 김창준의 「프로젝트 확률론」(http://agile.egloos.com/4448027)을 참조하기 바란다.

그림 5.3 **퍼트 차트**

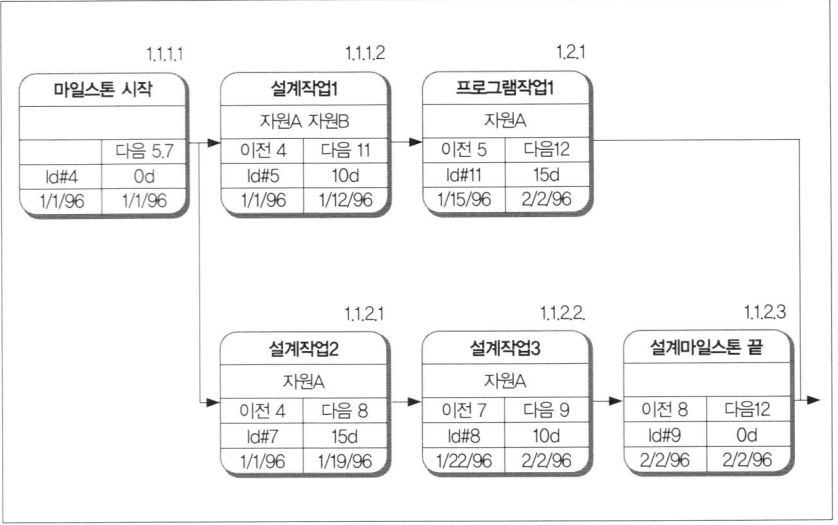

프로젝트가 명시적인 프로세스 제어 모델에 의존하는 방법론으로부터 구축된다면 어떤 모양일까? 프로젝트를 시작할 시점에서 프로젝트 관리자는 여러 프로젝트 템플릿 중 적당한 것을 하나 선택해서 세부 조정하기 시작할 것이다. 이 템플릿은 계획 중인 작업에 적합한 여러 프로세스로 구성되어 있다. 그후 관리자는 작업을 추정해서 팀원들에게 할당한다. 그 결과로 도출되는 프로젝트 계획서를 통해서 필요한 입력을 출력으로 변환하기 위해 그리고, 프로세스 지시 사항, 누가 어떤 작업을 맡았는지, 어떤 의존 관계가 있는지 등을 확인할 수 있을 것이다. 그림 5.3의 퍼트 차트는 이런 노력의 산물을 보여준다.

프로젝트 관리자는 이런 프로젝트 계획을 통해서 자신이 모든 것을 통제하고 있다고 생각하며 안심한다. 관리자는 자신이 프로젝트를 성공적으로 완료하는 데 필요한 모든 작업을 이해하고 있다고 생각한다.

"모든 팀원이 방법론과 프로젝트 계획에서 작성해 놓은 대로만 움직여 준다면 프로젝트는 성공적으로 끝나겠지."

하지만, 계획이 기반하고 있는 태스크의 상세한 내용들은 불완전할 수밖에 없는데, 그 이유는 밑에 놓여있는 프로세스들이 복잡하고 잡음이 심하기 때문이다. 정의가 불충분하기 때문에 의존 관계가 부정확하게 된다. 이런 부정확성들은 작업 할당과 추정들을 쓸모없게 만든다.

퍼트 차트는 의존 관계를 통해서 만든다. 하나 이상의 태스크가 '완료'된 다음에야 종속된 다음 태스크들을 시작할 수 있다. 각 시스템 개발 프로세스 내의 잡음 정도는 '완료'를 정의하기 매우 힘들게 한다. 할당된 다양한 태스크들 간의 경계가 점점 더 혼란스러워져서 마침내 프로젝트 계획 자체가 혼돈 속에 빠지게 된다. 작업에 대한 명시적인 프로세스에서 각 태스크가 실행될 때마다 발생하는 잡음은 허용치 안에 있어야 한다. 그렇지 않을 경우 종속적인 프로세스의 작업이 나쁜 영향을 받게 된다. 종속적인 프로세스들이 얽힌 큰 네트워크 안에서는 잡음이 기하급수적으로 늘어나게 되어 네트워크 전반을 망치게 된다.

나는 퍼트 차트가 굉장히 문제 있다고 지적하고 싶다. 퍼트 차트는 일련의 행동을 곰곰이 생각하고 모델링하는 데에는 유용하다. 그러나 퍼트 차트가 복잡한 프로젝트를 제어하기 위해 사용될 때에는 재앙이 된다. 퍼트 차트에 기반을 둔 프로젝트 제어는 시스템 개발을 정신 분열 상태로 몰아간다. 관리자는 퍼트 차트 모델이 복잡한 프로젝트에서 통할 거라고 생각하고는 프로젝트 진행 정도를 퍼트 차트를 통해서 확인한다. 하지만, 진짜 작업은 퍼트 차트와 별로 상관이 없다. 첫 태스크가 당장의 복잡한 문제에 맞춰지고 나면 작업은 스스로 빠르게 진화, 발전해 버린다.

복잡한 소프트웨어를 개발하는 건 군대의 장애물 훈련장에서 훈련 받는 것과 비슷하다. 유연성, 융통성과 민첩성이 성공을 위해 필요하다. 군 훈련소의 실제 장애물 훈련장을 상상해 보자. 부대원들은 명시적인 프로세스를 이용해 장애물 훈련장을 최대한 빨리 통과할 것을 명령 받았다. 이를 위해 훈련 관리부에서는 다음과 같은 것들을 제공했다.

- 지도 : 이 지도는 눈앞의 장애물 훈련장 지도가 아닌데, 그 이유는 아직 아무도 이곳을 통과한 적이 없기 때문이다. 주어진 지도는 과거에 다른 훈련병이 통과했던 여기와는 전혀 다른 장애물 훈련장의 지도다.
- 다른 장애물 훈련장에서 발견된 다양한 장애물들을 설명하고 있는 책 : 책에는 각 장애물에 어떻게 접근하고 테스트하며 이동해야 하는지에 대한 자세한 지시사항들이 담겨 있다.
- 팀 과제와 예상 진행 목록 : 관리자는 부대가 이번 장애물 훈련장에서 발견할 것으로 예상되는 것들을 지도와 책 하나로 공들여 묶어 놨다. 이것은 팀 과제가 된다. 과제들은 팀원들에게 각 장애물을 만났을 때 해야 하는 임무를 부여한다. 각 과제들은 팀원들에게 정확히 해야 할 일을 알려주고 그 일을 끝내기 위해 필요한 고정 시간을 할당한다.

팀은 장애물 훈련장에 진입하기 시작한다. 모든 팀원은 지도와 책 그리고 작업 할당 목록을 지니고 있다. 이들은 앞으로 나아가면서 연구하고 작업 할당 목록에 적혀 있는 대로 작업한다. 그러나 지도가 일반적이고 현재 훈련 코스에 대한 것이 아니다보니, 첫 번째 장애물에 도착하기까지 주어진 것보다 더 많은 시간을 쓰게 된다. 게다가 막상 첫 번째 장애물에 도착해 보니, 책에 있는 것과는 전혀 다르다. 팀원들은 각자에게 할당된 작업을 처리해 보려 하지만 이 작업들은 너무 부적절해서 여러 팀원들이 부상을 입게 된다. 팀이 장애물을 통과하기 위해서는 전혀 새로운 방법을 궁리해내야 한다. 또한 각 팀원들은 왜 장애물을 통과하기 위해 예상보다 더 많은 시간이 걸렸는지에 대한 변명거리를 포함한 시간 보고서를 써내야만 한다.

관리자가 명시적인 프로세스 제어 모델을 복잡한 개발 프로젝트 관리에 사용하기 시작하면서부터, '죄책감(guilty)'이란 녀석이 시스템 개발 영역을 비집고 들어오기 시작한다. 관리자는 프로젝트에 대한 제어 능력을 상실해 버리고 프로젝트의 결과를 예측할 수 없게 된다. 중량 방법론(heavyweight methodologies)은 시간, 비용 추정을 포함한 계획을 관리 방법과 함께 제공한다. 프로젝트 관리자는 고객과 함께 성능, 시간, 품질, 가격에 대한 계약을 진행할 때 이 측정값을 사용한다. 만약, 기대하지 않았던 것들 - 품질은 낮고, 납품기한은 미뤄지는 - 을 발견한다면 고객들은 분노할 것이다. 고객이 프로젝트 관리자의 계획과 추정치를 믿었지만 프로젝트 관리자가 그 기대를 저버린 것이다.

어떤 프로젝트의 관리자는 유명한 회사의 중량 소프트웨어 프로세스 자격증을 가지고 있었다. 이 회사는 이 관리자에게 방법론에서 제시한 대로 계획하기만 하면 신뢰할 만하고 예측 가능한 결과를 얻을 수 있을 거라고 했다. 잘 알려진 방법론이니 분명 제대로 돌아갈 거라고 믿었는데 이게 실패하다니! 관리자는 다음과 같이 생각하게 된다.

"나는 방법론이 하라는 대로 다 했어. 분명 개발자가 방법론이 지시한 내용을 제대로 하지 않았을 거야. 진행 상황을 정확하게 보고하지 않았을 수도 있고 방법론의 지시 내용을 따르지 않았을 수도 있지. 방법론 개발 회사는 방법론만 따르면 예측 가능한 결과를 얻을 수 있다고 했는데, 이걸 개발자들이 제대로 완수해내지 못한 거야. 망할 개발자들!"

죄책감에 이어서 무관심이 생기기 시작한다. 최선을 다했음에도 불구하고 계속해서 기대를 만족시키지 못한 작업자들은 결국 최선을 다하지 않게 된다. 이런 건 결코 좋지도 적절하지도 않다.

전통적인 명시적 소프트웨어 개발 프로세스는 무너졌다. 대부분의 프로젝트가 쉽게 예측할 수 있다면 복잡한 프로젝트에서 자주 발생하는 잡음도 찾아보기 어려웠을 것이고 잡음에 반응하고 평가하기 위해서 경험에 기반을 둔 대응을 권장하지 않았을 것이다. 잡음은 눈에 띄지 않아 지나치기 쉬우므로 결과는 항상 예측 불가능하다. 이런 부정확한 공식이 수없이 많은 프로젝트를 취소시키고, '제대로 돌아가게 만들려는' 수많은 사람의 노력을 헛되게 만들며, 성공적인 소프트웨어 프로젝트 관리를 실패로 이끈다. 더 크게는, 많은 시장 기회를 무산시키고 엄청난 금액을 낭비하게 한다. 사람들은 불필요하게 고통 받고 스트레스는 늘어만 간다.

왜 스크럼은 될까?

나는 앞에서 스크럼이 단순하고 분명하다고 얘기했다. 스크럼에는 복잡한 프로세스 명세도 순수 이론적인 개념도 없다. 스크럼은 시스템 개발 프로젝트에서 똑같은 작업이란 거의 없고, 똑같은 결과를 만들어 내는 경우도 거의 없다는 믿음에서 시작한다. 스크럼은 모든 프로젝트가 예상하기 힘든 것이라고 생각한다.

작업을 미리 정의하거나 반복하기에 너무 복잡한 경우에는 경험주의적인 프로세스 제어 모델이 필요하다. 스크럼은 경험주의적인 프로세스 제어 모델을 채택한다. 스크럼은 주기적으로 어떤 일이 벌어지고 있는지를 관찰하고 원하는 결과를 도출하기 위해 경험에 기반을 두어 작업을 조정한다.

어떤 화학 회사를 예로 들어 보자. 이 화학 회사는 경험에 기반을 두고 제어를 해야 하는 혁신적인 폴리머 공장을 가지고 있다. 몇몇 화학 공정들은 명시적인 프로세스 제어 모델만으로는 안전하고 반복 가능할 정도로 충분히 잘 정의할 수가 없다. 또한 잡음이 통계에 기반을 둔 제어를 무용지물로 만들어 버

그림 5.4 **경험주의적 관리 모델**

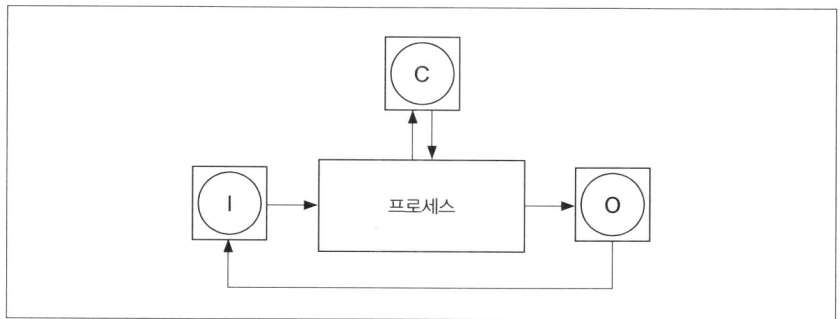

린다. 그래서 배치(batch)[6]를 제대로 만들기 위해서는 잦은 테스트와 검증이 필요하다. 기술의 발전에 따라 화학 공정을 더 잘 이해할 수 있게 되었고, 덕분에 공장은 좀 더 자동화 될 수 있었다. 그러나 너무 성급하게 모든 것을 다 예측할 수 있을 것이라고 기대하다간 망하는 지름길이 될 것이다.

스크럼의 핵심은 작업들의 조건을 평가하고 경험에 따라 다음 할 일을 결정하는 데 있다. 이런 결정은 경험과 훈련, 상식으로부터 나온다. 프로세스는 시작과 동시에 빈번하게 점검되고, 평가되며, 보정된다. 프로세스를 점검하는 사람들은 예기치 않은 일이 벌어질 것이라고 예상하고 그걸 주시하며 필요할 때는 거기에 적응한다.

경험주의적인 프로세스 제어 모델은 우아할 정도로 단순하다. 이 방법은 피드백 메커니즘을 이용해서 예측하지 못한 부분을 감시, 적응할 수 있게 하고, 규칙성과 예측성을 제공한다. 스크럼 팀원들은 경험에 기초해서 자신의 기술, 경험 그리고 현재 상황에 맞는 최선의 방법을 궁리하고 실행한다. 그림 5.4의 '경험주의적인 관리 모델'은 스크럼에서 사용하는 경험주의적인 프로세스

---

6 (옮긴이) 배치(batch) : 대표적인 화학 반응 공정기의 한 형태. 상대적으로 정밀한 제어가 가능해 고부가 가치 제품(의약품, 고순도 플라스틱 등)의 생산에 주로 사용된다.

관리 피드백 루프를 보여주고 있다.

- 'I'는 입력 또는 요구사항이나 기술을 의미한다. 팀은 이런 요구사항들과 기술로부터 제품 증분을 개발하게 된다.
- '프로세스'는 스프린트라고 불리는 30일 간의 반복 주기(iteration)를 의미한다.
- 'C'는 일일 스크럼 회의와 매 스프린트의 마지막에 스크럼 진행 상황을 확인하는 제어 단위다.
- 'O'는 매 이터레이션마다 개발되는 제품 증분을 의미한다. [Peitgen][7]

스프린트 동안, 팀은 주어진 요구사항과 가능한 기술들(입력)을 이용해서 어떻게 제품 증분(출력)을 개발할지 경험에 따라 정한다. 팀은 공동의 목표를 달성하기 위해 가지고 있는 기술들을 다 끌어 모은다. 팀원들은 서로 조언해 주고 도와주며 필요한 자원은 무엇이든지 얻어내기 위해 노력한다. 팀은 자기 조직화되어 주어진 요구사항들과 기술들로부터 제품을 만들어낸다.

스크럼 프로세스는 복잡한 행위들을 제어한다. 계속되는 점검을 통해 다음에 무엇을 해야 할지를 경험적으로 결정하기 위해 필요한 정보를 얻는다. 제어 혹은 'C'는 일일 상태 점검 회의인 일일 스크럼 회의를 통해서 이루어진다. 일일 스크럼 회의 동안, 관리자와 팀은 프로세스를 조사, 분석해서 진행 정도나 결과가 적절한 수준인지를 테스트한다. 만약 결과가 적절하다면 다음 테스트까지 그대로 둔다. 결과가 수용하기 어렵다 해도 여전히 프로세스를 이전의 적절한 성능 수준으로 되돌릴 만한 충분한 시간이 있다.

스프린트가 끝나는 시점에 또 다른 제어 단계가 있는데, 이것을 '스프린트 검토 회의(sprint review)'라고 부른다. 이때에는 스프린트의 결과물을 점검하

---

7 새 개발 프로젝트는 첫 번째 제품 증분을 무에서부터 만들어낸다.

게 된다. 팀이 실제로 만들어 놓은 제품을 가지고 평가하는 것이다. 고객, 관리자와 팀은 동작하고 실행시켜 볼 수 있는 제품 증분의 실제 데모를 보면서 제품을 점검한다. 눈앞에서 선택 가능한 것들을 직접 볼 수 있다면 쉽게 의견을 결정할 수 있다. 이것이 제품 증분이 컴퓨터에서 동작해야 하는 이유다. 이후 관리자, 고객, 팀은 다음에 무엇을 할지를 결정한다. 즉, 방금 본 것에 대해 반응하는 것이다. 팀은 재조직되거나 더 많은 기술 훈련을 받을 수 있고 또한 더 많은 툴을 제공받을 수도 있다. 팀은 다음 제품 증분 제작에 필요한 능력과 관련된 어떤 것이라도 변경할 수 있다.

우리 고객 중 몇 명은 프로세스 엔지니어를 스크럼 프로젝트에 배치했다. 그들은 현재 작업의 내용을 기록하고 형식화하고 추상화해서 얻어진 프로젝트 경험을 다른 곳에서도 써먹고 싶어 했다. 즉, 스크럼이 어떤 것인지를 파악한 후에 이를 통해서 명시적인 프로세스 모델과 퍼트 차트를 만들고 싶었던 것이다. 프로세스 엔지니어는 작업 내용을 지켜보고 사람들을 인터뷰해서 그 결과를 기록했다. 이런 작업 정의들을 조직이 사용하는 방법론에 추가해 놓고 보니, 프로젝트 하나하나가 새롭고 독특한 템플릿이 되었다. 새로 추가되는 모든 프로젝트가 새로운 비즈니스 영역을 가리키고 있거나 신기술을 사용하고 있었다. 고객들은 기록된 행위들이 너무 복잡해서 형식화시키거나 추상화하기 불가능하다고 결론내렸다. 각 프로젝트는 하나도 같은 게 없었다. 스크럼은 이런 복잡한 프로세스를 끌어주는 길잡이이자 복잡성을 억제해 주는 역할을 한다.

대안으로, 고객들은 시스템 구축에 관련된 조직의 경험을 저장하는 지식 관리 솔루션에 눈길을 돌렸다. 그들은 공인된 명시적 방법론에서 나온 프로세스들을 기술 자료(knowledge base, KB)에 집어넣었다. 이런 독특한 프로세스들은 버전 관리, 빌드, 테스트, 암호 관리, 필수 장비들이나, 시스템 개발 프로젝트를 진행하는 데 사용되는 다른 프로세스를 위해 추가되었다. 이러한 기술 자료는 하나의 전문가 시스템이 되었고 팀에 필요한 노하우를 제공했다. 기술 자료는 계획을 짜거나 작업을 진행시키는 데는 사용하지 않았다. 대신 어떻게 작업할 수 있는지에 대한 참고문헌으로 사용되었다. 지식 저장소는 새로운 지식이 습득되고 새 기술이 추가될 때마다 진화했다.

이렇게 추상화된 프로세스 지식은 이것이 불완전하고 지침용으로만 적합하다는 걸 잊지 않는다면 전혀 문제될 게 없다. 그렇다고 이걸 이용해서 이전과 같은 결과를 얻을 수 있다고 기대해서는 안된다. 패턴을 통해 특정 문제들에 초점을 맞춘 프레임워크 정도를 제공할 수 있는 그런 지식은 표현할 수 있다 [ScrumPattern]. 견실한 엔지니어 팀은 문제 해결을 위해 패턴, 기법, 특정 기술에 대한 지식을 끌어다 사용한다. 스크럼은 팀에게 스스로의 지혜와 능력 그리고 옆에 있는 팀원을 의지하라고 가르친다.

사례 연구

다음 예시에서는 경험적 프로세스 제어 모델이 사용되었는데, 그 이유는 숨어 있는 작업들이 너무 복잡해 충분히 반복 가능하도록 정의하기가 불가능했기 때문이다.

첫 번째 예에서는 내가 우리 딸을 대학에서 집까지 차로 중간 확인 과정 없이 데려오려고 하는 경우 어떤 일이 벌어질지를 보여준다. 딸은 내게 핸드폰으로 언제 어디로 와 달라고 전화한다. 이럴 때의 프로세스는 보통 다음과 같다.

1) 차를 태워 달라는 전화를 받는다. 2) 그 장소로 이동한다. 3) 딸을 차에 태운다.

하지만 핸드폰 통화 감도가 항상 좋은 건 아니다. 기숙사로 와 달라고 들었다고 생각했지만 실제로는 다른 곳을 얘기한 경우가 여러 번 있었다. 이렇게 대화 중 발생하는 잡음 때문에 나는 엉뚱한 장소로 차를 몰고 가게 된다. 이런 잡음을 줄이기 위해 경험적 제어를 사용한다면 다음과 같다.

1) 차를 태워 달라는 전화를 받는다. 2) 잡음이 발생할 경우, 장소가 어딘지를 반복해서 물어본다. 3) 아내 혹은 둘째 딸에게 내가 들은 장소가 맞는 거 같은지 물어본다. 4) 그곳으로 간다. 5) 딸이 나타날 때까지 좀 기다려 본다. 6) 나타나지 않을 경우, 집에 딸이 전화했는지를 물어본다. 7) 딸이 기다리고 있는 올바른 장소로 찾아간다. 8) 딸을 차에 태운다.

애를 더 리러 가는 프로세스는 보통 엇갈리는 경우가 있기 때문에 나는 빈번하게 관찰해야 했고 그 관찰 결과에 경험적으로 반응해야 했다. 핸드폰 기술을 확신할 수가 없었고 장소에 대한 요구사항이 예상치 못하게 변경되기 때문에 나는 경험적 모델을 적용해서 적절한 수준의 테스트와 제어를 할 수 있었고 덕분에 제 시간에 올바른 장소에 도착할 수 있었다.

두 번째 예시는 인디비주얼 사의 새로운 프로젝트, Corporate NewsPage (CNP)의 개발을 돕기 위해 스크럼을 적용한 경우다. 인디비주얼 사는 CNP를 통해서 고객 사이트에 맞춤 뉴스를 발행했다. 제품 개발팀은 새로운 릴리스의 압박에 시달리고 있었지만, 당장 Sun 플랫폼에서 HP와 IBM 플랫폼으로 포팅하는 작업 때문에 바빴다. HP와 IBM 모두 새로운 운영체제를 내놓았지만 개발팀은 이에 대한 준비가 되어 있지 않았다. 개발팀이 사용하던 기술은 변경되었고 제품의 복잡도는 하늘 높은 줄 모르고 치솟았다. 개발팀은 새 릴리스에 추가할 기능 개발 때문에 갑자기 운영체제를 바꿔야 했다.

개발팀은 경험적 프로세스인 스크럼을 사용하고 있었으므로 작업을 잠시 멈추고 우선순위를 재고해 보았다. 항상 해오던 식으로 작업하던 걸 잠시 중단하고 지금 상황에서 이제까지의 실천방법이 적절한지를 먼저 자문했다. 간단한 조사 끝에, IBM을 사용하는 곳은 한 곳도 없고 HP 역시 한 곳 밖에 없다는 걸 알게 되었다. 현재 작업에서 한 발 물러나 현재 상황을 평가함으로써, 팀은 포팅 작업을 건너뛰고 새 릴리스에만 전념할 수 있게 되었다. 이런 건 단순히 상식을 적용한 예이지 않느냐고 한다면, 그렇긴 하다. 하지만 이것이야말로 경험적 프로세스의 핵심이다.

왜 스크럼은 통할까?

소프트웨어 개발은 항상 새로운 제품을 만드는 행위다. 즉, 지난 20년 동안 강요되어 온
공산품 제조공정 모델의 답습이라기보다는 완전히 새로운 제품을 개발하는 쪽에 가깝다.
이러한 새로운 제품을 개발하는 과정에는 새로운 것을 만드는 데 필수적인 연구와 창조 활동을 위한
자기 조직화 그리고 지식 창출 과정에 기반을 둔 새로운 실천방법이 필요하다.
이러한 새로운 세계관은 소프트웨어 개발에 있어 패러다임의 전환을 보여준다.

스크럼 이해하기

몇 년 전, 나는 한 통신 회사에서 새 프로젝트를 시작했었다. 첫 주에는 스크
럼에 대해 소개하는 시간을 가졌다. 스크럼의 기본에 대한 한 시간 정도의 간
단한 설명이 끝나자 팀원 중 한 명이 이렇게 물었다.

"스크럼 회의에서 하는 일이 전날 무엇을 했는지, 새로운 문제들은 어떤 것
인지 보고하고, 다음날에는 무엇을 할 것인지 확언하는 것이 전부라면, 웹에
서 돌아가는 데이터베이스 프로그램을 하나 만들어서 이런 정보들을 저장하
면 안 되나요?"

다른 사람들에게도 이 얘기는 그럴싸하게 들렸던 거 같다. 스크럼 회의의
목적이 단순히 이런 정보를 공유하는 데 있다면 굳이 매일 같은 시간에 모여

얘기할 필요는 없지 않을까? 웹을 통한다면 언제든지 자신의 상태를 적어 놓을 수 있고 원하면 다른 사람이 무엇을 하는지도 볼 수 있을 것이다. 관리자가 해결해 줘야 하는 문제점을 적어놓을 수도 있고.

스크럼 회의를 소프트웨어로 해결하려는 생각은 매력적이다. 그러나, 사람 사이의 상호 소통 같은 것들은 자동화될 수 없다고 생각하기 때문에 다음과 같이 답변했다.

"팀은 스크럼 회의를 통해 단순한 정보 공유 이상의 것을 얻을 수 있습니다. 사람들은 이 회의에서 단순히 어제 무엇을 했는지에 대해서만 얘기하는 것이 아닙니다. 모든 사람 앞에서 말 함으로써 다른 사람이 무엇을 하고 있는지를 모두 알게 되고 나중에 도움을 줄 수도 있습니다. 또한 현재 문제가 무엇인지를 얘기하는 데 그치지 않고 문제를 관리자와 얼굴을 마주보며 얘기할 수 있습니다. 사람들이 정직할 수 있게 용기를 줍니다. 또한 지금 겪고 있는 문제를 관리자가 해결하도록 압박할 수 있습니다. 그리고 무엇보다도, 이 회의는 서로가 서로에게 다음에 무엇을 할 것인지 약속하게 합니다. 이는 사람들의 신용과 믿음을 모두 시험 받도록 합니다. 스크럼은 팀원들 간에 신뢰를 구축하게 해 주는 높은 수준의 사회적 상호작용입니다."

분명히 나는 그들이 잘 모르는 스크럼에 대해 잘 알고 있었고, 이것은 스크럼으로 갈아탈 것인가 아닌가를 결정하는 데 있어 결정적인 차이를 제공했다. 어떻게 스크럼을 적용할 것인지 아는 것과 왜 이게 통하는지를 아는 것은 완전히 다른 얘기다. 대부분의 경우, 어떻게 돌아가는지를 아는 것만으로도 충분하다. 하지만, 왜 이게 통하는지를 알게 되면 스크럼의 실천방법 중 일부를 수정하거나 XP 같은 다른 실천법과 혼용해서 사용하고자 할 때 크게 도움이 된다.

다음과 같은 관점들은 왜 스크럼이 통하는지를 이해하는 데 크게 도움이 된다.

- 신제품 개발 과정
- 리스크 관리와 예측
- 패러다임의 전환
- 지식 생성
- 복잡계 과학
- 인류학
- 시스템 역학
- 정신분석
- 럭비에 대한 메타포

이런 관점들은 간단하게만 보이는 스크럼이 심오한 역학관계를 어떻게 제어하고 만들어내고 있는지를 이해하는 데 중요하다. 여기에서 관련된 개념들을 자세히 설명하려다가는 수많은 문헌을 참조하는 여러 권의 책이 필요할 것이므로 넘어가도록 하겠다. 대신, 이들 개념을 간단히 소개해 독자들이 스크럼에 대한 유용한 정신 모델(mental model)을 형성할 수 있도록 하고 싶다.

이 견해들은 서로 연관되어 있을 뿐만 아니라, 소프트웨어 개발이 단순한 제조 과정이 아닌 신제품 개발에 가깝다는 이 책의 논지에 대한 근거를 제공한다. 이런 차이점은 혁신적이어서 소프트웨어란 무엇이고 어떻게 개발해야 하는지에 대해 완전히 새로운 방식으로 생각하게 한다.

신제품 개발이라는 관점

현재 전통적인 소프트웨어 개발 방법은 큰 위기에 직면해 있는데, 이는 이들 개발 방법론이 정교한 프로세스 모델을 가지고 있음에도 제대로 소프트웨어 개발을 제어하지 못하기 때문이다. 이런 위기는 전통적 방법론이 가지고 있던 잘못된 가정에서 비롯되었다고도 볼 수 있다. 무엇보다도 소프트웨어 개발을 제조업으로 생각하고 그쪽에서 비슷한 프로세스를 가져온 것이 큰 실수였다.

제조업에서는 라디오, 자동차나 비행기 같은 똑같은 모델을 계속해서 조립한다. 하지만 소프트웨어 개발은 뭔가 새로운 걸 만들어 내는 과정인데, 비록 소프트웨어의 일부분이 재사용 된다곤 하지만, 매번 형태나 설계가 달라지기 때문이다. 예를 들어, 어떤 라이브러리나 컴포넌트를 애플리케이션 개발에 사용하는 경우를 생각해 보자. 컴포넌트의 인자 값은 사용할 때마다 달라지고 몇몇 기능은 오버라이딩(override)되기 마련이다.

소프트웨어 개발이 제조 과정과 유사할 것이라는 식의 가정은 지난 20년 이상 동안 소프트웨어 산업 전반을 따라다니며 괴롭혀왔다. 심지어 와츠 험프리 (Watts Humphrey) 같은 사람은 우리 옆구리를 계속 쿡쿡 찔러 대면서 CMM (업무능력 성숙도 모델) 같은 제조 공정 모델을 사용해 보라고 부추겨왔다. 험프리는 이런 성숙도 모델의 개념을 크로스비(Crosby)의 기념비적인 책 '품질은 공짜다' (Quality is Free [Crosby])에서 빌려왔다. 이 모델은 소프트웨어 개발의 20년 역사 동안 개발자들에게 제조 공정 프로세스 모델을 배우고 따라 하도록 만들었다.

제조 공업에서는 조립라인으로부터 똑같은 모델을 만들기 위한 '반복 가능하게 정의된' 프로세스가 의미 있다. 하지만, 소프트웨어는 매번 배치될 때마다 다른 모양을 가지므로 다른 프로세스가 필요하다.

이런 이유로 소프트웨어 개발은 신제품 개발 모델과 더 잘 어울린다. 새로운 것을 만들기 위해서는 연구와 창조, 학습 과정이 필요하다. 이런 활동은 제품 제조공정과는 완전 다른 가정에 기반하고, 제조 공정에서 사용하던 추정, 계획, 추적 방법과는 완전히 다른 방법을 써야 한다.

처음 시작할 때의 연구 개발과정은 훨씬 예측하기 힘들다. 가령, '새로운

VCR 모델을 디자인하라'는 정도의 제한은 있을 수 있겠지만, 주어진 모델을 단순히 제조하라는 것보다는 훨씬 많은 선택을 해야 한다.

애플리케이션을 만드는 데 필요한 소프트웨어 요구사항은 정확하지도 심지어 쉽게 끝나지도 않기 때문에 항상 연구 과정을 수반하게 된다. 또한, 매번 다른 애플리케이션을 만들기 때문에 설계도 당연히 항상 새로 해야 한다. 이들 디자인은 비슷할 수도 있고, MVC(model-view-controller)나 PAC(presentation-abstraction-control), 파이프 앤 필터(Pipes and Filters) 같은 패턴을 사용할 수도 있지만, 결국 실제 구현할 때 요구되는 비즈니스 객체(business objects)나 비즈니스 규칙(rules), 트랜잭션(transactions)이나 서비스들은 항상 다르게 마련이다.

노나카와 타케우치는 '하버드 비즈니스 리뷰'에서 혁신적인 회사가 어떻게 신제품을 만들어내는지를 기술하였다. 그들은 가장 경쟁력 있고 혁신적인 열 개의 회사를 분석해서 다음과 같은 공통점을 발견했다.

내재된 불안정성(Built-in instability) : 팀원들에게 새로운 것을 연구하고 만들어 낼 수 있는 자유로운 분위기를 제공하지만 동시에 높은 수준의 제품 개발을 요구한다.

자기 조직적인(Self-organizing) **프로젝트 팀** : 프로젝트 팀은 기존 지식이 통하지 않는 새로운 분야를 개척하게 됨에 따라 자기 조직적인 특징을 띄게 된다. 이 시기에는 모호함과 변동이 넘쳐난다. 스튜를 끓이듯 그대로 놔두면 프로세스는 알아서 자신만의 동적인 질서를 만들기 시작하고 팀은 스스로 리스크를 감수하며 새로운 개념을 도출해내고 자신만의 아젠다(agenda)를 만들어내기 시작한다.

중첩(overlapping) **개발 단계** : 요구사항들이 명확하지 않아 당장에 주어진 정보만 가지고 개발해야 한다. 그리고 개발 과정 도중에서야 비로서 요구사항들이 분명해지는, 그런 개발 환경 속에서 일관성 있게 새로운 제품 개발을 완료하기 위해서는 연구, 개발, 테스트 단계를 꼭 중첩시켜서 돌려야 한다.[1] 신제품 개발에서 대부분의 문제는 프로젝트의 개발 단계가 분리되었을 때 나타난다. 경험상, 이렇게 개발 단계를 중첩시키면 공동의 책임감과 협동심, 헌신과 몰입을 불러일으킨다. 문제를 푸는데 온 집중을 다 하게 하고, 솔선수범하게 하고 다양한 기술을 익히게 하며, 시장 상황에 대한 감각을 유지할 수 있게 해 준다.

다중 학습(Multi-learning) : 반드시 팀을 외부의 정보 공급원과 가까이 둬서 환경의 변화에 재빨리 반응할 수 있게 해야 한다. 이런 학습은 1) 다양한 크기(개인, 그룹, 조직) 2) 다양한 기능, 이 두 가지 차원을 따라 진행된다.

눈에 띄지 않는 제어(Subtle control) : 팀이 창조적이고 효과적이기 위해서 대부분의 경우에는 간섭을 받지 않는다. 그러나 관리자는 팀이 모호함이나 긴장 때문에 걷잡을 수 없는 혼돈에 빠지지 않도록 일정하게 제어해야 한다.

- 팀원을 뽑고 지속적으로 팀의 균형을 잡아주고,
- 열린 작업 공간을 만들어 주고,
- 고객과의 잦은 대화를 유도하고,
- 팀 단위의 효율을 기준으로 평가 보상 체계를 설립하고,
- 전체 개발 단계에서 나타나는 흐름의 차이를 조율하고,
- 실수를 관대하게 받아들이고 미리 예상하며,
- 관련 팀들도 자기 조직적이 되도록 유도하는 등의 관리가 필요하다.

학습의 전파(Transfer of learning) : 기존의 팀원을 새 팀에 심어라.

이런 모든 것이 신제품 개발 과정에 필수적이다. 이 패러다임을 채택한 스크럼 역시 마찬가지의 과정이 적용된다.

---

1 (옮긴이) 이런 개발 환경은 '실용주의 프로그래머'에서 소개한 '프로토타입'이나 '예광탄 개발'이 필요한 상태라고 볼 수 있다.

리스크 관리와 예측의 관점

스크럼은 자기 조직화를 필요로 하는 소프트웨어 개발의 새로운 패러다임을 제시한다.
동시에, 새로운 유형의 조직을 길들이는 데 필요한 리스크 감소 실천방법도 같이 제공한다.

스크럼을 리스크 제어 시스템으로 바라보는 것도 유용하다. 이런 관점은 특히 관리 입장에서 유용하다. 어떤 소프트웨어 개발에나 리스크와 불확실성은 존재한다. 스크럼의 장점은 리스크를 발견하고 관리하기 위한 실천방법을 제시하는 데 있다. 소프트웨어 개발에서의 리스크나 불확실성은 어디에서 비롯되는 것일까?

앞에서는 소프트웨어 개발이 신제품 개발 과정에 더 가깝다는 가정을 기초로 새로운 개발 방법에 대해 요약했다. 이런 가정하에서는 개발 과정에 연구, 창조 과정이 포함되고 이를 위해 자기 조직화, 학습, 중첩 개발 단계가 필요하게 된다. 이 과정은 예측하기 힘들뿐 아니라 많은 리스크와 불확실성이 항시 존재하게 된다. 결과적으로 스크럼은 이런 리스크와 불확실성을 해결하기 위한 평가, 계획, 추적의 새로운 방법을 제공한다.

고객을 만족시키지 못하는 리스크 : 스크럼은 고객이 지속적으로 제품 개발 과정을 볼 수 있게 해서 고객을 실망시킬 수 있는 리스크를 줄이려고 노력한다. 스크럼에서는 고객이 개발 현장에 함께 있는 것이 가장 최선이겠지만, 그게 안 될 경우 적어도 매 스프린트마다 실제로 돌아가는 소프트웨어를 고객에게 보여준다. 이를 통해 스크럼 리뷰 회의 때 약속한 기능을 제공하기 위해 팀이 노력한 결과를 확인할 수 있고 스크럼 계획 회의 때 다음에 구현해야 하는 기능의 우선순위를 정할 수 있다.

전체 기능 구현 중 일부를 끝내지 못하는 리스크 : 스크럼은 매 스프린트를 통해서 우선순위에 따라 기능을 구현하기 때문에, 제품 출시 이전에 전체 기능 중 일부 구현을 끝내지 못할 수도 있는 리스크를 관리할 수 있다. 이런 방식을 통해 몇몇 낮은 우선순위의 기능은 포기하는 한이 있더라도 높은 우선순위의 기능은 다 구현할 수 있게 한다.

잘못된 추정과 계획에 대한 리스크 : 스크럼은 이런 리스크를 하루 단위의 짧은 추정치를 제공하는 일일 스크럼과 스프린트 주기 동안 변경되지 않는 백로그 유지를 통해서 관리한다. 일일 스크럼 주기 동안, 스크럼은 하루의 작업을 다 끝내지 못할 리스크에 대비할 뿐만 아니라, 더 큰 주기 동안 발생할 수 있는 문제점을 피해갈 수 있게 한다. 스프린트 주기 동안, 스프린트의 목표들 중 일부를 달성하지 못할 위험에 대비하고 스프린트 리뷰와 스프린트 계획 회의를 통해서 팀의 목표를 조정한다.

문제점들이 즉각 해결되지 않을 수 있는 리스크 : 스크럼은 매일 관리자에게 적극적인 관리를 요구함으로써 관리에 대한 거증 책임을 지운다. 스크럼에서 관리자의 역할은 양방향적이다. 즉, 관리 작업도 하는 동시에 일일 스크럼을 통해 팀원들에게도 문제들을 어떻게 해결했는지 보고도 해야 한다.

개발 주기 내에 완수하지 못할 수 있는 리스크 : 스크럼은 매 스프린트마다 동작하는 소프트웨어를 배포해서 다른 사람들에게 제품 개발 과정에 별 큰 문제가 없다는 것을 보여준다. 만약 형상 관리나 회귀 테스트, 시스템 테스트나 제품 릴리스 관리와 같은 기술적인 내용에 문제가 있을 경우 스크럼은 돌아가는 소프트웨어를 릴리스하도록 밀어붙여 이런 사소한 문제점을 제거해 버린다. 몇몇 경우 이런 문제가 실제로 스프린트 과정을 방해할 수도 있다. 하지만 이 방식의 장점은 팀이 이와 같은 문제점을 직시하고 해결하도록 만드는 데 있다.

초과 근무와 기대 변경에 대한 리스크 : 스크럼은 스프린트 기간 동안 관련된 제품 백로그를 고정시킴으로써 고객의 변덕에 대한 리스크를 막아준다.

이를 통해 팀은 스프린트 기간 동안의 목표를 보장받고 고객들 또한 어느 정도 기대해야 하는지 명확히 알 수 있다.

패러다임 전환적 관점

스크럼은 소프트웨어 개발에서의 패러다임 전환을 보여준다. 스크럼은 낡은 패러다임 전통과 거기서 나오는 메타포를 해체시키는데, 그 이유는 스크럼이 신제품 개발이라는 새로운 패러다임, 실천방법 그리고 여기에서 생성된 메타포에 기반을 두기 때문이다. 스크럼은 연구, 창의, 학습, 지식 창조를 지원하는 실천방법을 제공한다. 이런 활동들은 결과적으로 자기 조직화된 구조를 필요로 하게 된다.

위대한 과학 철학자 중 한 명인 토마스 쿤(Thomas Samuel Kuhn)은 과학 기술 혁명은 정상 과학, 위기 그리고 혁명적인 패러다임으로의 전환이라는 주기로 나타난다고 주장한다. 단편적인 이론들이 정교해짐에 따라 기존 이론의 정확성이 점점 떨어지게 되고 마침내 새로운 이론이 제시된다는 것이다.

어떤 현상에 대해 더 잘 설명할 수 있는 새로운 이론이 나타나 점점 더 세밀한 값으로 계산하게 된다. 어느새 기존 측정값과는 다른 결과 값을 내놓게 되고, 결국 기존 이론을 더 이상 신뢰할 수 없게 된다. 기존 이론에게서 이런 '결함'들이 계속 발견됨에 따라 위기가 찾아오고, 이 위기는 관찰된 현상을 더 잘 설명할 수 있는 전혀 다른 새로운 이론을 통해서만 해결할 수 있다. 소프트웨어 개발도 이런 역사적 진화 과정에서 자유로울 수 없다.

소프트웨어 개발에서 패러다임의 전환은 소프트웨어를 제품 제조 과정처럼 관리할 스 있을 것이라고 생각했던 80년대 후반에 일어났다. 이 패러다임의 전환 때 좋은 것들이 많이 도입되었다. 예를 들면, 소프트웨어 개발 과정에 발생하는 모든 태스크들은 CMM의 KPAs(핵심 프로세스 영역 : key process areas)에 의해 예제화하는 식으로 규정되었다.

그러나 이 패러다임은 다시 소프트웨어 개발을 위기로 몰아넣었다. '명시적이고 반복 가능한' 프로세스 접근법으로는 짧은 기간 동안 적은 예산으로 고품질의 소프트웨어를 개발해 낼 수 없었다. 앞서 '신제품 개발의 관점'에서 설명했듯이 스크럼은 소프트웨어 개발에 있어 근본적으로 다른 가정을 하고 있다. 우리는 이런 근원적인 차이점이 새로운 패러다임의 전환을 불러일으킬 것이라고 기대하고 있다. 다른 소프트웨어 개발 방법론이나 비즈니스 조직의 방식과 비교할 때 아직까지는 경쟁중인 세계관으로 보인다. 하지만, 장기적으로는 스크럼의 성공과 단순함이 전 세계적인 패러다임 전환을 불러일으킬 것이다.

지식 생성의 관점

앞서 나는 소프트웨어 개발은 신제품 개발의 결과라고 주장했고, 이런 과정에는 필연적으로 연구, 창조 과정이 필요하게 된다고 했다. 연구와 창조 사이의 공통점은 지식 생성에 있다.

고객은 자신의 요구사항에 대해 구체적이지 못하여 묵시적인 형태로 요구하게 되는데, 이런 이유로 개발자의 요구사항 수집은 곤경에 처하게 된다. 이런 상황에서도 우리는 디자인 결정을 거듭해 나가며 지식을 늘려나가고 결과적으로 실행 가능한 코드를 생산한다. 이런 면에서 소프트웨어는 '암묵지(tacit knowledge)'가 아니라 코드화 된 '형식지(explicit knowledge)'라고 할 수 있다.

형식지란 시스템적인 언어로 전달 가능한 지식을 의미한다. 예를 들어, 소프트웨어 개발에서는 코드, 문서, UML(Unified Modeling Language) 모델이나 그래프 같은 게 형식지라고 할 수 있다. 이와 반대로 암묵지(tacit knowledge)는 경

그림 6.1 **지식 변환**(Takeuchi와 Nonaka 공저 「The Knowledge Creating Company」, Oxford University Press, 1995)

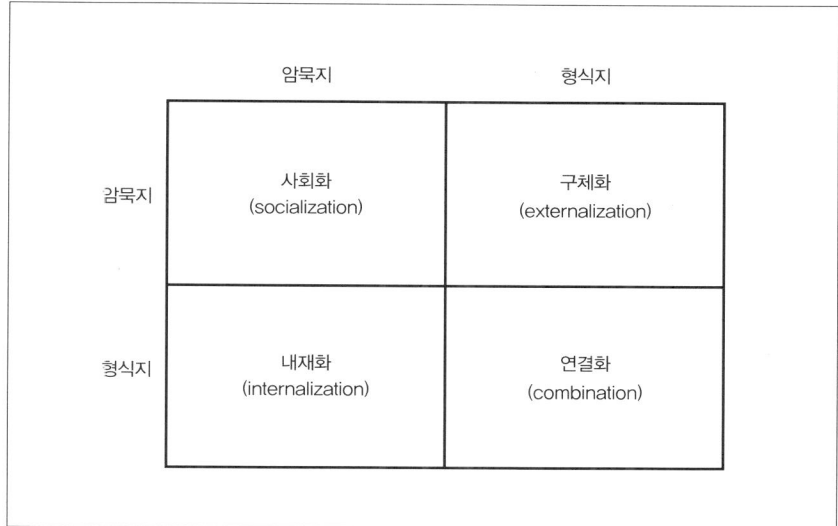

험에 기초하고 직관과 반응을 반영하지만 외화 되지 않은 지식을 의미한다. 소프트웨어 개발에서는 전문적인 능력과 지식을 보유하였지만 드러나지 않는 사람들을 가끔 만날 수 있다. 좋은 예로는 소프트웨어 사용자, 도메인 전문가, 숙련된 프로그래머를 들 수 있다.

지식 생성의 관점에서 스크럼은 지식의 사회화(socialization), 구체화(externalization), 연결화(combination), 내재화(internalization)라는 순환을 통해 지식 생성[Takeuchi and Nonaka]을 촉진하는 효과가 있다. 그림 6.1의 지식 변환(Knowledge conversion)을 보자.

- 사회화는 경험 공유를 통해 암묵지를 전달한다.
- 구체화는 암묵지를 명확한 생각으로 분명하게 표현하는 과정이다.
- 연결화는 개념을 지식으로 시스템화 하는 과정이다.
- 내재화는 형식지를 받아들여 써먹을 수 있는 지식으로 만드는 과정이다.

그림 6.2 **지식 나선 (그림 6.1의 출처와 동일)**

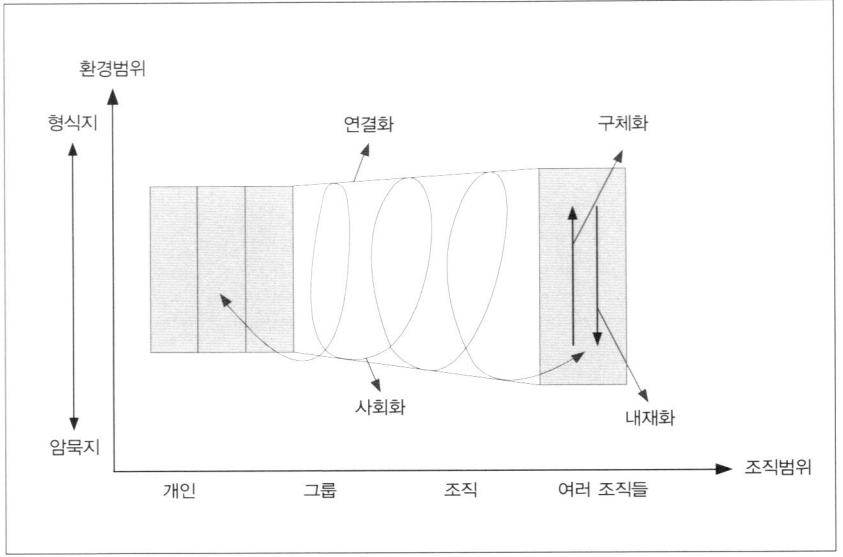

일일 스크럼 회의는 이런 순환을 보여주는 좋은 예다. 우선, 팀원의 암묵지는 스크럼 회의를 통해서 사회화된다. 이런 지식의 구체화를 통해 스프린트 백로그에 들어 있는 아이템이 해결되기도 하지만 그것과 상관없이, 다른 팀원들에게 유용한 지식을 제공할 수 있다. 다른 팀원들은 이 지식을 다른 구체화된 지식이나 자신의 암묵지와 결합하면서 내재화해서 그날의 작업에 활용한다. 조직 내에서 이런 스크럼 실천방법을 통해 앞의 지식 순환을 계속 적용하게 되면 '지식 나선(knowledge spiral)'이 만들어지게 되고 이를 통해 지식을 조직 내에 전파할 수 있게 된다. 그림 6.2의 지식 나선을 보자.

스크럼 팀은 아래의 메커니즘을 통해 지식을 창출한다. 비록 과정을 순서대로 써 놓긴 했지만 개발자는 상황에 맞게 순서를 바꿀 수 있다.

- 암묵지 공유 : 개발자는 둘, 셋 이상이 동시에 작업하거나 스크럼 회의에서 요구사항이나 디자인에 관련된 아이디어를 서로 공유한다.

- 개념 형성 : 패키지, 클래스, 관계, 상호작용 같은 디자인 모델 생성 등이 예이다.
- 개념 검증 : 개발자는 요구사항과 디자인이 잘 맞는지 확인한다.
- 원형(archetype) 구축 : 시제품 개발등이 예이다.
- 지식의 이동(Cross leveling of knowledge) : 기본적으로 이 과정은 전체 순환을 처음부터 다시 시작하게 한다.

복잡계 과학의 관점

나는 앞에서 스크럼이 소프트웨어 개발을 연구, 창조가 필요한 신제품 개발과정이라고 가정했고 그렇기 때문에, 이들 조직 역시 자기 조직적인 프로젝트 팀이 되어야 하고 중첩적인 개발 단계를 가져야 한다고 제안했다. 즉 이 말은, 스크럼 조직이나 스크럼 프로세스는 통계적으로 규정될 수 없고 반복 가능하지 않다는 것을 의미한다. 스크럼 실천방법 적용 사례를 반복할 수 있을지 모른다는 기대를 하는 건 자유지만 적용 결과는 조직적으로나 프로세스 구성에 있어서나 매번 다를 것이다. 자기 조직화된 조직의 역동성(dynamics)을 이해하기 위해서는 먼저 복잡계 과학에 대해 알아야 한다.

정의

복잡계 과학이란 주로 자기 조직화 체계(self-organizing systems : SOS)를 표현하는 여러 분야의 연구를 뜻한다. 이 체계는 물리, 화학, 생명, 사회학, 정치학, 인류학같이 어느 과학에서나 찾아볼 수 있을 정도로 광범위하다. 예를 들어, 개미 집단이나 두뇌, 면역 시스템, 스크럼 팀, 뉴욕시 같은 것들이 자기 조직적 시스템이라 할 수 있다. 꼭 기억해야 할 것은 '인간의 모든 조직은 전부 자기 조직적' 이라는 점이다.

심지어 군대 조직같이 한 조직원(agents)이 다른 조직원들에게 명령을 내리는 경우에 있어서도, 결국 그 하위 조직원들은 스스로를 자치 조직(mandated organization)으로 조직화한다. 분명히 이런 종류의 자기 조직은 매우 유연하다. SWAT 팀[2]의 자기 조직화와 비교해보자. 이 팀은 일정한 규칙과 한계가 주어지긴 하지만 매우 유연하게 돌아간다.

보통 잘 정의된 조직을 '질서가 잡혔다(ordered)'고 한다. 예를 들어, 공장의 조립라인은 매우 잘 정의되어 있다고 볼 수 있다. 하지만, 마치 걸음마를 막 땐 아기가 방을 뛰어다니는 것 마냥 고정된 패턴이라고는 거의 없고 동적으로 구성해야 하는 조직은 '혼란스럽다(chaotic)'고 한다. 그리고 혼란 속에서 질서를 유지해야 하는 조직을 '혼돈의 가장자리(edge of chaos)'[3] 위에 서 있다고 한다. 이런 조직으로는 SWAT 팀, 농구팀, 축구팀 그리고 스크럼 팀을 들 수 있다.

특징

자기 조직화 체계들끼리는 서로 공유하는 비슷한 특징들이 많고, 스크럼은 이들 각각의 특징에 대한 좋은 예를 보여준다.[Holland98][Holland95]

자기 조직화 체계는 행위자(agent)로 구성된다. 행위자란 알아서 행동하는 독립적인 개체를 의미한다. 개발자, 스크럼 마스터, 제품 책임자가 이런 행위자가 된다.

열린 시스템(open system)이다

이 시스템은 에너지나 질량, 정보 등을 주위 환경과 교환한다. 스크럼 팀에서

---

2 (옮긴이) Special Weapons And Tactics. 1962년 창설된 미국의 경찰 특수기동대이다. 대한민국에서도 SWAT가 존재한다. 주로 스왓이라 읽는다. 출처 : http://ko.wikipedia.org/wiki/SWAT

3 (옮긴이) '혼돈의 가장자리'란 질서와 혼돈의 경계를 뜻한다. 계가 혼돈으로 와해되어 버리지 않을 정도의 안정성을 유지하며, 새로운 구조로 적응할 수 있는 가능성을 포함하는 지점을 의미한다.(『복잡계 개론』(삼성경제연구소, 2005)에서 인용). 스튜어트 카우프만의 『혼돈의 가장자리(edge of chaos)』(사이언스 북스,2002)도 참고하라.

는 고객이나 테스트, 제품 개발 지원 팀 같은 다른 팀원들과 정보를 교환한다.

역동적(dynamics)이다

자기 조직화 체계는 끊임없이 변화한다. 스크럼 팀은 다양한 시간규모에 맞춰 끊임없이 재조직화된다. 이런 재조직화는 하루 중 매분마다, 일일 스크럼 회의를 하는 매일마다, 스프린트 계획 회의를 하는 매달마다 일어난다.

몰입(flow)[4]

몰입은 행위자(agent)의 질량, 에너지, 정보가 상호 교환될 때 나타난다. 스크럼 팀에서는 1)매일 개발자 사이에서 2)스크럼 회의 동안 개발자와 스크럼 마스터 사이에서 3)계획 회의 (또는 날마다) 동안 고객과 스크럼 개발 팀 사이에서 이 몰입감의 흐름은 끊임없이 일어난다.

밀도있는 국소 상호작용(dense Local Interactions)에 의지하기

행위자는 다른 행위자와 몇 가지 규칙에 따라 상호작용하고, 지속적인 몰입 상태로 정보를 교환한다. 스크럼 팀에서는 일일 혹은 정기적인 스크럼 회의와 스프린트 데모, 스프린트 계획 회의를 통해 정보와 지식을 공유한다.

창발성(emergence)

창발성이란 다시 말하자면 '전체는 부분의 합 그 이상이다'와 같은 의미이다. 터무니없어 보이는 단순한 규칙들이 모여 응집된 창발적 현상을 만들어낸다. 예를 들어, 스프린트 기간 동안 할당된 제품 백로그는 절대 변경하지 않는다는 규칙은 큰 반향을 불러 일으킨다. 고객이 계속 기능을 추가할 수 있다 하더라도 스크럼 팀은 스프린트 동안의 목표를 보장 받았기 때문에 방해 받지 않는다. 해당 목표를 달성하게 되면 스크럼 팀은 신용을 유지할 수 있고 고객으로부터 더욱 신뢰를 얻게 된다. 즉, 이 규칙 하나가 고객과 팀 간의 더욱 단

---

4 (옮긴이) 몰입의 즐거움』(원제 『Finding Flow』, 한울림,2004)에서 칙센트미하이는 Flow란 능력에 맞는 과제(또는 목표)를 집중하여 처리할 때 생기는 몰입감의 흐름이라고 설명한다. 여기서도 Flow의 번역어로 '몰입'을 사용했다.

단한 신뢰 관계를 창발적으로 만들어낸다.

구성 단위(building blocks)와 집합성(aggregation)

이것은 다중 스케일 효과(multi scale effects)라고 불리기도 한다. 구성 단위란 마치 레고 세트의 일부처럼 계속 반복해서 사용할 수 있는 구조를 의미한다. 집합성은 이들 구성 단위를 결합하는 능력을 뜻한다. 각 단계별로 여러 구성 단위가 서로 결합해 다음 단계의 구성 단위가 만들어진다. 예를 들어, 하나의 사업 조직은 여러 프로세스 팀과 지원 팀들의 집합으로 볼 수 있다. 이들 지원 팀 중 하나인 정보기술(IT) 조직은 또한 애플리케이션 개발팀, 개발환경 지원 팀, 테스트 팀과 같은 팀들로 구성된다. 애플리케이션 개발팀은 또한 하나 이상의 스크럼 팀으로 구성되고 이 스크럼 팀은 여러 명의 개발자로 구성된다.

꼬리표 달기(tagging)

꼬리표는 행위자나 사물에 임시로 붙여놓는 이름 같은 것인데, 이를 통해 행위자나 사물 간의 그룹 짓기를 촉진하는 데 사용할 수 있다. 스크럼 회의에서 팀원들은 임시로 '닭'이나 '돼지' 같은 식의 꼬리표가 붙는다. 관리자같이 시스템 개발에 일부만 참여하는 사람에게는 '닭'이라는 꼬리표가, 개발자같이 전적으로 시스템 개발에 참여하는 사람에게는 '돼지'라는 꼬리표가 붙는다. 꼬리표의 다른 예로는 '수습생'과 '멘토'(종종 코치나 아키텍트라고 불리는)가 있다.

다양성과 전문성(diversity and specialization)

다양성은 자기 조직적 체계 안에 다양한 종류의 행위자가 있다는 걸 의미한다. 전문성은 대부분의 경우 이 다양성의 근원이 된다. 예를 들어, 스크럼 팀에는 제품 책임자, 스크럼 마스터, 개발자와 같은 행위자가 있다. 개발자 중에도 전문성과 다양성을 찾아볼 수 있는데 어떤 개발자는 데이터베이스에 대한 전문 지식이 있고 어떤 개발자는 자바나 형상 관리, 요구사항 수집 및 분석, 단위테스트에 전문가 이다.

내부의 공유 모델들(internal and shared models)

각 시스템 안의 행위자는 각각 그들만의 내부 모델(internal model)을 가지며 동시에 다른 행위자와 공유하는 공유 모델(shared model)도 가지고 있다. 내부 모델은 행위자 간의 상호작용 중에 발생하는 흐름에 영향을 받는다. 스크럼 팀을 예로 들자면 스프린트 목표와 진행 중인 백로그, 요구사항, 아키텍처는 공유 모델이 되고 개발자들은 각자의 내부 모델을 맡는다.

비선형 역학(nonlinear dynamics)

종종 비선형성이라고 불리기도 한다. 비선형 역학은 행위자 집단에서 발생하는 피드백이 비선형적인 법칙을 따르는 것을 의미한다. 이런 현상은 피드백 고리(loop)가 보여주는 긍정적이면서도 부정적인 특징이기도 하다. 예를 들어 개발자들이 서로의 지식을 공유하고 믿고 의지하며 고객과 자주 대화하고 사용 중인 기술에 대한 학습을 꾸준히 한다 하더라도, 이런 부분들이 모인 효과는 생산성에 있어서 비선형적으로 나타나게 된다. 어떤 팀은 같이 일한 지 첫 3개월만에 생산성을 두 배로 늘렸고, 4개월째에 다시 두 배로 늘릴 수 있었다. 어떤 최상의 팀은 가장 높이 생산성을 올렸는데, 단 몇 개월만에 10배로 늘렸다.

스크럼 조직, 프로세스, 규칙

자기 조직적 체계는 작동하는 기능에 의존한다. 자기 조직적 체계가 돌아가기 위해서는 앞서 살펴 본 특징들을 필요로 한다. 하지만, 이 체계의 중요한 특징은 적응 능력에 있다. 이 특징 덕분에 자기 조직적 체계는 생명체와 유사하게 보이게 된다. 모든 자기 조직적 체계가 생명체는 아니지만 모든 생명체는 자기 조직적 체계이다.

이런 의미에서 소프트웨어 개발팀은 적응력이 올라감에 따라 더 기민하다든가 혹은 더 생생하다고 표현할 수 있다. 스크럼은 적응력에서 굉장히 높은 점수를 받는다. 왜? 우리는 이 책을 통해 스크럼은 복잡한 계층적 관리나 프로세스 혹은 역할 정의를 하지 않는다는 걸 배울 수 있었다. 스크럼 팀 내에서의 조직 서열은 지식 관계에 따라 매겨진다. 즉, 누구든 어떤 주제에 대해 더 잘 아는 사람이 관련 회의를 할 때 더 높은 서열에 있게 된다. 개발 태스크는 일일 스크럼 회의를 통해서 그리고 스프린트 계획 회의를 통해 매 스프린트 때마다 동적으로 재조직된다. 따라서, 여기에는 고정된 프로세스 정의(static process definitions)란 게 없다. 대신, 태스크는 짧은 피드백 주기를 통해서 동적으로 재조정된다. 결국 스크럼 내에서는 개발자의 역할도 짧은 주기에 맞춰지게 된다. 많은 전통적인 조직들이 고정된 역할을 원하고 있을 때, 스크럼 개발자들은 때에 따라 분석가, 테스터, 코더, 디자이너, 아키텍트, 통합 전문가 같은 역할을 맡을 수 있다. 쉽게 말해 모든 사람이 시스템을 완성시키기 위해 할 수 있는 모든 일을 하고 있는 것이다.

이런 조직은 전통적인 조직 구조나 프로세스 구조로 분류하기 어렵다. 대신 스크럼은 혼돈의 가장자리 근처에서 돌아가는 자기 조직적 구조라고 할 수 있다. 이런 동적 구조는 한 시스템에 대해 두, 세 명이 동시에 작업할 때에도 나타난다. 이런 협업은 여러 가지 이유로 하게 되는데, 1) 멘토/신입 관계 2) 서로 연관된 다른 역할을 하는 개발자들 즉, 도메인 전문가와 분석가, 개발 팀의 모임 3) 고도의 창조성과 생산성을 이끌어 내기 위한 전문가와 전문가 팀 같은 것이 있을 수 있다. 스크럼이 역동적이라는 것은 사람과 사람 간의, 사람과 소프트웨어 사이의 밀접한 상호작용 속에서 소프트웨어를 개발하는 사람(기민한 행위자)을 통해 알 수 있다.

스크럼 팀 내에서 이렇게 끊임없이 자기를 재구성하고 적응할 수 있는 능력은 스크럼의 기초 실천방법으로부터 나온다.

스크럼 팀의 가치

무엇보다 스크럼 팀의 가치는 다양한 팀원들이 각자의 정보를 공유하고 서로를 믿으며 협력하고, 시스템 완성을 위해 최선을 다하는 데 있다. 또한 스크럼 팀의 가치는 팀원들 간의 상호작용에 따라 정의되고, 팀원들 사이에 끊임없는 정보의 흐름을 보장해 주는 데 있다. 이런 흐름은 결국 팀의 공유 모델을 구축한다. 이런 가치는 멘토/멘티 관계와 교차 기능(cross functional) 간의 협동, 상호작용이 성공적으로 이루어질 수 있도록 해준다.

일일 스크럼 회의

팀은 스스로 지금 어디에 있는지, 무슨 문제를 안고 있는지 그리고 어디로 가고 있는지, 매일 확인한다. 스크럼 회의는 모든 사람들이 서로 무엇을 하고 있는지 알게 하고 도와주고 협동할 수 있게 만들어준다.

스프린트 데모

스프린트가 끝날 때마다 만들어지는 데모를 통해 팀원은 지금까지의 작업을 고객들에게 보여줄 수 있고, 또한 고객들은 이 데모를 보고 개발팀에게 피드백을 줄 수 있게 된다. 이 데모를 통해 팀은 고객의 피드백을 고려할 수 있게 되고 고객은 작업 결과를 보고 스스로 대응할 수 있게 된다.

스프린트 종료와 스프린트 계획 회의

매 스프린트마다 팀은 이번에 무엇을 성취했는지에 대해 숙고하고 새로운 기능 구현을 위한 스프린트 계획 회의 때 재구성한다.

적응과 자연 선택

복잡계를 연구하는 과학자가 혼돈의 가장자리 근처에 존재하는 조직에 대해 흥미로운 얘기를 한 적이 있다.[Kauffman93]

- 혼돈의 가장자리에서 자기 조직화되어 있는 시스템이 최적의 적응력을 갖게 된다.
- 자연 선택은 적응력이 높은 개체(configuration)를 선택한다.
- 공진 시스템(coevolving systems) 즉, 생태계(ecosystems)에서는 혼돈의 가장자리에 맞춰 자신의 구조를 변화시킨 생명체들이 살아남을 수 있었다.

스크럼 팀 역시 혼돈의 가장자리 근처에 있다는 것은 다음을 의미한다.

- 스크럼 팀은 명시적인 조직, 프로세스, 역할로 구성되는 기존 팀보다 적응력이 좋다.
- 스크럼 팀은 더 오래 살아남을 수 있는데 이는 자연이 적응력 높은 개체를 선택하기 때문이다.

스크럼 팀은 비슷한 구조를 가진 다른 팀보다 더 멋지고 오랫동안 함께 발전할 수 있다. 예를 들어, 만약 - 개발팀을 포함한 - 비즈니스 조직이 스크럼을 이용하여 다른 적응력 높은 기법을 사용한다면, 전체 시스템은 함께 발전하고 더 오래 유지될 수 있을 것이다. 이는 왜 스크럼이 적응력 높은 방법론을 사용하는 비즈니스 조직과 XP 같은 애자일 방법론을 사용하는 소프트웨어 팀에 잘 어울려 돌아가는지를 알 수 있게 한다.

스크럼 실천방법은 단순하긴 하지만 기민성(agility)과 적응성(adaptability)을 함축하고 있다.

인류학적 관점

앞서 알아본 행위자(agents)들이 사람이다 보니, 인류학적 관점에서 바라볼 때 이들의 상호작용을 가장 잘 이해할 수 있다. 기본적으로 스크럼을 적용하다 보면 조직 문화가 변하게 되는데 이는 스크럼이 새로운 가치와 믿음, 언어, 규칙, 실천방법을 가져오기 때문이다. 심지어 어떤 스크럼 실천방법 중에는 종교적인 의식 같아 보이는 것들도 있는데 스크럼 회의나 스프린트 계획 회의 같은 게 그런 것이라고 할 수 있다.

예를 들어, 같은 시간대에 같은 장소에서 계속 스크럼 회의를 할 경우 막대한 가치를 지닌 문화를 정착시킬 수 있다. 이런 행사가 팀원들을 하나로 끈끈

하게 묶어주는 효과가 있기 때문이다. 다른 예로는 '돼지와 닭'의 역할을 맡아 본다든가, 지각한 사람에게 1달러씩 벌금을 걷는다든가 하는 문화가 있을 수 있다.

사실, 문화를 바꾸는 건 가장 어려운 것 중 하나다. 이런 변화를 좀더 효과적으로 이끌어 낼 수 있는 최고의 실천방법들을 살펴보자.

지지

상급 관리자의 지지를 얻어라. 이를 통해 여러분은 프로젝트를 마무리하는 시점에서 팀의 성공에 스크럼이 어떤 역할을 했는지에 대한 보고서를 작성할 수 있을 것이고 조직 전체에 스크럼을 전파시킬 수 있을 것이다. 고객을 스프린트 계획 회의에 참여시키기 위해서라도 이런 지지는 중요하다.

언어

문화는 언어를 만들어내고 언어는 문화를 만들어 낸다. 팀에 스크럼 용어를 도입하고 강제하라.

역할과 멘토

조직에 이미 스크럼 프로세스에 익숙한 멘토를 심어라. 그들은 보통 스크럼 마스터를 맡겠지만 개발자 중 하나일 수도 있다.

가치

스크럼의 가치를 증대시켜라. 예를 들어, 매주 한 번씩 '브라운 백' 점심식사[5]를 제공하고, 여기에서 패턴, 리팩터링, 신기술 같은 다양한 주제들에 대해 토론해 보라. 지식 공유라는 가치를 더욱 증대시킬 수 있을 것이다. 다른 예로는 정직하게 스프린트 백로그를 유지하고 만들어 나가는 것이 있겠다. 이를 통해 용기, 정직, 신뢰를 증진시킬 수 있다. 또, 팀원들 중 '집중하고 몰입' 한 상태로

---

5 (옮긴이) Brown bag lunch meeting - 사람들이 각자 먹을 거리를 누런 봉지(Brown bag)에 싸와서 점심시간에 먹으면서 가볍게 토론이나 세미나 등을 갖는 것

일을 하는 직원들을 뽑아 다른 직원들의 역할 모델이 될 수 있게 해보라.

믿음

팀원들에게 스크럼에 대한 설명회를 열고 왜 스크럼은 다른지에 대한 문서도 쥐어 주라.

실천방법과 규칙

스크럼 실천방법들을 실제로 실천해 보고 규칙들을 적용해 보라. 스크럼의 모든 규칙에는 나름의 이유가 있고 창발적인 결과를 끌어내는 효과가 있다는 것을 잊지 말자.

시스템 역학적 관점

복잡계 과학의 관점에서 본 스크럼에서, 나는 몰입(flow) 상태와 '밀도있는 국소 상호작용'이 소프트웨어 프로젝트 개발자 사이에 필요하다고 얘기했다. 하지만, 이러한 자연스러움과 상호작용의 능률에 대해서는 언급하지 않았다. 이번 장에서는 시스템 역학이라는 관점에서 스크럼이 갖고 있는 '몰입'의 효율에 대해 얘기해 보겠다.

시스템 역학이란 피드백 고리를 써서 조직들을 연구하는 학문이다. 잠시 역사를 살펴보자. 80년대 초에 비즈니스 프로세스를 더욱 효율적으로 만들 수 있는 방법에 대해 관심이 쏟아진 적이 있는데, 특히 재고 관리 쪽에 그 초점이 맞춰졌다. 재고는 비용이 들기 때문에 어딘가에 쌓여서 '빈둥거리는' 재고를 그대로 두는 건 결코 좋은 생각이 아니었다. 반대로 원자재를 충분히 구비해 두지 않는다면 생산 라인이 자주 멈추게 될 수도 있었다. 즉, 재고량을 최소한으로 동시에 충분하게 유지하는 게 이상적이었다.

개념적인 해결책은 그리 어렵지 않다. 그러나 이 개념적 해결책을 실제로 적용하기란 엄청 어렵다. 마침내 엘리 골드렛[Goldratt][6] 같은 선각자가 나타나

적은 양을 재고로 이동시킬 수 있는 짧은 피드백 고리를 사용할 때 재고 물량을 적게 유지할 수 있음을 발견했다. 똑같은 해결책이 MIT의 슬론 경영 대학에서 '맥주 게임'[7]이라는 유명한 이름으로 등장했는데, 이 이론의 주장은 "적은 양을 짧은 기간 동안 이동시켜라."는 것이었다.

하지만, 이런 재고 관리가 소프트웨어 개발과 무슨 관련이 있다는 걸까? 자, '개발자의 시간'을 포함한 모든 자원은 재고 관리의 차원에서 생각해 볼 수 있다. 왜냐하면, 회사 입장에서는 '개발자의 시간'을 효율적으로 사용하건, 못하건 상관없이 같은 월급(혹은 컨설팅 비용)을 지불해야 하기 때문이다. 이런 점에서 스크럼이 제공하는 장점은 개발자의 시간 사용 상황을 끊임없이 측정하고 조금씩 빠르게 변경할 수 있도록 다양한 범위에서 피드백을 제공하는 데 있다.

간단히 말해, 스크럼은 소프트웨어 개발에 적용하는 맥주 게임 해결책이라고 할 수 있는데, 이는 스크럼이 개발자의 시간을 낭비하게 하거나 개발에 방해가 되는 문제를 막아주기 때문이다. 이런 관점에서 개발자의 시간은 '재고'라고 간주할 수 있고, 어떤 문제점이 개발을 방해한다면 필요한 재고가 부족하다고 볼 수 있다. 예를 들어, 테스트 환경을 만들 수 없다면 '테스트 환경 재고'가 부족하다고 생각할 수 있는 것이다.

사실 비즈니스 조직뿐만 아니라 소프트웨어 또한 이런 방법으로 이해되어 왔다. 예를 들어, 소프트웨어 계의 위대한 구루(Guru) 중 한 명인 제리 와인버

---

6 (옮긴이) 엘리 골드렛이 쓴 『The Goal』(동양문고, 2002)이라는 책에서 제약 이론(Theory of Constraints)이 무엇인지 확인할 수 있다. 소설 형식으로 되어 있어 쉽게 읽을 수 있다. 『It's Not Luck』이라는 후속편도 나와 있다.

7 (옮긴이) 1960년대 매사추세츠공과대학에서 처음 개발하였고, 맥주 공급을 통하여 생산과 분배 시스템을 알아보는 시뮬레이션 게임이다. 1999년에는 심치레비(Simchi-Levi) 등이 주문량 결정 정책, 운송 지연 시간 그리고 수요 및 재고량에 관한 정보의 제공 범위 등을 변경할 수 있는 기능을 추가하였다. 각 단계별 수요의 변동성이 증가하는 현상인 채찍효과(bullwhip effect)를 확인해 볼 수 있으며, 이를 통하여 각 단계에서 현실적인 주문량을 결정하는 방법을 알 수 있다.

그(Jerry Weinberg)는 시스템 역학의 원형(archetypes)에 기초해서 분석 작업을 했다[Weinberg]. MIT 슬론의 피터 센게(Peter Senge) 또한 사람 간의 상호작용을 시스템 역학 기법을 통해 표기하고 문서화하는 방법을 개발했다[senge].

정신 분석적 관점

나는 계속해서 사람들 사이의 상호작용에 대해 얘기해 왔지만, 정작 스크럼 팀에서 일하는 사람들에게 어떤 일이 벌어지는지에 대해서는 설명하지 않았다. 스크럼은 사람마다 다른 효과를 미친다. 대부분의 경우에 스크럼 팀원은 스스로 높은 집중력을 발휘하고 효율적이며, 다른 사람과 협업하며 몰입할 수 있다. 그러나 스크럼을 싫어하는 사람도 가끔 있는데, 그것은 스크럼이 사람들의 모습을 날 것으로 보여주기 때문이다.[8] 하지만, 스크럼에서 혜택을 얻는 대다수는 '몰입(flow)' 이라는 의식 상태를 경험하게 된다. 시카고 대학의 미하이 칙센트미하이(Mihaly Csikszentmihalyi)가 정의한 '몰입'(flow) 상태의 특징을 스크럼과 비교해 보았다.

- 하는 일에 대한 목표가 명확하다.

  스크럼 계획 회의와 일일 스크럼 회의는 목표를 명확하게 하는 데 도움을 준다.

- 목표에 대한 진행 정도를 즉각 피드백 받는다.

  일일 스크럼 회의는 이런 피드백을 제공한다.

- 목표 달성을 위해 괄목할 만한 기술을 사용해야 한다.

  스크럼에서는 팀원들이 고른 능력을 지니고 있어야 하며, 적어도 반 이상은 전문가이어야 한다. 하지만, 스크럼은 빠른 학습을 촉진하므로 기

---

8 (옮긴이) 스크럼에서는 매일 '어제 한 일' 을 다른 팀원들에게 직접 얘기해야 하고, 스프린트 회의에서 실제로 돌아가는 제품을 만들어내야 하기 때문에, 일하는 척하거나 빈둥거리면 다 들통 나게 되어 있다.

술은 신속히 전파되고 효과적으로 팀원들 사이에 공유할 수 있다.

- 작업을 제어하고 작업을 완료할 수 있는 권한이 있다.

    스크럼은 제품 백로그로부터 작업을 할당하고 작업을 관리하기 위한 스프린트 백로그를 만든다. 또한 스크럼에서는 일일 스크럼 회의를 통해 문제가 되는 부분들을 발견, 확인할 수 있게 하고, 개발자에게 거치적거리는 어떤 장애물들도 다 제거하도록 한다.

- 방해 받지 않고 목표만을 향해 집중할 수 있다.

    스크럼은 개발자들에게 안락한 방어막을 제공하고 스크럼 마스터는 방화벽의 역할을 수행한다.

- 작업에만 몰두할 수 있다.

    스크럼은 사람들이 집중해서 더 잘 할 수 있게 한다. 개인에 대한 고민은 잊어버리고 일에 집중하게 된다.

- 시간에 대한 감각이 달라지는 걸 느낄 수 있다. 꾸준히 높은 수준을 성취한다.

- 스크럼은 개발자들의 시간을 대부분 개발에 집중할 수 있게 해 '몰입' 상태에 들어갈 수 있게 해준다.

럭비의 메타포

지금까지의 관점과는 좀 어울리지 않지만, 스크럼이라는 이름이 어떻게 유래했는지를 알 수 있는 유일한 관점이기도 하다. 스크럼에 대해서 처음 듣는 사람들은 꼭 '그런데 스크럼이라는 단어가 무슨 뜻인가요?' 라고 물어본다. 준말(acronym)이라고 생각하는 사람도 있고, 모호한 단어라고 생각하는 사람도 있었다. 책 앞에서 언급했듯이, 스크럼은 럭비에서 유래된 단어로 럭비 경기에서 공을 차지하기 위해 다투는 선수들이 경기 도중 같은 팀끼리 빽빽하게

원을 그려 만드는 진영을 뜻한다.

럭비 유니온[9] 게임의 매력 중 하나는 무궁무진한 전술의 변화에 있다. 팀이 어떤 전술을 선택하든지, 그 시작에는 강력하고 기술 좋은 포워드들이 세트 피스(set pieces)에서 공을 얻어 내는 것에 있다. 일단 공을 차지한 다음 팀은 미리 지시된 전술대로 움직이게 되는데, 팀의 능력을 최대한 이용하면서 동시에 상대방 팀의 약점을 찾아 파고든다. 이상적인 팀이라면 빠르고 영리한 하프백 (half-backs)과 쓰리 쿼터(three-quarters)들이 달리고 패스하고 재빠르게 공을 차 넘길 것이다. 그리고 이들 덕분에 포워드들은 상대팀을 꼼짝 못하게 만드는 동시에 공을 차지할 수 있을 것이다.

스크럼 회의도 겉으로 볼 때는 럭비의 스크럼과 다를 게 없어 보이지만 정보 교환이라는 면으로 보면 오히려 미식축구의 작전 회의에 더 가깝다. 아래에 미식축구의 경기 규칙과 비교해 보았다.

표 6.1 **미식축구와의 비유표**

스크럼 실천방법	미식축구 경기 규칙
스크럼 회의	허들(Huddle)[10]
하루의 일과	다운[11]
스프린트	퍼스트앤드텐(first and ten)[12]
제품 출하	점수 얻기(터치다운, 필드 골)

물론 이건 하나의 비유일 뿐이어서 모두 다 들어 맞지는 않겠지만, 앞서 언급한 정도로만 추상적으로 생각해 본다면 꽤나 잘 맞는 비유이기도 하다.

---

9 (옮긴이) 15인제 럭비 게임

10 (옮긴이) 미식축구에서 선수들끼리 필드 위에서 하는 작전회의

11 (옮긴이) DOWN : 공격의 횟수를 의미하며 4번의 공격에서 10야드를 전진해야 다시 공격권을 가진 다. 일반적으로 4번째 공격 즉, 4th - down 에서는 직접 필드골로 3점을 노리던가 아니면 펀트로 최대한 멀리서 상대가 공격하도록 한다

12 (옮긴이) 첫 공격 시작해서 10 야드 전진. '아직 어떻게 될지 아무도 모른다, 가능성이 열려있다' 라는 의미로도 쓰인다.

스크럼 적용 고급편

스크럼은 어느 프로젝트에서나 효과가 있다. 이는 프로젝트의 크기에 상관 없을 뿐 아니라
컴포넌트를 재사용하는 여러 애플리케이션을 포함하는 프로젝트이거나 최고 품질의 제품을 만들어야 하는
프로젝트이거나 비즈니스 프로젝트인 경우에도 마찬가지로 상관 없다.

여러 프로젝트가 연관되어 있는 곳에 스크럼 적용하기

앞에서는 하나의 팀이 하나의 프로젝트만 담당하고 있는 곳에서 스크럼을 어
떻게 쓰는지를 살펴보았다. 하지만 보통 큰 회사에서는 많은 연관 프로젝트들
이 각 프로젝트의 공유 자원들과 함께 동시에 개발된다. 이런 경우에 복잡도
는 최소 한 단계 이상 증가하는데 이런 복잡도를 관리하기 위해서는 더욱더
스크럼을 사용하는 게 중요하다.

이번 장에서는 한번에 여러 프로젝트를 동시에 개발하는 곳에서 스크럼을
어떻게 운영할 수 있는지, 그리고 성공시키기 위해 어떠한 기술이 필요한지
알아보도록 하겠다.

스크럼을 성공시키기 위해 무엇을 알아야 할까? 무엇보다 기억해야 할 점은
여러 프로젝트를 동시에 시작하면 안 된다는 점이다. 그렇지 않을 경우 발생

하게 될 무시무시한 복잡성과 온갖 나쁜 것들 앞에서 떨게 될 것이다. 한번 생 각해보라.

- 여러 애플리케이션의 요구사항 변화
- 비즈니스의 변화 즉 관리, 전술, 마케팅, 경영, 비즈니스 프로세스에서의 변화
- 여러 애플리케이션의 동시 개발을 지원하기 위한 복잡한 시스템 구축
- 동시에 돌아가는 서버 클러스터
- 공용 컴포넌트들 간의 복잡한 의존 관계
- 컴포넌트 인터페이스를 바꿀 때마다 발생하는 파급효과
- 복잡한 인간 관계 문제
- 프로젝트와 관련된 문제들에 대해 주의를 요구하는 프로젝트 관리자
- 프로그래머를 한 팀에서 다른 팀으로 이동시킬 필요성
- 전체 시스템에 대한 이해 부족
- 이직

이렇게나 복잡해질 수 있다는 것이다! 하지만 이것이야말로 여러 프로젝트 들 사이에 재사용을 강조하는 분위기가 팽배한 회사의 실상인 것이다.

첫 번째 애플리케이션

이 책에서 얘기한 방법을 사용해 첫 번째 애플리케이션을 개발하였다고 하자. 이제 여러분들은 이 프로젝트에 다음 프로젝트에서도 재사용할 수 있는 컴포 넌트가 있을지, 있다면 그것을 어떻게 컴포넌트로 만들 수 있을지에 대해 관 심이 갈 것이다. 하지만, 첫 번째 애플리케이션의 제품 출시가 여러분의 최우 선 관심사여야 한다는 것은 잊지 말자. 컴포넌트를 재사용하기 위해 리팩터링 하고 리패키징 하는 건 첫 번째 애플리케이션의 제품 출시 후라도 언제든지

할 수 있다. 처음부터 모든 걸 재사용하게 만들려고 고생하지 말라. 앞으로의 일이 어떻게 될지 예측하는 건 어려우니까 말이다. 첫 번째 애플리케이션을 만들 때 재사용은 부차적인 것으로 생각하라. 하지만, 재사용하는 데 별 어려움이 없을 거 같다 싶을 때는 언제든지 재사용할 수 있게 만들라.

여기 아이디어들은 여러분들이 재사용을 위한 준비를 하는 데 도움을 줄 것이다.

1) 아키텍처를 여러 개의 레이어(layer)로 분할하라. 온라인 시스템에 적용하는 분할된 아키텍처는 보통 이런 모양새가 된다.

- 작업 단위(units of work) - 프론트 엔드(front ends)와 서비스를 요청하고, 요청 결과를 프레젠테이션에 보여주기 위한 기본 메커니즘을 포함하는 컴포넌트들

- 비즈니스 서비스 레이어(Business Service layer) - 재사용 가능한 스트레티지(strategies)

- 트랜잭션(Transaction) - 서비스를 구성, 조립함

- 비즈니스 객체 레이어(Business Object layer) - 가치, 비즈니스, 데이터 접근 객체 같은 모든 형태를 다 포함함.

- 아키텍처 서비스(Architectural Service) - 로깅(logging), 보안, 지속성, 분산, 병행성(concurrency)

2) 각 레이어를 더 작은 패키지로 분할해 다른 애플리케이션에서도 사용할 수 있게 하라. 이들 패키지의 인터페이스가 고정되기 시작하면,[1] 이들 외부 인터페이스를 계속 관리하다가 적절한 시점에 인터페이스의 변경을 완전히 중지시켜라.[2]

---

1 (옮긴이) 더 이상 인터페이스를 바꾸지 않아도 될 정도로 충분히 패키지가 성숙 단계에 들어섰다면
2 (옮긴이) code freeze 와 비슷한 개념이다.

이 시점에는, 지금까지 이책에서 다룬 단일 프로젝트의 관리가 그랬던 것처럼 이 애플리케이션 역시 단 한 명에 의해서 관리된다. 그러나 두 번째 애플리케이션 팀이 자신들의 프로그램 구현을 위해 첫 번째 애플리케이션 팀이 구축해 놓은 자원을 이용하고 싶다면 어떻게 해야 될까? 다음 장에서 보겠지만, 한 개였던 스크럼 팀을 두 개, 가능하면 세 개 이상으로 늘리는 몇 가지 변화가 필요하다. 즉, 각 애플리케이션 별로 하나의 스크럼 팀이 필요하고 공용 자원을 관리하기 위한 스크럼 팀이 하나 필요하게 될 것이다.

재사용성

'재사용 가능한 기술'이라고 선전되는 신기술로 개발해 온 대부분의 개발자와 관리자들이 실제로는 애플리케이션의 초기 버전만 개발해 온 경우가 많다.[3] 이들 대부분은 애플리케이션의 초기 버전 개발이 전체 프로젝트에 있어 가장 흥미로운 부분이라고 생각하는 모양이지만, 실상은 정반대다. '재사용성'은 두 번째 개발 때 진짜 재미있어진다.

첫 번째 애플리케이션이 거의 다 완성되었거나 제품 릴리스에 가까이 왔다고 가정해 보자. 두 번째 애플리케이션 제작을 시작하기 전에 꼭 필요한 것은 어떤 것이든 '재사용 가능한 자산'이 되기 위해서는 '안정'되어 있어야 한다는 점이다.

이게 아닐 경우 많은 문제가 발생할 것이다. 공용 컴포넌트를 사용하는 애플리케이션 팀은 공용 컴포넌트가 자주 변경되고 듣던 것보다 기술적으로 그다지 뛰어나지 않아 불만스러워 할 것이다. 어떤 경우에는 실망해서 아예 공용 컴포넌트의 사용을 포기하고 직접 만들려고 할 것이다. 이렇게 불신하게 되면 장기적으로 많은 문제점을 야기할 것이다. 반면에, 공용 컴포넌트를 만

---

3 (옮긴이) 개발을 마무리 하지 못했거나 혹은 시장의 반응이 좋지 않아 차기 버전을 개발해 보지도 못하고 프로젝트가 접히는 경우가 많기 때문이다.

드는 개발자 그룹 역시 자신들의 컴포넌트를 마음대로 개선할 수 없다는 것에 대해 불만을 품을 수 있다. 그들은 마치 '구석에 몰린 듯'한 기분을 느끼게 되고, 심지어는 왜 자신들이 해야 할 일이 아닌 것까지 해야 하는지 모르겠다며 목소리를 높일 수도 있다. 이에 대한 해답은 간단하다. 어떤 것도 충분히 '안정'되기 전에는 재사용 하지 말라.

다른 가정으로는 기존의 첫 스크럼 팀이 계속해서 첫 애플리케이션의 다음 릴리스를 개발 및 유지보수해 주어야 한다는 점이다.[4] 앞의 두 가정을 기초로 해서 첫 스크럼 팀이 만들어 놓은 재사용 가능한 자산을 이용하는 두 번째 스크럼 팀이 조직된다.

초기 설정과 공용 자원 스크럼 팀

양 팀의 스크럼 마스터는 각 팀의 상급 관리자들이 동석한 자리에서 가능한 컴포넌트들을 서로 공유하면서 작업할 것에 합의한다.

이 시기부터 '공용 자원' 스크럼 팀이 만들어진다. 공용으로 쓸 만한 자원이 별로 없을 경우나 공용 자원을 사용하는 애플리케이션 수가 한두 개 정도면 이럴 필요가 없다. 하지만, 공용으로 쓸 자원이 꽤 되고 첫 스크럼 팀의 규모가 작거나 일정이 빡빡하다면, 공용 자원을 지원하기 위한 스크럼 팀이 반드시 꾸려져야 한다. 공용 자원팀을 처음 시작할 때는 꼭 첫 애플리케이션 개발팀의 개발자들을 투입하되, 첫 스크럼 팀의 인력 부족을 막기 위해 다른 팀 혹은 신규 개발자를 함께 섞어서 만들어야 한다. 이 팀을 종종 '아키텍처 팀'

---

4 (옮긴이) 온라인 게임 개발을 생각해 보자. 어떤 게임이 상용화되고 업데이트가 진행되는 과정에서 기존 개발 팀 전체는 새로운 게임 개발에 투입하고, 라이브 팀을 새롭게 운영하는 경우가 있는데, 이럴 경우 대규모 업데이트를 할 때 게임의 품질이 떨어지는 것은 말할 것도 없고, 심각한 버그로 인해서 서비스가 종료되는 경우도 있을 수 있다. 특히 온라인 게임에서 개발 완료 시점이란 서비스 완료 시점을 뜻할 뿐이다. 개발팀에서는 대강 겨우 돌아가게만 개발해 놓고는 나머지 일은 라이브 팀에게 맡기고 도망가는 식의 개발 방식으로는 제대로 된 게임 서비스를 유지하기 힘들다.

이라고 부르기도 하는데, 개인적으로는 보다 알기 쉽게 '공용 자원' 팀이라고 부르는 게 훨씬 낫다고 생각한다. 이름이야 뭐라고 하든, 이 팀이 맡아야 할 일은 '여러 애플리케이션 개발 팀의 요구사항을 충족시켜 줄 수 있는 공용 컴포넌트를 개발하고 유지보수하기' 다.

공용 자원 팀은 처음에는 팀원 한 명으로 시작한다. 뭐 심지어는 한 명이 짬짬이 시간을 내어 진행할 수도 있다. 하지만, 관리하는 컴포넌트의 수와 지원하는 애플리케이션 개발팀이 늘어나게 되면 공유 자원을 개발, 유지보수하기 위해 필요한 자원들이 점점 더 필요하게 된다.

이러한 프로세스에서 최초 중요한 작업은 필요한 패키지들의 이름을 바꿔 다른 패키지 분류(hierarchy)에 추가하는 것이다. 이 작업은 여러분의 개발 언어나 형상관리 시스템에 따라서 패키지들을 재사용 할 수 있는 다른 프로젝트로 분리해 내는 것일 수도 있다. 첫 애플리케이션의 패키지는 이 작업을 위해 이름 변경 작업이 필요할 수 있지만, '전체 찾기 및 변경'[5] 기능을 이용하면 쉽게 할 수 있을 것이다. '이제부터 이렇게 분리된 공용 컴포넌트는 공용 자원 팀이 맡아서 관리하게 된다.'

이런 초기 설정 작업은 두 번째 애플리케이션 개발과 함께 진행할 수 있지만 늦은 것보다는 빨리 하는 게 낫다. 이런 설정 작업이 끝나지 않았다면 두 번째 애플리케이션은 필요한 모든 컴포넌트를 '처음부터 다시' 개발해야 할 위험이 있기 때문이다. 불행히도 이런 일은 자주 발생하고 이럴 경우 회사 입장에서는 불필요한 비용을 지출하는 것이 된다.

공용 자원 팀에게는 공용 자원의 변경 사항에 대해 조율하고 의사소통해야 할 책임도 있다. 더 많은 애플리케이션이 공용 자원을 사용하면 할수록 이 작업은 어려워지는데, 이는 공용 자원의 외부 인터페이스를 변경할 때 발생하는

---

5 (옮긴이) Visual Studio 사용자라면 Ctrl+Shift+F 를 생각하면 된다.

'파급' 효과가 점점 커지기 때문이다.

일반적으로는 아키텍처 서비스 레이어 같이 전체 아키텍처의 가장 아래 단 레이어에 있는 컴포넌트부터 공유하기 시작해서, 점점 공유 자원을 워크플로가 있는 상위 레벨까지 올라가도록 하라. 경험적으로 볼 때, 레이어 공유 작업은 각 레이어 별로 난이도가 다르다.

아키텍처 서비스 레이어는 쉽게 공유할 수 있다. 이 레이어는 어느 프로젝트에서나 비슷하다.

비즈니스 객체 레이어는 어렵다. 이 레이어에는 일반적으로 모호한 부분이 있기 마련이고, 또한 각 팀 별로 더 중요하다고 생각하는 부분이 달라서 편향되기 일쑤기 때문이다. 여러 애플리케이션 팀 사이에서 나타날 수 있는 의견 충돌은 전문 비즈니스 객체 모델러가 주관하는 회의를 통해 해결하자.

서비스 레이어는 재사용하기 쉽다. 이 레이어는 비즈니스 객체 레이어의 최상위에 존재하며, '스트래티지(Strategies)' [GOF] 패턴으로 표현된다. 서비스 레이어는 '모든' 애플리케이션에서 사용된다.

작업 단위와 워크플로 레이어는 처리하기 쉽다. 작업 단위와 워크플로는 '모든' 애플리케이션에서 사용된다.

비즈니스 객체, 서비스, 작업 단위, 워크플로를 새로 만들고 싶다는 유혹을 경계하라. 이미 다른 팀에서 만들어서 잘 돌아가고 있는 것을 추상화해서 쓰는 게 훨씬 낫다. 마찬가지로, 새로운 아키텍처 서비스도 최소 한 팀 이상이 필요로 할 때에만 만들어라. 절대로 '이론상 필요할 것 같은' 서비스는 만들지 마라. 분명 만드는 것도 힘들거니와 정작 안 쓰게 되는 경우도 많다.

두 번째 애플리케이션 개발하기

다시 얘기하지만, 앞서 얘기한 구축 작업은 두 번째 애플리케이션 개발을 시작하기 전까진 필요하지 않다. 하지만, 이 작업은 적어도 두 번째 애플리케이션 개발이 진행됨과 동시에 시작되어야 한다.

두 번째 애플리케이션 개발은 첫 번째 애플리케이션과 다를 것이 없다. 두 번째 애플리케이션 개발팀 입장에서는 회사 내의 공용 컴포넌트를 사용하는 것과 상용 컴포넌트를 돈 주고 사용하는 것이 다를 바 없다.[6]

두 번째 애플리케이션 개발팀이 공용 자원 풀에 컴포넌트를 추가하는 경우에도 첫 애플리케이션 팀에서 사용한 방법을 그대로 하면 된다. 즉, 공유하려는 컴포넌트가 충분히 안정화되었다고 생각되면 다른 패키지로 이 컴포넌트를 분리시켜 공용 자원 팀에게 넘겨준다. 이제, 이 컴포넌트는 공용 자원 팀이 맡아서 지원하고 릴리스하게 될 것이다.

첫 애플리케이션 개발 때 그랬던 것처럼 두 번째 애플리케이션 개발 스크럼 팀의 최우선 목표 역시 제품의 출시다. 그런 다음 재사용에 대해 생각해야 한다.

이제 관리의 실천방법에 대한 중요한 얘기를 추가할 수 있다.

공용 자원을 공유하고, 테스팅하고, 제품 지원을 하는 지원 팀의 스크럼 마스터와 여러 개발팀의 스크럼 마스터들은 자주 주기적으로 만나는 게 좋다. 이런 회의를 '스크럼들의 스크럼'이라고 한다. 나는 보통 한 주에 한두 번씩 이런 회의를 갖고, 필요하다면 더 자주 회의를 갖는다.

스크럼에 대해 주목할 만한 점은 이를 통해 다양한 팀을 통합할 수 있다는 점이다. 즉, 1) 제품 지원 팀 2) 스크럼 개발팀 3) XP 개발팀 4) RUP 개발팀 5) 메인 프레임 개발팀 6) 형상 관리 팀, 심지어는 7) 테스트 팀까지도 통합 조정

---

6 (옮긴이) 사실 회사 내의 공용 컴포넌트(예 : 회사 자체 게임 엔진)를 사용하는 것이 팀의 ROI(투자 대비 수익률)를 높여주고, 장기적으로 회사 발전에도 도움이 될 것이다. 그러나, 앞서 저자가 지적한 것처럼, 팀이 가장 먼저 생각해야 하는 것은 현재 개발중인 프로젝트의 성공적인 릴리스다. 만약 자체 게임 엔진을 쓰는 것 때문에 현재 프로젝트의 개발이 지연된다든지 품질이 떨어지게 된다면, 지체 없이 자체 게임 엔진 대신 상용 엔진을 사용해야 할 것이다.

그림 7.1 **여러 애플리케이션 개발팀이 함께 있는 개발 환경**

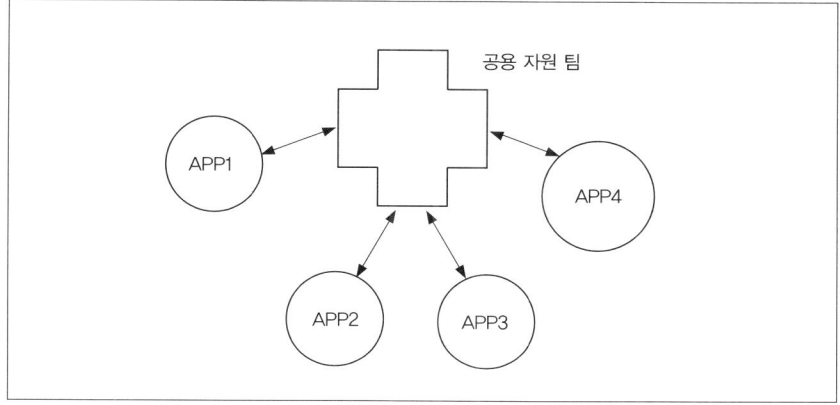

할 수 있다. 이런 면에서 볼 때 스크럼만이 유일하게 여러 팀에 대해서 추정, 계획, 추적 프로세스를 제공하고, 통합적이고 세세한 관리를 할 수 있다. 또한 이를 비즈니스 조직 전체에 확장하기도 용이하다.

더 많은 애플리케이션 개발하기

핵심은 위 '두 번째 애플리케이션 개발하기'에 나와 있는 대로 하는 것이다. 프로젝트를 늘리는 과정에서 아키텍처를 주기적으로 성장시키고, 각 프로젝트는 더 많은 공용 컴포넌트를 만들어 내도록 하자.

두 팀이 공용 컴포넌트를 사용할 수 있다면, 분명 팀을 더 늘리고 싶을 것이다. 하지만, 만약 서로 전혀 다른 애플리케이션들이 같은 컴포넌트를 서로 공유해서 쓰게 만들려면, 꼭 먼저 공용 자원 팀을 구축해야 한다는 점을 잊지 말라.

각 기법에 대한 복습

이번 장에서 나왔던 기법들을 되짚어 보자.

- 아키텍처적으로

- 아키텍처를 여러 레이어로 분리하기
- 각 레이어를 여러 컴포넌트로 분리하기
- 관리 기법
- 공용 자원 팀 만들기
- 스크럼 마스터들 사이에서 '스크럼들의 스크럼' 회의를 자주 갖기
- 재사용
- 컴포넌트가 안정되기까지는 재사용 하지 않기
- 재사용하기 위해 컴포넌트들을 공용 패키지에 패키징해 공용 자원 팀에게 소유권을 넘겨주기

스크럼을 더 큰 프로젝트에 적용하기

스크럼은 어느 크기의 프로젝트에서나 잘 돌아가지만, 큰 프로젝트에 적용할 때는 몇 가지 고려해야 한다.

스크럼이나 어떤 프로세스든지 큰 프로젝트에 적용할 때에는 더 주의해서 계획을 세워야 한다. 여기에서는 이런 경우를 위한 일반적인 지침을 제시한다. 큰 프로젝트 하나를 관리하는 것은 서로 관련된 여러 프로젝트를 관리하는 것과 매우 유사하다. 비슷하다고 하는 첫 번째 이유는 재사용에 관한 것이다. 여러 관련된 애플리케이션들의 경우, 재사용 가능한 컴포넌트들은 최소한 하나 이상의 애플리케이션이 만들어지는 과정에서 개발하게 되고, 그 후에 이 자원들은 다른 애플리케이션에 사용하게 된다. 큰 애플리케이션의 경우에는 한 애플리케이션 개발에 여러 하위 팀이 동시에 투입되므로 굉장히 비슷한 규칙이 적용된다.

동작하는 첫 프로토타입과 최초 개발팀

무엇보다도, 절대로 개발 초기부터 여러 팀을 동시에 돌리지 마라. '여러 팀이 동시에 개발하기(parallel development)'는 비록 개발 속도가 빨라지기는 하겠지만, 앞서 봤던 것처럼 제대로 완수하기 힘들고 많은 문제점도 같이 발생하게 될 것이다.

대신, 처음에는 이 책에서 소개한 기법을 사용해서 작은 크기의 애플리케이션을 하나 만들어보자. 단, 이 때에는 몇몇 레이어를 대강 만드는 한이 있더라도 전체 레이어를 통틀어 전부 다 개발해 봐야 한다. 예를 들어, 지금 당장은 지속성 서비스나 트랜잭션 서비스 혹은 로깅 서비스를 준비하지 못할 수 있다 (그래도 최소 한 개 이상의 작업 단위가 나올 때까지는 개발을 계속하라). 이렇게 최소로 만든 애플리케이션은 하나 이상의 제품 백로그 항목을 구현하게 되고, 이를 통해 팀을 워밍업시킬 수 있다. 이번 릴리스가 실제로 사용되지 않는 한이 있더라도, 이 애플리케이션을 진짜로 제품 출시한다고 생각하고 전체적인 과정을 다 한 번씩 돌아보는 게 좋다. 이런 과정을 통해 개발과 릴리스 환경에 대한 문제점들을 짚어볼 수 있게 된다. 형상 관리, 테스트, 릴리스 프로세스가 제대로 갖춰지지 않은 상태에서 동시 개발할 생각은 꿈도 꾸지 마라.

먼저 언급한 대로 중소 규모의 애플리케이션 개발에서는 '비즈니스 가치'에 따라 작업 단위의 우선순위를 조절하는 것이 비교적 쉽다. 그러나 큰 규모의 애플리케이션에서는, 특히나 동시 개발을 원한다면, 제품 백로그 리스트의 우선순위를 매기기 위해 여러 작업 단위간의 의존 관계를 고려해야 한다.

비즈니스 가치가 높고, 동시에 '기반(root)' 도메인 객체를 사용하는 작업 단위를 최우선으로 선택하라. 기반 도메인 객체란, '비즈니스와 애플리케이션의 가장 기초가 되는 닻(anchor)'을 의미한다. 다른 객체나 추상화 아랫단 (abstraction leaf)에서 비롯되는 객체나 추상들은 어느 비즈니스 모델에서나 찾아볼 수 있다. 임금 지불 시스템을 예로 들면, 종업원이라는 개념은 사람이라는 개념이 선행되어야 하고, 종업원 없이는 임금 대장 엔티티(entity)[7]가 나올 수 없다. 이 경우, 사람은 종업원과의 고용 관례를 정의하는 '기반 객체(root objects)'가 되고, 여기에서부터 다른 정의를 이끌어내게 된다. 사람이라는 추상 객체 또한 주소, 전화번호, 이메일 주소 같은 지시 데이터(indicative data)에 대한 정의를 이끌어 낸다. 연금 관련 부서 또한 여러 개로 나뉘게 되는데, 1) 확정 급부(연금) 2) 확정 갹출(401k)[8] 3) 건강 및 복지(의료, 치과, 처방약 보험) 같은 게 있을 수 있다.

큰 애플리케이션을 '기반 객체'에 기반한 여러 개의 내부 개발팀(branch)으로 구별할 경우, 사실상 '여러 연관 애플리케이션들' 실천방법에서 보여줬던 상황과 다를 바 없다.

재사용성

마침내, '여러 연관 프로젝트들'의 경우에서 본 것처럼 몇몇 추상개체들이 재사용 대상 후보군에 올랐다. 앞에서 알아본 것처럼,

- 재사용 자원은 '안정' 되어 있어야 한다.
- 일반적으로 재사용성을 미리 판단하기란 어려운데, 애플리케이션의 용도와 도메인 모델에 따라 달라지기 때문이다.

초기 설정과 공용 자원 스크럼 팀

큰 규모의 애플리케이션에서는 공용 자원 팀을 필요로 하는 내부 개발팀이 하나 이상씩은 있게 된다. 하지만, 일단 두 번째 내부 개발팀이 조직되는 경우, 특별한 이유가 없는 한, 로그, 지속성, 보안, 프린트, 워크플로 같은 아키텍처

---

7 (옮긴이) Database의 ER Model 에서의 Entity
8 (옮긴이) 401(k)란 미국 정부가 내국세법 제401조의 K항을 근거로 도입한 기업 연금 제도로 고용주의 분담금과 종업원의 적립금을 매달 연금으로 불입하는 기업 연금의 대표적인 사례다.

서비스는 재사용될 가능성이 굉장히 높다.

그러므로, 최소한의 공용 자원 스크럼 팀을 조직해 두는 게 좋다. 이 팀의 책임은 앞서 얘기한 바와 같이, '큰 개발팀 안의 여러 하위 개발팀의 요구를 충족시켜줄 수 있는 공용 컴포넌트를 개발, 유지보수 하는 것'이다.

만약, 회사의 여러 프로젝트 중 하나 이상의 규모가 엄청 크다면 어떻게 해야 할까? 이때는 공용 컴포넌트들이 상식적 차원에서 합리적으로 배포될 수 있도록 해야 한다. 만약 컴포넌트들이 A라고 하는 하나의 거대 개발팀 내에서만 재사용된다면 이 팀을 'A 프로젝트 공용 자원 팀'으로 만들고, 여러 팀에서 재사용 된다면 이 재사용 컴포넌트들은 '전사 공용 자원 팀'이라는 이름 아래 릴리스 되어야 한다.

두 번째 개발팀을 통해 개발하기

거대 개발팀의 경우 앞서 설명한 초기 설정 과정에 좀더 융통성을 발휘할 수 있다(하지만, 이 경우에도 누군가가 공용 자원을 맡아서 관리하는 게 좋다).

내부 개발팀 간에 의존 관계가 없기 때문에, 두 번째 애플리케이션 개발은 첫 번째 내부 개발팀에서 했던 개발과 근본적으로 다를 바가 없다. 이 두 번째 내부 개발팀 역시 개발과정에서 애플리케이션 공용 자원 풀에 자신들이 개발한 것들을 추가하게 된다. 공용으로 쓰기 위해 만든 컴포넌트는 충분히 안정화된 후 다른 패키지로 분리되어 공용 자원 팀에게 넘겨진다. 이때부터 이 컴포넌트는 공용 자원 팀에 의해 관리, 유지보수된다.

첫 번째 내부 개발팀 때와 마찬가지로, 두 번째 내부 개발팀의 스크럼 팀 역시 최우선 과제는 애플리케이션의 출시여야 한다. 재사용은 그 다음으로 생각해야 한다. 자, 여기에서 관리 실천방법에 또 다른 중요한 얘기가 나온다.

테스트, 통합, 공용 자원, 제품 지원 팀 같은 지원 팀의 스크럼 마스터와 여러 내부 개발팀의 스크럼 마스터들은 자주, 정기적으로 모여 회의를 가져야

그림 7.2 **B1, B2 등 여러 내부 개발팀이 같이 개발 중인 큰 애플리케이션**

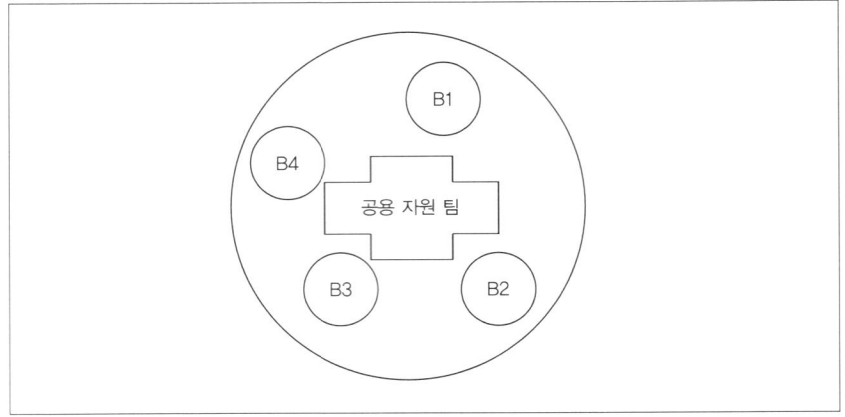

한다. 이런 회의를 '스크럼들의 스크럼'이라고 하고 일주일에 한두 번 열되 필요할 경우 더 자주 열 수 있다.

더 많은 내부 개발팀을 통해 개발하기

가장 중요한 부분은 앞의 '두 번째 내부 개발팀을 통해 개발하기'에서 배운 방법을 사용하는 것이다. 점진적으로 애플리케이션을 개발하면서 점점 하위 프로젝트를 추가해 나가자. 이미 공용 컴포넌트를 사용하는 하위 팀이 두 개 있다면, 그 이상의 팀을 추가하는 것도 어렵지 않을 것이다. 하지만 기억하라. 한 애플리케이션 내의 여러 내부 개발팀 사이에서 공용으로 사용할 수 있는 컴포넌트 개발을 계획 중이라면 꼭 공용 자원 팀을 만들어야 할 것이다.

여러 연관된 프로젝트에 대한 사례 연구 : 연금 보험회사

지금부터는 어떤 연금 보험회사가 4년간 겪은 사례를 보여줄 것이다. 이 기간 동안 회사는 웹 기반의 전자 상거래 제품을 처음 배포했고, 고객과 내부 사용

그림 7.3   여러 애플리케이션 개발 환경에서의 큰 애플리케이션

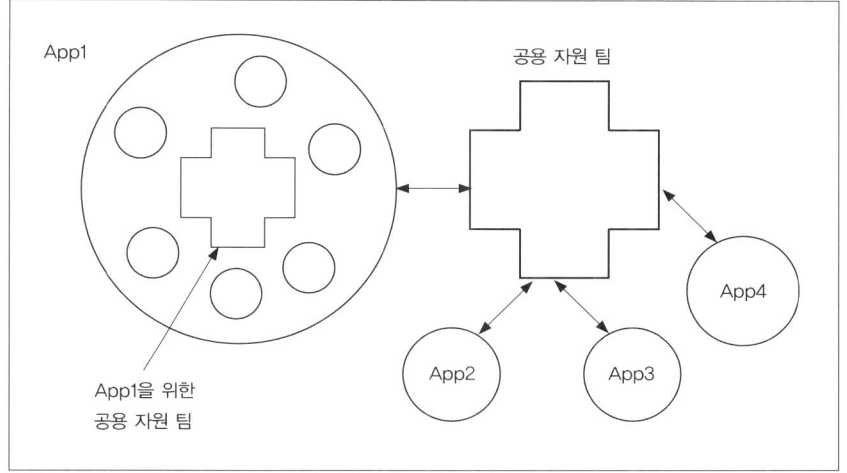

자를 위한 새로운 웹 기반의 제품군을 개발하고 있었다.

요약하자면, 결과적으로 회사는 지난 한 해 동안 매우 다른 컴포넌트를 재사용해 15개의 애플리케이션을 개발해냈다. 그러나 이렇게 되기까지의 과정이 처음부터 쉬웠던 건 아니다. 오히려 사실은 정반대였다. 돌이켜보면, 웹 개발을 처음 시작한지 3년이 지난 시점에서는 회사가 이렇게나 많은 돈을 벌어들일 거라고 상상하지 못했는데, 당시 출시한 웹 애플리케이션은 엉성한 것 하나밖에 없었기 때문이다. 그럼 도대체 지난 1년간 무슨 일이 벌어졌길래 회사가 이렇게까지 성공할 수 있었을까?

이 이야기는 회사의 CIO(정보관리 책임자)가 인터넷을 통해 처방전을 제공받을 수 있는 전자상거래 개설에 나선 1997년 후반부터 시작된다. 1998년 후반에 출시한 첫 애플리케이션은 성공적이었지만, 결과적으로 예산은 계획보다 3배 이상 들었고 일정도 두 배 이상 지연되었다. 또한 이 애플리케이션은 해결해야 할 많은 기술적 난제가 남아 있었다.

진짜 문제는 이제부터인데, 이미 다섯 개의 다른 개발팀이 웹 기반 애플리케이션을 개발하기 위해 작업을 진행 중이었고, 이들은 남은 3년 안에 50개의 애플리케이션을 만들어내야만 했다. 하지만, 첫 웹 애플리케이션 출시 후, IT 개발 부서는 예산 낭비와 일정 지연으로 평판이 나빠져서 예산 따내기가 쉽지 않은 상태였다.

솔직히 IT 개발 부서는 매우 겁을 먹은 상태였다. 그들은 회사의 모든 고위 관리자가 자신이 어떻게 하고 있는지를 지켜보는 와중에 첫 애플리케이션을 마무리하기 위해서 고군분투하고 있었지만, 더 이상의 압박을 견디기 힘들어했다. 그들 중 아무도 그 짧은 기간 안에 계획대로 그 많은 애플리케이션을 개발할 수 있을 거라고 생각하지 않았다. 특히 예산을 더 이상 늘리지 못하는 상태에서는 더욱 그랬다. 그들은 절벽 끝에 내몰려 기적을 만들어 내야 하는 것처럼 느끼고 있었다.

첫 애플리케이션 개발팀과는 별도로, 소위 아키텍처 그룹이라는 팀이 공용 아키텍처 서비스 컴포넌트를 개발하고 있었다. 이 팀이 결성된 날이 첫 애플리케이션이 출시된 1999년 초인 것은 결코 우연한 일이 아니었을 것이다. 이 팀의 목표는 신뢰할 수 있는 아키텍처 서비스 컴포넌트 표준을 만들어 다른 애플리케이션들이 그 위에서 개발될 수 있도록 하는 것이었다. 그러나 정치적인 이유와 '돌아가는 건 고치지 마라!'는 방침 때문에, 이 서비스들은 첫 애플리케이션이 출시된 지 한참이 지난 후에도 하나도 구현되지 않았다. 나중에 나오겠지만 이런 상황은 2000년 후반까지 이어졌다.

애플리케이션 개발팀에게는 아키텍처 팀이 아키텍처 서비스 레이어 개발을 끝내기 전까지 개발을 보류하라는 지시가 내려져 있었다. 하지만, 아키텍처 팀이 장황한 아키텍처 서비스를 개발하느라 개발 기간을 너무 잡아먹고 있었기 때문에, 결국 애플리케이션 개발팀들이 아키텍처 팀과는 별도로 두 번째 애플리케이션을 공동 개발할 것을 합의하게 되었다.

이 두 번째 애플리케이션의 개발은 1999년 중반에 시작되었다. 하지만,

1999년 후반이 되자 여기저기에서 우려의 목소리가 나오기 시작했다.

애플리케이션 팀원들은 아키텍처 서비스가 제대로 작동되지도 않으면서, 아키텍처 개발팀에서 아키텍처 서비스를 임의로 확장하거나, 아예 새로 만드는 경우도 있다며 불만을 나타냈다. 애플리케이션 개발팀 관리자 역시 아키텍처 서비스 인터페이스가 자주 바뀌는 것에 대해 아키텍처 팀 관리자가 경솔하고 무책임한 것 같다고 비난했다.

반면 아키텍처 팀은 괜찮은 아키텍처 서비스를 제공하지 못해 좌절하고 있었다. 이 서비스는 애플리케이션 팀이 불평한 것처럼 너무 자주 변경되었고 어떨 때는 아예 제대로 작동하지도 않았다.

2000년 초까지 일정이 여러 번 지연되면서 이런 우려들이 최고조에 달했다. 이렇게 가다간 프로젝트가 중지되고 개발팀은 해체되어 최악의 경우에는 해고될 수도 있다는 사실에 애플리케이션 개발팀은 분개했다.

변화의 서막

2000년 5월, 이 회사는 마침내 이런 상황을 타개하기 위해 우리 회사와 계약을 맺었는데 이는 거의 마지막 시도에 가까웠다. 만약 3개월 안에 우리의 노력이 효과가 없다면 아키텍처 팀과 두 번째 애플리케이션 개발팀 모두 개발을 중지해야 하는 그런, '해내지 못하면 끝장나는(do or die)', 상황이었다. 한편, 회사 역시 이번 시도가 실패한다면 과거의 메인 프레임 방식에 머무를 수밖에 없었다.

나는 구현해야 할 짧은 변경 리스트들을 제시했다. 이런 해결책은 꽤나 급진적인 것이었고, 첫 한 달 동안 많은 변화를 불러 일으켰다.

- 아키텍처 팀과 두 번째 애플리케이션 팀을 하나의 팀이라고 생각하라. 그리고 제품의 출시에만 집중하라.
- 사용될지 안 될지도 모르는 '재사용 가능한 일반적인 서비스'는 더 이상 신경 쓰지 말고, 두 번째 애플리케이션에서 꼭 필요한 서비스 개발에만

집중하라.

- 스크럼을 통해서 애플리케이션 개발팀, 아키텍처 팀, 제품 지원 팀, 테스트 팀 간의 피드백을 늘려라.
- 문서화는 걱정하지 마라. 먼저 제품을 출시 한 후에 시스템을 문서화해라.
- 제품에 필요한 최소 기능 리스트를 만들어 애플리케이션 팀과 아키텍처 팀 모두가 매일 이 리스트 안의 작업에 대해 협업하라.

그런데 소위, 시스템의 공식 '아키텍트'가 프로젝트를 그만두었다. 전체 아키텍처에 대한 충분한 통제권이 없다는 것이 그의 공식적인 이유였다. 하지만 그가 그만둠에 따라, 그의 딱딱하고 가혹했던 통제도 같이 없어졌고 덕분에 모든 것이 훨씬 빨리 돌아가기 시작했다.

새로 들어온 '아키텍트'는 아키텍처를 애플리케이션의 한 부분으로 간주할 수 있도록 해줬다. 즉, 아키텍처 태스크들은 애플리케이션의 일정에 따라 우선순위가 정해졌다.

코드, 사용자 가이드, 제품 지원 문서를 제외한 모든 문서는 작성이 중지되었다. 꼭 필요한 기능에 대한 목록이 제품 백로그와 스프린트 백로그를 통해 작성되었다. 새로운 아키텍트와 그 팀원들을 즉시 애플리케이션 개발팀과 짝을 이뤄(in pairs) 작업하게 했다. 스크럼 회의는 매일 오전 9시에 잡혔는데 이를 통해 '팀원은 정시에 출근하게 되었고, 현재 상황에 대해 제대로 알게 되었을 뿐만 아니라, 다른 팀원들이 무슨 일을 하는지, 어떤 문제점을 가지고 있는지' 알게 되었다. 덕분에 전체 팀원들에게 '긴장감'을 불어 넣을 수 있었다.

그런데 해결해야 할 관리 문제가 생겼다. 한 주가 지나자 누구보다도 관리자들이 그다지 프로젝트에 매진하고 있지 않다는 것을 알게 된 것이었다. 그들은 일일 스크럼 때마다 '어제와 달라진 것이 별로 없네요'라고 보고했다. 2

주째가 다 되어가자 가장 난처해진 팀원들은 제품 지원 팀 매니저와 테스트 팀 매니저였는데, 이는 그들이 제품 출시 환경과 테스트 환경을 구축할 수 없었기 때문이었다.[9]

정확히 1개월 후, 매우 불완전한 버전이나마 릴리스하는데 성공했고, 모두가 환호했다. 같이 일하는 동안 애플리케이션 팀과 아키텍처 팀 간의 긴장은 누그러졌고 마침내 하나가 될 수 있었다. 심지어 로즈(IBM Rational Rose) 다이어그램 업데이트 업무를 맡은 팀원조차도 문서 작업을 그만두고 버그를 잡는 일에 뛰어들었다. 사실 로즈 다이어그램은 그 후로 더 이상 손대지 않았는데, 코드를 실제 제품으로 릴리스하는 것이 훨씬 신나는 일이었기 때문이었다.

하지만, 아직 시스템이 제품 출시 단계에 이른 건 아니었다. 경영진에게 짧은 데모를 보여준 후, 다음 제품 백로그를 선정하고, 이전 스프린트 백로그에 남아있는 버그를 수정하기 위한 계획 회의가 열렸다. 8월 초에 (겨우 3주만에) 릴리스된 두 번째 버전은 대부분의 기능을 구현하고 있었다. 9월 초 마지막 스프린트에서 우리는 대부분의 버그를 수정한 상태로 릴리스할 만한 제품을 완성할 수 있었다.

경영진이 제시한 '8월 말'이라는 마감 기한보다는 7일 가량 늦어졌지만, 최고 관리자들은 결과를 눈으로 볼 수 있다는 것에 대해 흡족해했다.

두 번째 애플리케이션

한편, 나는 두 번째 개발팀을 조직했고, 새로 세 번째 팀을 만들어 첫 번째 팀의 선례를 따르게 했다.

---

9 (옮긴이) 한 달 간격의 스프린트가 끝나기 전에, 지금까지의 결과물을 테스트한 후 돌아가는 릴리스를 만들어야 한다. 이 팀은 처음 scrum을 도입했기 때문에 아직 릴리스를 만들고 테스트 할 수 있는 환경을 만들어 놓지 않았던 것으로 보인다. Scrum이나 XP를 도입하지 않은 개발팀의 경우 이 작업을 최대한 뒤로 미루는 경향이 있고, 덕분에 문제점도 가장 뒤에 발견되는 경우가 많다.

- 최소한의 기능 목록을 먼저 선택한 후 스프린트 백로그를 만든다.
- 애플리케이션 팀은 아키텍처 팀과 협업하면서, 문제점들을 해결하고 기능 개발을 위해 필요한 자원을 '공유' 한다.
- 아키텍처 팀은 애플리케이션 팀에 '봉사하는' 자세를 갖는다.

두 번째 애플리케이션은 다음 해 10월에 릴리스 되었다. 그리고 세 번째 애플리케이션은 2001년 1월에 릴리스 할 수 있었다.

더 많은 애플리케이션들

2001년 여름이 되자, 회사는 10개의 애플리케이션을 같은 기법을 이용해서 개발, 제품화할 수 있었고, 또 다른 5개의 애플리케이션이 그해 말 릴리스를 목표로 개발 중이었다. 또한 15개에서 25개 이상이 2년 안에 릴리스 하도록 일정이 잡혀 있었다. 세 번째 애플리케이션 팀은 개발 효율로 회사를 유명하게 했다. 이 애플리케이션은 꽤 큰 것이었는데, 수십 개의 스크린(screen)과 CICS(고객 정보 관리 시스템) 트랜잭션을 포함하는 것으로 5개월만에 완성하였다. 이 팀의 3/4은 메인 프레임 개발을 처음 해보는 사람들이었다. 처음 몇 년 전과 비교해 볼 때 얼마나 큰 차이인가!

큰 프로젝트에서의 사례 보고 : 아웃소싱 회사

1994년 여름, 나는 연금보험회사 일을 대행하는 큰 규모의 소프트웨어 개발에 참여했다. 이 프로젝트의 목적은 1) 연금 같은 확정급부제도(defined benefit : DB) 2) 401k 같은 확정갹출제도(defined contribution) 3) 보건 복지(health and welfare : HW) 계획 같은 것을 처리할 수 있는 소프트웨어를 구현하는 것이었다. 주된 목표는 IBM 메인 프레임 기반으로 구현되어 있는 시스템을 온라인

CICS, 어셈블러, COBOL, VSAM, IMS로 변경하는 것이었다.

고객 서비스 대표와 클라이언트들이 이 소프트웨어의 주 고객층이었다. 소프트웨어는 3티어 시스템으로 구성되었고, 각각 프레젠테이션 티어는 파워빌더와 VRMs로, 미들 티어는 C++로, 백엔드는 사이베이스와 레거시 DB로 개발중이었다.

(회사 기술 정책 상 더 이상 가망 없어 보이는) 옛날 기술을 사용하는 것은 차치하더라도 이 오래된 시스템에는 너무 비용이 많이 들어가겠다고 생각했는데, 그 이유는 다른 고객의 요구에 맞추기 위해 매번 새로운 코드를 작성해야 했기 때문이었다. 새 클라이언트의 요구를 구현하기 위한 방법은 기본적으로 1) 새로운 클라이언트와 가장 비슷한 클라이언트의 코드를 복사하고 2) 고객의 요구에 맞춰 코드를 살짝 수정하는 것이었다.

그러나, 새롭게 제안된 시스템에서는 기존의 시스템과 비교할 때 고객의 요구가 다른 부분만을 따로 구현할 수 있었다. 이것이 가능하기만 하다면, 회사는 엄청난 돈을 절약할 수 있을 터였다. 기존 고객사 중 한 곳이 기꺼이 새로운 시스템을 위해 일종의 '실험용 생쥐'가 되어 주기로 했다. 그들의 보험 프로그램은 어쨌든 외주를 준 것이었고, 만약 문제가 생길 경우 메인 프레임 시스템으로 아웃소싱을 계속 할 수 있는 백업 계획이 있었기 때문에 리스크는 그리 크지 않았다.

이것만 보면 꽤나 좋은 비즈니스 계획이었다. 그러나 소프트웨어 개발에서 뭔가가 잘못되어 가고 있었다. 첫 릴리스는 1995년 1월 1일에 나왔어야 했지만 그러지 못했다. 이 프로젝트는 몇 가지 특징이 있었다.

- 시작 전에 모든 요구사항을 미리(up-front) 다 모으는 데 오랜 시간을 소비하고 있었고
- 소위 시스템 아키텍트들이 아키텍처를 정의하는 데 오랜 시간을 소비하고 있었기 때문에, 이 작업을 하는 동안 30명의 코더들은 아키텍처 디자

인이 끝나기만을 기다리고 있었다.
- 형상 관리, 테스트, 릴리스 관리 능력 구축을 위해 많은 시간을 소비하고 있었다.
- 고객과의 의사소통은 거의 없거나 전무했다.
- 여러 단계의 과도한 관리층이 있었다.

프로젝트에 참여한 대부분의 사람들이 의욕을 상실한 좌절 상태에서 초과 근무를 이어가고 있었고 프로젝트에 대한 확신이 있는 사람이라고는 아무도 없었다. 팀원들은 농담 따먹기와 빈정거리는 것으로 시간을 낭비하고 있었다.

회사는 계속해서 조직 구조를 변경했는데 서브시스템 주도 방식(sub-system drive)에서 단계 주도(phase driven) 방식, 티어 주도 방식(tier drive), 클라이언트 주도(client driven) 방식으로 갔다가 다시 처음으로 되돌아가는 식이었다.

1995년 여름까지 프로젝트가 시작한 지 거의 2년이 지났지만 첫 번째 고객이 원하는 기능 중 제대로 동작하는 것이라고는 하나도 없었다. 이런 상태에서 두 번째 고객과의 계약이 성사되었다. 사람들의 표정에서 '아니, 첫 번째 고객을 위한 작업도 아직 안 끝났는데, (마케팅 팀은) 어떻게 다른 걸 더 팔 수가 있는 거지?' 라고 불안해 하는 걸 읽을 수 있었다.

그때까지 프로젝트는 3천만 달러를 썼고, 최대 80명의 팀원과 또 다른 80명의 컨설턴트들이 전임으로 일하고 있었다. 회사는 소송에 휩쓸릴 처지에 놓였다. 이미 첫 해에 아직 시스템을 공급하지 못한 것 때문에 첫 번째 고객에게 많은 과태료를 물은 상태였다. 이 시스템을 1996년 1월 1일까지 공급하지 못할 경우, 첫 번째 고객뿐만 아니라 두 번째 고객에게도 더 많은 과태료를 지급할 판국이었다.

1995년 8월, 수많은 직원들의 인사이동이 있었다. 첫 클라이언트 쪽에서 일하던 대부분의 사람들은 침몰하는 배에서 빠져나갔고, 거의 매일 새로운 인원을 인터뷰하고 고용해야 했다. 여기서 한 가지 문제점은 시스템에 익숙해지는 데 대략 3개월 정도가 필요하다는 것이었다. 즉, 기본적으로 1996년 1월 1일 릴리스까지는 새로 들어온 팀원들이 팀에 기여할 수 없다는 말이다.

이런 상황에도 불구하고, 8월 말에 나와 몇몇 관리자들 그리고 기술 팀은 부서가 망하는 걸 필사적으로 막기 위해 두 번째 클라이언트를 완전 다른 방식으로 구현하고 싶다고 제안했다. 우리는 회사에서 가장 우수한 직원 10명을 선발하고, 거기에 새로 10명을 고용해 '작은 팀' 환경을 구축했다. 뭔가 '규칙들'을 적용하다가 실패하는 짓이 지긋지긋하긴 했지만, 우리 자신에 대한 믿음은 아직 있었다. 지금까지 써온 어떤 경직된 프로세스도, 비싼 도구도, 멋진 간트 차트도 우리를 돕지 못한다는 점은 명백했다.

나는 기존에 있는 중소 규모의 팀을 관리하기 위한 기법들을 모은 후, 조직(org) 패턴과 스크럼 기법을 우리 프로젝트에 도입하기로 했다. 이 조직 패턴은 처음 열린 두 번의 패턴 컨퍼런스 회보에 발간되었고, 제프 서덜런드가 그 당시 「Scrum in OTUG(object technology user's group)」 메일링 리스트에도 발표했었던 것이다.

이렇게 9월 초에, 새로 합류한 팀원들과 함께 첫 '스프린트 계획 회의'를 했다. 우리는 애플리케이션 중, 먼저 보험 수령인(beneficiary) 성명과 그들의 주소, 전화번호 등의 정보가 담긴 지시 데이터(indicative data) 그리고 기본적인 플랜 정보를 구현하기로 했다. 이 기능은 1996년 1월 1일까지 클라이언트에게 약속한 기능이었다. 우리는 이 기능들을 할당 가능한 정도의 크기로 만들어 백로그에 넣었다. 첫 스프린트에서는 지시 데이터만 구현하기로 했고 두 번째 스프린트에서 플랜 정보를 구현하기로 했다. 스크럼의 큰 차이점은 기능 요구 사항 대신 백로그 아이템을 고려한다는 데 있다. 이것은 굉장한 차이를 낳는데, '유스 케이스 주도(user case driven)'로 계획을 짰을 때에는 볼 수 없었던 '숨은 태스크들'을 볼 수 있게 해주기 때문이다.

우리는 첫 스프린트 계획 회의를 하기 전부터 일일 스크럼 회의를 위해 오전 10시에 15분간 모였다. 이 회의를 통해 우리는 현재 하고 있는 일에 대해 집중할 수 있었고, 끝낸 작업에 대한 평가를 내릴 수 있었고 또한 우리의 필요에 따라 백로그를 관리, 확장할 수 있었다. 백로그는 엑셀 스프레드시트를 통해 관리되었는데 여기에는,

- 최근 한 일은 무엇인지,
- 작업의 우선순위는 무엇인지,
- 어떤 일이 누구에게 할당되어야 하는지,
- 그 일은 대강 얼마쯤 걸리는지,
- 그리고 백로그 작업 내용을 만든 사람들이 포함되어 있었다.

일일 스크럼 회의에서는 백로그 아이템이 제거되거나 상태가 변경되거나 또는 추가되었다. 우리는 이내 스크럼 회의를 제대로 진행하게 되었고, 문제점들에 대한 추적을 관리하기 위해서는 얼마간의 훈련이 필요하다는 걸 알게 되었다. 나는 스크럼 마스터로서 백로그 목록이 최신으로 유지될 수 있도록 최선을 다했다.

첫 이터레이션은 굉장히 성공적이었다. 우리는 2년만에야 처음으로 실제로 돌아가는 무언가를 만들어냈고, 사람들은 모두 흥분했다. 두 번째 이터레이션에서는 제품 출시용으로 제시간에 맞춰 애플리케이션을 만들어냈다. 물론 이렇게 하기 위해 우리는 모두 굉장히 고생했지만 말이다. 하지만 이런 고생 덕분에 우리는 스크럼의 가능성을 볼 수 있었다. 스크럼은 모든 관리 태스크들을 백로그 안으로 통합시켰고, 그 백로그 안에는 제품 개발팀을 비롯한 테스트, 제품 지원, 릴리스 관리, 형상 관리 팀들의 팀원을 위한 백로그 아이템이 포함되어 있었다. 이것이야말로 스크럼의 가장 유용한 특징일 것이다.

누구도 이런 결과를 믿지 못했다. 우리는 200명이 지난 2년간 하지 못했던

일을 약 20명으로 해냈다. 20명 중 반 정도가 새로 뽑은 사람이란 것도 잊지 말자.

이듬해에 우리는 제품군에 네 개의 릴리스를 추가했고, 스크럼 팀을 세 개까지 늘렸다. 한 스크럼 팀은 연금 전환 작업을, 다른 하나는 여전히 지시 데이터를, 마지막 세 번째 스크럼 팀은 연금 계산 쪽을 맡게 되었다. 제품을 출시하기 전에는 적자를 낼 것으로 생각되던 부서가 1년 후 이윤을 내는 부서가 되었다.

스크럼과 조직

대부분의 조직은 생산성에 최적화되어 있지 않다.
스크럼은 직원들이 최고의 능력을 발휘할 수 있게 하고,
생산성에 방해가 되는 것들을 제거해 조직의 최적화를 돕는다.

조직에 미치는 영향

스크럼은 조직 혁신을 통해 생산성을 향상시키는 데 사용된다. 대부분의 조직
들은 생산성에 최적화가 되어 있지 않다. 조직이 크고 오래될수록, 비효율이
늘어간다. 마치 지방이 조금씩 쌓여서 심장으로 흘러가는 피의 흐름을 느리게
만드는 것처럼, 비효율도 조금씩 쌓여 조직에 동맥경화를 일으켜 모든 것을 느
리게 만든다. 이런 경우 공식 조직 내에 비공식적인 조직이 나타난다. 소위
'일을 제대로 할 줄 아는' 사람들은 이런 비공식 조직이 어떻게 돌아가는지 아
는 사람들이다. 이들이 양쪽 조직 내에서 어떻게 역할을 효율적으로 다 할지를
아는 사람들이다보니, 대부분의 성공한 관리자들은 꼭 이런 직원을 몇 명 두고
있는 실정이다. 하지만, 이런 방법은 생산성을 높이기에는 효율적이지 않다.
이런 식보다는 차라리 잠재되어 있는 문제들을 해결하는 게 훨씬 낫다.

대부분의 사람들은 출근 후 일을 착수하기 전에 여러 장애요소를 처리해야 한다. 근무시간 동안에는 추가적인 장애물들을 제거하는데 많은 시간을 낭비해야 한다. 계속되는 회의에서 벗어나려 하고, 작업 속도를 높이기 위해서 혹은 다른 이유로 필요한 소프트웨어를 구매하려 한다. 인사과 사람들과 만나 새로운 리뷰 정책도 검토해야 하고, 소위 현황 회의(status meeting)라는 곳에도 끌려가야 한다. 이런 장애 요소는 팀원들의 시간을 낭비할 뿐 아니라 팀과 팀원이 일에 집중하지 못하게 한다. 어떤 문제를 풀기 위해서는 온 마음을 집중하여 그것에 대해 토론해야 하고, 그러다가 보면 어느 순간 그 문제를 풀 수 있는 최선의 방법이 떠오르기 마련이지만 직장 내에서 이렇게 집중할 수 있는 기회는 거의 없다.

스크럼은 방해물 제거를 목표로 삼는다. 스크럼 마스터는 방해물들에 대해 주의해서 듣고 제거할 책임이 있다. 스크럼은 최선을 다해 팀원들이 일하는 동안 방해받지 않게 해 최고의 능력을 발휘할 수 있도록 해 준다.

스크럼은 조직으로 하여금 생산성에 방해가 되는 것이 무엇인지를 알 수 있는 기회를 제공한다. 일일 스크럼 회의 때마다 작업에 장애가 되는 것이 무엇인지를 알게 되고 그것을 제거하기 위한 계획을 세우게 된다. 그러나 이 장애물들이 조직의 비효율을 야기하는 독립적인 요인으로 보기 어렵다. 오히려, 대부분은 더 큰 문제의 일부인 경우가 많다. 스크럼은 이런 장애물들을 매일 지적해서 결국 해결되게 한다. 이것을 '아래로부터의 프로세스 혁신'이라고 하는데, 이는 이런 방해물들이 중요한 개발 프로젝트를 방해하는 진짜 문제들이기 때문이다. 이런 종류의 프로세스 혁신은 실제 필요에 의해 일어난다.

일일 스크럼 회의에서는 팀원들에게 작업에 방해되는 장애물이 있는지를 물어본다. 대부분의 개발 프로젝트에서는 이런 질문을 하지 않는데, 이런 프로젝트에서는 마치 배에 조개들이 들러붙는 것처럼 점점 장애물이 쌓여서, 마침내는 너무 많은 장애물 때문에 더 이상 나아가기 힘들게 된다. 스크럼 이전에 들어본 가장 공식적인 '장애 요소 확인 메커니즘'으로는 '프로젝트 포스트 모르템(project post mortem, 사후검토)'이 있다. 포스트 모르템에서 관리자는 팀이 엄청난 상처를 입은 후에야 팀원들과 만나 어떻게 다르게 해 볼 방법이 있었는지를 확인한다. 너무 효과가 적고, 너무나 느린 방법이다.

일단 팀이 장애물을 인지한 후에는 그것이 제거되기를 바란다. 팀은 관리자가 장애물이 있는지 여부에 대해 물어볼 때는, 그가 장애물에 대해 어떤 조치를 취할 것이라고 기대한다. 관리자가 재빨리 장애물을 제거하지 않는다면 일일 스크럼은 점점 사기가 떨어질 것이고, 마침내는 귀찮은 것이 될 것이다. 그것은 관리자가 팀을 돕기보다는 차라리 팀의 생산성이 떨어지는 걸 방치할 정도로 팀에 신경 쓰지 않는다는 뜻이 된다. 만약 관리자가 보고된 장애물을 제거할 수 없거나 할 생각이 없다면, 차라리 스프린트를 그만두자고 얘기하는 게 낫다.

관리자의 가장 중요한 책임 중 하나는 생산성을 최상으로 유지하는 것이다. 스크럼은 관리자가 생산성 단계와 그것에 영향을 미치는 것들을 매일 확인할 수 있게 한다. 스크럼은 관리자에게 일종의 관리자용 컨닝 페이퍼 즉, 생산성을 높일 수 있는 방법이 적힌 목록을 제공한다. 굉장한 기회가 아닌가! 관리자는 장애물을 영원히 제거할 수 있고, 프로젝트의 성공을 도울 기회를 갖게 된다. '장애물'이라는 단어를 들을 때마다 그것을 제거해 생산성을 높일 수 있는 '기회'라고 생각해야 한다.

장애물 예 1

인터넷 뉴스 서비스의 차기 릴리스를 구축하는 데 필요한 여러 프로젝트를 개발 중인 회사가 있었다. C++을 쓰는 선임(senior) 개발자 중 한 명이 로그웨이브(RogueWave) 소프트웨어의 라이브러리가 필요해 구매 신청을 했는데 도착하지 않았다. 스크럼 마스터는 일일 스크럼 회의 때마다 그녀가 이 문제를 장애라고 얘기하는 걸 들었다. 스크럼 마스터는 로그웨이브에 전화 한 통만 넣으면, 바로 다음날 라이브러리가 도착할 것이라는 걸 알고 있었다. 하지만 이런저런 이유로 그녀는 이미 4일씩이나 기다리고 있었고 이 기간 동안 소프트웨어의 중요한 부분의 개발이 지연되고 있었다.

스크럼 마스터는 두 가지를 처리했다. 우선, 로그웨이브에 연락을 해 필요한 라이브러리를 구매해서 즉시 장애물을 제거했다. 개발자는 다음날부터 개발에 들어갈 수 있었다. 그후, 스크럼 마스터는 왜 이렇게 구매가 지연되었는지를 확인하기 위해 총무과를 찾아갔다. 총무과 직원은 딱 한 명뿐이었는데, 분기 회계 작업에 정신이 없는 상태였다. 일단 총무과에서는 사후 처리가 되었지만, 스크럼 마스터는 이렇게 바쁜 기간 동안만이라도 총무팀을 도울 만한 직원을 충원할 것을 권고했다.

변화를 이끌어내는 스크럼 마스터

장애물 제거는 누구의 책임인가? 그에 대한 대답은 '전체 조직'이다. 스크럼 마스터는 이 장애물에 대한 책임을 맡아, 장애물 제거를 위해 모두와 함께 작업해야 하는 책임을 진다. 하지만 전체 조직이 이에 대해 헌신해야 한다.

스크럼 마스터는 일일 스크럼 회의를 주관하고 프로젝트의 모든 면을 관장하며 장애물 제거에 책임을 진다. 스크럼 마스터는 관리자의 전폭적인 지지와 연대를 필요로 한다. 무엇보다도 스크럼 마스터가 장애물을 제거할 수 있는 권한을 위임 받는 것이 중요하다. 만약 관리자가 스크럼 마스터가 하는 일에 대해 동의하지 않는다면, 제안을 한다든지, 지침을 제시한다든지, 조언을 주는 정도는 할 수 있다. 하지만, 어떤 일이 있더라도 관리자는 스크럼 마스터를 절대 지지해야 한다. 앞서 보았던 조직에서, 관리자는 로그웨이브 사의 소프트웨어 라이브러리를 구매하겠다는 스크럼 마스터의 결정을 지지했고, 스크럼 마스터가 지불한 비용을 일시불로 처리해 줬다.

스크럼 마스터에게 장애물을 제거할 권한을 주는 문제는 까다로운 일이다. 장애물이란 생산성에 일종의 브레이크를 거는 것이라 할 수 있다. 만약 조직이 장애물을 제거할 수 있는 기회를 환영하고 스크럼 마스터의 노력에 감사한다면, 스크럼은 올바른 방향으로 진행될 것이고 생산성은 향상될 것이다. 그러나, 장애물을 제거하려는 시도가 항상 잘 되는 건 아니다. 때때로 조직에 불편하지만 오랜 기간 동안 적응해 왔던 관행이 있다면, 이를 제거하는 걸 꺼려할 수도 있다. 예를 들어, 스크럼 마스터가 구매와 관련된 문제를 해결하려 들 때, 총무부장이 부정적으로 대응할 수도 있다. 위에서 예로 든 것과 똑같이 처신한 스크럼 마스터가 다른 회사에서는 정규 구매 절차를 따르지 않았다는 이유로 비난 받는 경우도 있었다.

한 친구는 "만약 어떤 회사의 총무팀이 엄청 중앙집권적인 분위기인데다가, SAP[1]를 도입해 놔서 변화라고는 찾아볼 수 없는 그런 경우라면 어떻게 할텐가?"라고 물어온 적이 있다. 이런 경우에도, 스크럼 마스터는 즉각 장애물을 제거하기 위해 소프트웨어를 구매해야 한다. 그 와중에, 회사는 구매 절차에 있어서 SAP의 효율성이 어느 정도인지를 가늠해 볼 수 있는 데이터를 얻게 된다. 새로 도입했던 구매 절차가 회사의 생산성을 떨어뜨리고 있는 건 아닐지? 만약 그렇다면 이를 어떻게 향상시킬 수 있을까?

스크럼은 변화를 불러일으킨다. 스크럼을 사용하는 조직은 훨씬 높은 생산성을 만끽하면서, 경쟁력 있는 릴리스를 꾸준히 내놓을 수 있게 된다. 또한,

---

1 (옮긴이) 'Systemanalyse und Programmentwicklung' 업무용 애플리케이션 분야에서 가장 크고 기술이 앞선 업체 중 하나이다.

그들 스스로 점진적으로 혁신할 수 있게 된다. 스크럼은 조직의 생산성을 증가시킬 수 있는 엄청난 기회를 제공한다. 그러나 스크럼 마스터는 민첩하게 장애물을 제거하기 위해서 자신이 어느 정도의 권한을 갖고 있는지 알고 있어야 한다. 이에 대한 대답이 '그다지 많지 않다'면, 이 스크럼 마스터의 조직은 아직 스크럼을 사용할 만한 준비가 되어 있지 않았다고 볼 수 있다. 이를 통해 조직은 그 조직의 우선순위에 대해 그리고 조직의 안정성, 유연성, 생산성, 경쟁력을 어떻게 조화시킬지에 대해 고민해 볼 수 있는 기회를 갖게 된다.

장애물 예 2

인터넷을 통한 제품 배송을 위해 복잡한 n-티어 소프트웨어를 만들고 있는 회사가 있었다. 새로 개발자가 팀에 투입됨에 따라, 인사과는 구매과에 벤더가 작성해 놓은 목록대로 장비와 소프트웨어를 구매하라는 지시를 내렸다. 하지만, 그 구매 목록은 1년도 더 지난 것이어서 사양이 구식이었다. 개발자들은 좁은 15인치 모니터에 여러 윈도를 열어 놓고 개발해야 했다. 개발자들은 이 모니터를 그냥 받아들였는데, 그 이유는 관리자가 잘 선택했겠지라고 생각했기 때문이었다. 하지만, 사실 관리자의 관심은 온통 다른 곳에 있었다. 관리 팀의 누구도 이것이 문제가 될 거라고 생각하지 않았던 것이다.[2]

일일 스크럼 회의 동안, 스크럼 마스터는 두 개의 워크스테이션을 동시에 사용하는 개발자의 얘기를 들을 수 있었다. 워크스테이션 중 하나는 개발용으로 사용하고, 다른 구형은 이메일이나 오피스 애플리케이션용으로 쓰는 식이

---

2 (옮긴이) 개발자에게 좋은 장비를 제공하는 것은 업무 효율 외에도 사기 진작에 큰 도움이 된다. 개발자들에게 24인치 모니터 두 대를 세워서 듀얼 모니터로 만들어 쓰게 한다든가, 쿼드 코어에 4G 메모리를 장착한 개발용 컴퓨터를 제공한다든가, 최신 컴파일러와 서드파티(third party) 툴을 정식 구매해서 쓰게 해주는 것만으로도 의욕을 3-4배 이상 올릴 수 있다.

었다. 개발자들은 이직자들에게서 서브 워크스테이션을 '징발'하고 있었다. 이는 어떻게 보면 매우 창의적인 행동이라고 할 수도 있겠다. 자신의 장애물을 해결하기 위해 가능한 모든 자원을 이용하고 있기 때문이다. 그러나 여러 워크스테이션을 사용하다 보니, 어쩔 수 없이 사무실 공간이 부족하게 되었다. 스크럼 마스터는 이런 상황을 확인한 후 근본 원인을 찾아냈다. 먼저 납품 벤더와 계약을 맺고 큰 모니터를 샀다. 그런 후 관리 팀과도 싸워 워크스테이션의 사양을 최신으로 맞추게 하고 필요할 경우 개발자가 자신이 쓸 워크스테이션의 사양을 직접 선택할 수 있게 했다.

장애물 예 3

중요한 전자 쇼(electronics show)에서 사용할 파장 가변 레이저 시스템(tunable laser system)을 준비하고 있는 팀이 있었다. 시스템 작동은 두 명의 선임 엔지니어가 맡았다. 광학 물리에 경험이 부족한 다른 팀원들은 프로그래밍이나 부품 조립, 선반 준비 등을 하고 있었다. 일일 스크럼 동안, 이 두 선임 엔지니어들은 계속해서 부품 획득의 어려움을 토로했다. 시스템이 최첨단 기술이다보니 최고급의 부품들을 다른 제조사로부터 조달해야 했다. 그들은 제조사와 연락하기 위해 많은 시간을 할애해야 했고 당연히 집중을 할 수 없었으며, 설상가상으로 꼭 필요한 부품들의 도착 역시 지연되고 있었다.

그래서 스크럼 마스터는 선임 엔지니어에게 핸드폰을 지급하고 신입 엔지니어에게는 부품을 이해하고 이를 조달하는 작업을 할당했다. 스크럼 마스터가 조달 업무를 맡기는데 엔지니어 한 명이 필요했던 이유는 장비 조달 과정이 복잡하고 이 과정에서 발생할 수 있는 많은 기술적 논의를 제대로 해낼 수 있어야 했기 때문이다. 신입 엔지니어는 모르는 게 있을 때마다 선임 엔지니어에게 전화를 걸어 궁금한 점을 물어본 후 다시 조달 프로세스를 계속했다.

계속 지켜보기

일일 스크럼은 팀을 눈에 띄게 활동적으로 만들고, 팀원들 또한 불만이나 장애물에 대해 토의하기 위해 스크럼을 어떻게 이용할지 알게 된다. 관리자는 팀원이 직접 언급하는 장애물뿐만 아니라, 스크럼 회의 전후에 나누는 일상적인 대화 내용에도 주의를 기울여야 한다. 주로 팀원이 생각하는 '우리 회사가 일하는 방식'에서 나타나는 장애물은 이런 대화 속에서 자주 발견할 수 있다. 일일 스크럼 회의에서 나누는 대화를 주의 깊게 듣고 그 내용에 대해 고민하라. 현명한 관찰자는 팀원들의 대화와 농담, 놀림 속에서 나타나는 패턴을 통해 사람들이 모두 당연한 것으로 받아들이는 장애물을 찾아낼 수 있다. 이를 제거해 팀을 좀더 생산적으로 만들라.

장애물 예 4

하나의 프로젝트를 진행하는 동안, 스크럼 마스터는 개발자들이 지금 하는 일을 논의하기 위해 계속 일어나서 서성대거나 다른 사무실로 몰려다닌다는 걸 알게 되었다. 이 조직은 열린 작업 환경을 받아들이지 못해서 선임 관리자를 제외한 모든 사람을 파티션으로 둘러싸인 개인 공간에 배치했다. 팀은 역동적으로 구성되었지만, 각 팀원들의 위치가 가까운 곳에 모여 있지 않아서 엔지니어가 누군가의 자리로 가려면 꽤 멀리 걸어가야 했다. 이때마다 집중은 흐트러졌다. 스크럼 마스터는 (전선과 전화선 배치 변경을 도와준) 시스템 관리자와 함께 팀원들의 위치를 이동시켜 모두가 서로 가까이 할 수 있게 했다. 또한 각자의 의자를 칸막이 벽 옆에다 배치해서, 팀원들이 서로 물어볼 게 있을 때마다 일어서서 파티션 너머로 바라보며 디자인 관련 논의를 할 수 있게 했다. 이렇게 하자, 팀의 작업 공간은 마치 프레리 독 타운(prairie dog town)[3]같아 보였고 머리를 들어올리기만 하면 되는 작업 환경은 팀원들을 서로 더욱 효과적으로 작업할 수 있게 했다.

작업 공간을 재배치함으로써 얻어낸 생산성은 스크럼 마스터의 세심한 관찰 덕분에 가능한 것이었다. 스크럼 마스터는 주어진 것에 만족하기보다 팀을 좀더 편안하게 하고 더 생산적으로 만들 수 있는 것이 있다면 어떠한 것이라도 해낼 수 있도록 노력해야 한다.

장애물 예 5

일일 스크럼에서 팀원 모두가 아무런 문제점이 없다고 보고하는 팀이 있었다. 하지만, 그들은 어제 하루 종일 한 일이라고는 '동료 평가(peer review)'[4]를 하는 것뿐 이었고 앞으로도 이틀은 그 작업을 더 해야만 했다. 이 회사에서는 반년마다 실시하는 평가 프로세스가 있었고 누구든지 다른 사람과 함께 작업한 후에는 동료 평가 보고서를 써내야 했다. 이런 평가들은 인사 관리팀이 직원들을 평가하는 데 쓰였다. 혼자서 일하는 사람이 거의 없었기 때문에 직원들은 최소 5명에서 많게는 10명 이상에 대한 동료 평가 보고서를 써내야 했다.

모두 이런 작업을 회사의 당연한 업무로 보았지만 스크럼 마스터만은 이것을 장애물로 보았다. 동료 평가 작업은 스프린트 백로그에 전혀 고려되지 않았고 프로젝트 개발과도 아무런 상관이 없었다. 동료 평가 프로세스는 회사의 책임이지 프로젝트에 필수적인 것은 아니었다. 게다가 팀원들은 프로젝트에서 자신이 맡은 일보다 회사에서 시킨 일을 더 우선으로 여기는 데 익숙해져 있었다. 스크럼 마스터는 팀을 다시 프로젝트 작업으로 끌고 왔고, 경영진에는 스프린트가 끝날 때까지 동료 평가 작업을 미뤄달라는 요청을 했다.

---

3 (옮긴이) prairie dog - 초원에서 집단 서식하는 쥐 목 다람쥐 과의 포유류
4 (옮긴이) 직장에서 팀원들이 같은 직급의 팀원들에 대해 평가하는 일종의 평가 시스템

조직의 침해

나는 '왕 연구소'[5]가 한창 잘 나가던 시절부터(1980-1984) 쇠락이 시작되던 1985년까지 근무했었다. 이 시기 동안 '왕 연구소'는 엄청난 속도로 성장했고, 여러 곳으로부터 사람들이 고용되었다. '왕 연구소'의 성장에 따라, 많은 지원 업무가 새로 조직된 지원 조직으로 이양되었다. 곧 상무와 이사, 실장들을 거느린 부사장이 인사과나 구매과 같은 지원 조직들을 이끌었다. 그들은 정책, 절차, 양식, 의례 따위를 연구, 개발하는 데 시간을 썼고, 회사 내 다른 팀에 그것을 강요했다. 모두가 그걸 따라야 했는데, 그렇지 않으면 부사장에게 반기를 드는 것으로 보일 수 있었기 때문이었다. 무엇이 적절한지를 생각하기보다 그냥 회사에서 주어진 일을 하는 게 점점 쉬워졌다. 일은 관료 정치에 길을 내주었고, 진취적인 기상은 정체에 길을 내주었다. 물론 이것이 '왕 연구소'의 몰락을 전부 설명할 수 있는 것은 아니다. 하지만, 이런 것들이 우리 프로젝트에 많은 생산성 저하를 불러 일으켰다.

　스크럼은 장애물의 발견을 통해 조직이 생산성을 어떻게 침해하는지 관리자가 명확하게 알 수 있는 방법을 제공한다. 모두가 상대 평가에 대해 불평을 했지만 받아들이고 계속 해왔다. 하지만, 일일 스크럼 회의 동안 이것이 장애물로 드러남에 따라 관리자는 결과에 대해 예상해 본 뒤 행동에 옮겼다. 전체 평가 프로세스는 일선 관리팀(line management) 팀이 인사팀의 도움을 받아 다시 작성했고, 결과적으로 훨씬 능률적이고 적절한 프로세스가 만들어졌다.

---

5 (옮긴이) Wang Labaratories: http://en.wikipedia.org/wiki/Wang_Laboratories

장애물 예 6

스크럼 마스터는 팀원들이 일일 스크럼 회의 시간에 잔돈을 세는 걸 자주 보았다. 이유인 즉, 커피를 살 잔돈이 충분한지 확인하는 것이라고 했다. 그들은 제품의 기능 향상을 위해 야근을 할 때, 졸음을 쫓아내려고 커피를 마시고 싶어했다. 그러나 그 층에 커피 자판기라고는 하나밖에 없었고, 그나마도 정확하게 잔돈으로 85센트가 필요했다. 어떨 때는 잔돈을 꾸러 거의 필사적으로 경비원을 찾아 다닌 적도 있었다.

스크럼 마스터는 커피를 공짜로 제공하지 않는 회사는 다녀본 적이 없었고, 그래서 이런 생각지도 않은 점을 놓친 실수에 대해 당혹감을 느꼈다. 스크럼 마스터는 이 따위 아무 생각도 없는, 마치 슬램덩크 마냥 깜짝 놀래키기만 할 뿐 큰 효과는 보기 힘든 이번 문제를 당장 해결해야겠다고 생각했다.[6] 스크럼 마스터가 시설 관리부장을 찾아가 팀원들에게 커피를 제공해 줄 수 없겠냐고 물어봤을 때, 그녀가 뭐라고 했을 거 같은가? 그녀는 회사가 예전에는 커피를 제공했지만, 모두가 그것에 대해 불평을 늘어놓았고, 그런 불평들에 질린 나머지 더 이상 공짜 커피를 제공하지 않는다고 했다. 스크럼 마스터는 어이없어하며, 팀이 늦게까지 졸지 않고 급한 코드를 작성하기 위해 카페인이 필요하다고 얘기한다면 회사는 최소한 공짜로 카페인을 제공해야 한다고 항의했다. 시설 관리부장은 '우리 회사는 직원을 가족같이 대하는 회사라, 엔지니어들이 약에 취해서 가족과 멀어지게 만들고 싶지 않다'고 항변했다. 그러고는 울컥해서는 상급 관리자를 찾아가 스크럼이 회사의 가치를 깎아 내리고 있다고 보고했다.

---

6 (옮긴이) 농구에서 슬램덩크는 겉보기에 멋지긴 하지만 실패할 확률도 있을 뿐더러, 무엇보다 멋진 슛 동작에 비해 점수는 일반 슛과 같이 2점밖에 되지 않는다.

휴, 이게 커피 하나를 얻기 위해 벌어진 투쟁이다. 마침내 공짜 커피가 회사에 돌아왔지만, 이 일은 커피를 마시기 위해 걸어갈 때마다 생각나는 에피소드이다.

스크럼과 사명

어떤 조직이든 기업 사명(Mission Statement)을 가지고 있다. 예를 들어, 의료 정보 시스템 제공 회사는 다음과 같은 사명을 가지고 있다.

'XX시스템은 IT 기술을 이용해 환자 서비스를 개선하고, 의료 결과를 향상시키고, 비용을 절감해 건강 관리의 가치를 극대화할 수 있게 합니다.'

회사가 하는 모든 일은 이런 사명을 뒷받침하거나 설명하는 것이어야 한다. 그렇지 않을 경우에는, 예외 사항을 해결하기 위해 사명을 개정해야 한다. 조직의 사명을 방해하는 것이라면, 그것이 어떠한 조직의 가치라고 하더라도 언급되어야 한다. 예를 들어, 아까 보았던 끔찍한 커피 사건과 같은 경우, 조직의 사명은 다음과 같이 바뀌어야 한다.

'XX시스템은 IT 기술을 이용해 환자 서비스를 개선하고, 의료 결과를 향상시키고, 비용을 절감해 건강관리의 가치를 극대화할 수 있게 합니다. 단, 직원들이 커피를 원하지 않는다면 말입니다.'

스크럼의 가치

스크럼은 근본적인 가치들의 집합에 기초한다.
이 가치들은 스크럼 실천법의 기반이 된다.

앞서 나는 스크럼에 대해 설명하면서 동시에 스크럼을 쓰는 사람들이 보여주는 헌신, 집중, 개방성, 존중, 용기와 같은 가치들에 대해서도 같이 언급했었다. 이런 가치들은 사람들이 스크럼에 참여할 때 나타난다. 스크럼 팀은 팀원들을 솔선수범하게 하고 복잡한 요구사항과 기술적 문제에 대해 씨름하게 만든다. 이를 위해 팀은 자신을 믿는 법을 배워야 한다. 스프린트 기간 동안 누구도 누구에게 뭔가를 명시적으로 하라고 말하지 않는다. 팀이 스스로 자신의 할 일을 찾아야 한다. 막다른 골목에 다다르기도 하고, 타협도 하고, 실패하기도 해야 할 것이다. 하지만 팀과 팀원들은 작업을 하고 역할을 수행하는 과정에서 솔직해야 하고 굳은 의지를 가져야 한다. 이번 장에서는 새로 시작하는 의료 제품 회사인 메디임프(가칭)에서 스크럼의 가치가 어떻게 나타나는지를 보여준다.

메디임프는 의사나 약사들이 의료비용이나 검사실 결과 같은 것을 핸드헬드 컴퓨터를 통해서 확인할 수 있는 혁신적인 제품을 만들고 있었다. 여러 의료 기관들이 이 제품을 성공적으로 사용하고 있었다. 메디임프는 서버를 납품, 관리했는데 서버는 의료 기관의 기존 시스템에 있는 정보를 핸드헬드 컴퓨터 쪽으로 동기화시켜주는 역할을 했다. 즉, 의료 기관이 메디임프와 제품 계약을 하게 되면 메디임프는 서버를 의료기관에 설치하고 관리하는 식이었다. 또한 메디임프는 의료기관의 애플리케이션 서비스 제공자(ASP)이기도 했다.

나는 판매와 제품 개발에 속도가 붙기 시작한 2000년 중반에 메디임프에 투입되었다. 이 회사는 서버의 판로를 넓히는 동시에 전체 제품의 신뢰성, 가용성, 지속성(reliability, availability, sustainability, RAS)을 높이고 싶어했다. 회사는 이일을 위해 시스템 엔지니어 팀을 새로 조직했다. 그들의 임무는 고객에게 충분한 RAS를 제공할 수 있는 ASP 시스템을 구축하는 것이었다. 내 일은 그들에게 어떻게 스크럼을 쓰는지 보여주고 이를 통해 그들이 RAS를 향상시키는 동시에 시스템 개발을 계속할 수 있도록 해주는 것이었다.

자발적 헌신

기꺼이 목표에 헌신하라. 스크럼은 자신의 공약을 지키려고 헌신하는 사람들에게 그들이 필요로 하는 모든 권한을 부여한다.

우리 대부분은 일어나서 '그 일을 제가 하겠어요' 라고 얘기하는 걸 어려워한다. 경험적으로 그렇게 하지 않는 게 최선이라는 것이라고 배워왔기 때문이다. 스크럼의 실천법은 사람들이 공약할 수 있도록 지원하고 권장한다. 예를들어, 팀은 스스로 선택한 작업을 어떻게 할지 결정하는 권한이 있다. 팀이 모든 능력을 발휘하는 데 필요한 절대적인 자치권과 권한을 가질 수 있다는 생각은 대부분의 회사에서는 꿈만 같은 것이다. 대부분의 직원들은 무엇을 해야하는지, 어떻게 해야 하는지에 대해 지시 받는데 익숙해져 있다. 사람들은 처음에는 관리자가 스크럼이 그런 식으로 돌아가도록 허용한다는 사실을 의심하고 믿으려 하지 않는다. 하지만, 일단 권한위임을 맛보고 나면 리더뿐만 아니라 자신에게도 믿음을 갖게 된다.

처음 메디임프에 도착했을 때 시스템 엔지니어 팀은 제품의 신뢰성, 가용성, 지속성(RAS)을 향상시키기 위해 노력하고 있었다. 이 팀은 고객 사이트의 시스템이 뻗을 때마다 복구시키기 위해 고군분투 중이었다. 이 시스템이 멀리 떨어져 있었기 때문에 팀은 사전에 미리 대처할 수 있기를(proactive) 바랐다. 즉, 고객의 호출을 받기 전에 시스템 장애를 미리 발견하는 것이 시스템 엔지니어팀의 목표였다.

팀은 기존 ASP 모델 내에서 RAS를 향상시키고 장기적으로 적절한 솔루션을 결정하기 위해 노력하는 동시에 발생하는 문제들에 대해 그때그때 대응하느라 고생하고 있었다. 팀이 처음 한 일은 듀얼코어 CPU 컴팩 서버로 업그레이드 하는 것이었다. 다음으로는 모니터링, 컨트롤, 백업/복원 솔루션을 공급하는 업체들의 제안들을 검토하는 일이었다. 내가 도착했을 때, 팀은 여러 업체들의 솔루션에 대해 한창 검토하는 중이었다.

나는 스크럼 마스터가 되어 일일 스크럼 회의 제도를 만들었다. 곧 RAS를 충분히 향상시킬 것을 공약하는 데 가장 큰 장애물이 무엇인지를 알게 되었다. '충분히'의 정의가 분명하지 않았다. 서비스 계약에는 메디임프가 제공하는 성능이나 가용성에 대해 따로 적혀있지 않았다. 정해진 목표가 없다보니, 고객이나 관리자들은 '충분히'라는 단어를 '완벽하게'라고 생각하고 있었다. 시스템 엔지니어로서는 충분하다는 게 1주일 24 시간 내내 99% 이상의 안정성을 얘기하는 건지 아니면 고객이 시스템을 사용하는 시간의 90 % 정도만을 뜻하는 것인지 알 수 없었다. 팀이 RAS의 목표를 알 수 없었기 때문에, 어떤 업체의 제안이 적절한지 역시 알 수 없었다. 나는 즉시 이 문제를 윗선에 보고하고, 팀에게는 고객이 근무시간 내에 제품을 사용한다고 할 때, 99.9%의 가용성을 지원할 수 있도록 했다.

제대로 된 ASP 솔루션 개발의 두 번째 문제점은 가격이었다. 몇몇 업체가 제안한 솔루션은 꽤나 비싸서 채택했을 경우 ASP 시스템 가격이 30,000달러 이상이 될 정도였다. 이렇게 다양한 규모의 여러 회사를 상대로 가격 모델을 적용해 본 적이 아무도 없었기 때문에, 어느 정도 가격이 적합한지 알 수 없었다. 50명의 사용자가 있는 의료 회사에 100,000달러 솔루션이 적합한가? 혹은 20,000달러의 솔루션이 더 적합한가? 이전의 가격 모델은 단순히 '최대한 싸게' 였다. 관리 팀은 50,000달러당 '최대' 50명까지 지원하는 방식으로 가격 모델을 수정했다. 팀은 확장성(scalability) 또한 고려해야 했다. RAS 모델은 가격 모델의 비율에 따라 수정되어야 했다. 구매자는 사용자 수가 많을수록 가격 할인이 있을 것이라 기대했기 때문에 RAS 가격 역시 할인되어야 했다.

이제 팀은 요구사항을 알게 되었고 책임을 질 수 있게 되었다. 팀은 시스템의 가용성이 근무 시간의 99%인 ASP 솔루션을 50,000달러 미만의 가격으로 판매할 수 있어야 했다. 팀이 해야 할 일은 이 기준에 맞춰 솔루션을 설계하고, 테스트하고, 구현하는 것이었다. 이제 팀은 어떤 벤더가 이런 조건에 맞추는지에 대해서만 집중할 수 있게 되었다. 많은 솔루션들이 매우 비쌌고 어떤 것들은 부적절한 RAS를 제공했으며 심지어 리눅스(Linux)용 제품이 없는 벤더조차 있었다.

집중

> 할 일을 하라. 모든 노력과 기술은 맡은 일을 해내는 데 다 집중하고,
> 그 외의 것들에 대해서는 걱정하지 마라.

불확실한 요구사항과 불안정한 기술을 이용해서 가치가 있는 제품 중분

(increment)을 만들긴 어렵다. 이 일에는 주의와 집중이 필요하다. 문제를 해결하기 위해서는 사고를 제어해서 하나로 집중해야 한다. 근무시간에는 문제를 해결하는 일에만 온 시간을 다 써야 한다. 일단 집중하게 되면 문제를 해결할 수 있는 방법을 찾아 시도해 보는 일에 모든 시간을 다 쓰게 된다. 시스템과 제품을 구축하는 일에 흠뻑 취한 사람들은 문제점을 고치는 것을 좋아한다. 스크럼은 팀이 문제점을 설정하고 거기에 집중할 수 있는 환경을 제공한다. 하지만 옛날 방식은 쉽게 고쳐지지 않는다. 그리고 대부분의 사람들은 주의산만에 익숙해져 있다. 업무 도중 해야 할 일들은 참 많다. 우리는 다른 부서의 회의나 사내 교육 등에 끌려 다니고 그러는 우리 역시 다른 직원들에게 이메일을 보내거나 평가 따위를 쓰게 만들어 하루를 업무 외 다른 일을 하면서 보내게 한다.

메디임프의 시스템 엔지니어 팀은 무장 감시 하에 놓여 있었다. 이들은 자신들이 개발한 ASP 솔루션의 RAS를 만족시키고 가격 목표를 맞추기로 되어 있었다. 모든 기술적인 문제에는 네 가지 제한 사항 - 비용, 기간, 품질, 기능성 - 이 있는데 RAS는 그 중 '품질' 제한을 의미한다. 사업 팀이 주도하는 구현 일정은 '기간' 제한을 의미한다. '기능성'은 RAS를 만족시킬 때 같이 해결된다. 솔루션 개발 비용 부분은 약간 유연하다고는 하지만, 경험적으로는 '비용'을 늘리기가 쉽지 않다. 2000년 중후반부터 엔지니어를 찾기도 힘들어졌고 몸값 또한 천정부지로 치솟았기 때문이었다. 메디임프의 현재 ASP 모델이 Compaq/Linux에 오라클을 쓴 반면에 구할 수 있는 시스템 엔지니어의 대부분은 Sun/Solaris에 오라클을 사용해왔다. 메디임프는 인텔(Intel)과 리눅스 아키텍처 쪽으로 경험이 있는 엔지니어를 구하려 했지만, 경력자/비경력자, 전임/계약제를 떠나서 아무도 적절한 사람을 구할 수 없었다. 해당 분야의 기술이 있다고 주장하는 사람들을 많은 시간을 들여 인터뷰했지만 대부분은 거짓이었다.

팀은 문제 자체에 대해 집중하지 못했다. 팀은 대부분의 시간을 기존 ASP의 유지보수와 신규 인원 모집에 소모했다. 일일 스크럼 회의 동안 사람들의 두려움을 느낄 수 있었다. '이렇게나 사람 뽑기가 힘든데, 어떻게 약속한 업무를 해낼 수 있을까?' 시스템 엔지니어들은 이런 문제점들을 얘기하면서 Sun/Solaris 솔루션을 쓸 수 없다는 사실을 한탄했다. 이들의 기술 배경이 Sun/Solaris 이었던 것이다. 이들은 Sun/Solaris 기술을 사용할 때 훨씬 더 잘 할 수 있었다. 왜 우리는 Sun/Solaris를 못 쓰는 걸까? 바로 그 순간 팀원들은 뒤통수를 한 대 맞은 듯한 기분이 들었다. 팀은 자신의 공약을 해결하기 위해 필요한 권한을 가지고 있었던 것이다. 즉, 만약 팀이 Sun/Solaris를 써서 적합한 ASP 모델을 만들 수 있다면, 못할 이유가 없지 않은가! 결과적으로 팀은 Sun/Solaris 솔루션으로 옮겨갔다. 이렇게 함으로서 팀은 스스로 가지고 있던 능력과 기술을 사용할 수 있었고 Sun 총판에게 기술 지원을 요청할 수 있었다. 또한 메디임프는 Sun/Solaris 계약직 엔지니어를 구할 수 있었다. 팀은 씨가 말라버린 인력시장 속에서도 품질과 기간 요구사항을 맞추기 위해 필요한 개발 인원을 늘릴 수 있었던 것이다.

이 회사에는 직원들의 집중을 방해하는 것들이 여러 가지 있었다. 이메일이 대표적이었는데, 특히 cc(참조)나 메일링 리스트를 통해서 오는 것들이 그랬다. 매일 아침 출근 때마다 이메일 함에는 읽어야 하는 이메일들로 가득 차 있었다. 하루 중에도 여러 종류의 이메일이 도착했다. 회사 인트라넷은 사람들의 집중을 더욱 방해했다. 그들은 아이 키우기부터 시작해서, 스케이트보드, 컴퓨터 시스템 구축에 이르기까지 모든 것에 대해 끊임없이 논쟁하고 토론할 수 있는 인터넷 게시판을 제공했다. 팀은 이메일을 필터링하는 게 최선이라고 생각했고, 특히나 'cc'로 오는 이메일이 그 대상이었다. 회사의 설립자들이 학계 연구소 출신이어서 그런지, 메일을 통해서 지적인 문답을 주고받는 걸 즐겼다. 그러다보니 팀은 - 회사의 기대에 부흥하기 위해 - 이런 대화에 참여해야 한다는 부담감을 가지고 있었던 것이다. 나는 그들에게 그런 대화에 참여하지 않아도 되는 '권한'을 부여했고 덕분에 이메일의 양이 소화 가능한 정도로 줄어들었다.

같이 일해본 최고의 스크럼 마스터 중 한 명은 언제나 '이게 코드와 무슨 관련이 있나?'라는 말을 달고 다녔다. 그는 일일 스크럼 회의 때마다 어김없이 이 말을 했고, 덕분에 팀은 당장 필요한 태스크에만 집중할 수 있었다. 시간이 지남에 따라 이런 집중은 팀에 깊이 스며들어 팀원들은 산만함을 피할 수 있었다.

개방성

스크럼은 프로젝트에 대한 모든 내용을 투명하게 공개한다.

스크럼은 모든 내용을 공개하여 볼 수 있게 한다. 스크럼이 돌아가기 위해서는 개방성이 필요하고 스크럼 메커니즘은 이런 개방성을 촉진한다. 예를 들어 제품 백로그는 모두가 볼 수 있다. 일일 스크럼 회의는 팀이 현재 어떤 일을 하고 있는지 알게 한다. 매 스프린트의 결과는 스프린트 리뷰 회의를 통해서 공유된다. 또한 작업 동향과 속도는 시간 축에 따른 잔업 추적을 통해서 볼 수 있다. 스크럼은 거짓이 통할 수 있는 가능성을 미리 차단한다. 권한이 부여되지만 책임 관계가 분명하고 모든 것이 투명하게 관리된다.

스크럼 팀이 스프린트를 진행하는 도중에 관리자가 와서는 몇몇 팀원들에게 IBM 솔루션에 대해 조사해 보고 구매할 것을 지시했다. 나는 일일 스크럼 회의에서 누군가가 "IBM과의 회의 때문에 Sun 호환 스토리지 솔루션을 알아보기 위해 EMC와 잡아 놓은 회의에 참석할 수가 없네요."라고 얘기해 준 덕분에 이런 장애가 발생했다는 사실을 바로 알 수 있었다. 나는 그들에게 IBM

과의 회의에 나가지 말라고 지시했다. 팀은 스프린트 목표를 달성하기 위해 필요한 권한을 가지고 있다는 사실을 배웠다. 어떻게 스프린트 목표를 달성해야 하는지는 팀이 스스로 결정할 문제다.

스크럼은 외부 간섭을 막기 위해 스프린트 진행 도중에는 어느 누구도 작업을 추가하지 못하게 한다. 메디임프 팀의 스프린트가 일단 시작되고 ASP 모델이 정의된 제한 조건 내에서 문제점이 다 해결되는 상태라면, 누구도 ASP 모델 자체를 변경해서 팀의 백로그에 업무를 추가할 수 없다. 중간에 요구사항이나 기반 기술 자체가 달라지는 것 같은 식의 간섭은 많은 대안을 한 번에 다 확인해 봐야 하는 개발 초기 정도에나 필요한 것일 수 있다. 팀이 스프린트 공약을 지키지 못한다면 제품은 출시되지 못할 것이다. 팀은 모든 선택에 대해 이거 한번 해보고 다른 것도 해 보고 하는 식으로 시간을 낭비하게 될 것이고 막상 어느 것 하나 제대로 제품화하지 못할 것이다.

제품을 하나도 만들어 내지 못하면서 여러 대안들을 쫓아다니거나 사람을 웃기는 것보다는 뭔가를 만들어내는 편이 훨씬 낫다.

IBM과의 파트너라는 대안은 매우 매력적이었지만(그리고 결과적으로는 선택되었지만) 그 당시 팀은 Sun/Solaris 솔루션을 만들어 내기 위해 스프린트를 진행 중이었다. IBM 관련 작업은 스프린트 백로그에 없었기 때문에 나는 스크럼 마스터로서 경영진에 스프린트를 중지해야 할지를 물어보았다. 만약 경영진이 스프린트 중지를 선택할 경우, 우리는 IBM 관련 작업을 추가한 새로운 스프린트를 구성할 수 있었다. 하지만 이럴 경우 팀은 RAS 향상을 위한 작업에 집중하기가 십중팔구 어려웠을 것이다. 경영진은 IBM 측에 자체적으로 작업을 진행하도록 요청할 것에 동의했고 팀에게는 계속 스프린트를 진행하라고 지시했다.

존중

경영진이 처음 팀을 만들 때는 가능한 최고의 팀원들로 구성한다. 그런 후, 스크럼은 이런 사람들이 하나의 팀으로 협업할 수 있는 환경을 제공한다. 개개인은 각자의 장단점이 있는데, 이런 장단점은 각자의 고유한 경력에서 비롯되었으며 거쳐 온 교육과정이나 근무를 통해 습득한 기술로 발전되어온 것이다. 이런 다양한 개개인을 묶어 하나의 팀으로 만들 때 팀은 강점을 얻게 된다. 그러나 팀을 이루다 보면 선입관, 다툼, 사소한 언쟁 같은 인간관계에서 나타날 수 있는 여러 부작용들도 나타나게 된다. 이런 모든 것과 함께 오늘날의 소프트웨어 산업의 어려운 기술들과 계속 바뀌는 요구사항이 한데 모여 있다 보니 문제는 당연한 듯이 발생하게 된다.

데이브는 메디임프 기술팀에 오라클 시스템 관리자로 들어갔다. 팀은 스프린트 목표에 집중하고 있었다. 데이브는 Sun/Solaris의 오라클이 예전 직장에서 쓰던 IBM의 그것과 비슷할 거라고 생각했다. 불행히도 데이브는 IBM 때 배웠던 기술이 Sun/Solaris에서는 통하지 않는 걸 알게 되었다. 데이브는 RAID 5를 이용한 무정지(fault-tolerant) EMC I/O 서브시스템에서 작업해 본 적이 한 번도 없었다. 데이브는 DB 관리자 작업을 처리하기 위해 고생했지만 점점 뒤처지는 느낌을 받았다.

다른 시스템 기술자들 역시 데이브가 팀의 능률을 떨어뜨리고 있다고 생각하게 되었다. 데이브의 작업을 도와주다보니 그들 자신의 작업을 진척시킬 수 없었다. 작업에 문제가 생기자 데이브를 비난하기 시작했다. 데이브 역시 그걸 알게 되었고 그를 부적합하다고 생각하는 사람들과 부딪히기 싫어 점점 늦게 출근하기 시작했다. 데이브는 주어진 시간 동안 그의 능력으로는 해결할 수 없는 요구사항들과 기술들에 직면해 있었다. 팀원들은 팀이 목표를 달성하지 못할 수도 있다는 점을 달가워하지 않았고, 데이브가 쉽게 희생양이 될 수 있다는 것 또한 알고 있었다. 모두들 이런 상황을 한두 번은 겪어 본 경험이 있을 것이다. 어떤 조치를 취하지 않는다면 결국은 데이브가 그만두게 될 상황이었다.

사람들은 자기 조직화된 팀에서 일하는 게 익숙하지 않다. '자기 조직적'이란, 팀이 스프린트 목표 달성을 위해 스스로 조정하고 적응하는 걸 의미한다. 비록 경영진이 팀원을 선택했지만, 스크럼은 누가 무엇을 할지에 대한 실제적인 결정을 팀이 하도록 한다. 팀의 자기 조직화는 스프린트 초기뿐만 아니라 작업이 진행되는 동안 스프린트 기간 내내 계속된다. 팀은 전체로서 스프린트 목표를 약속하기 때문에 팀 전체가 다 같이 빠져 죽던가, 헤엄쳐 나가던가 둘 중 하나만 할 수 있다. 팀 전체가 영웅이 될 수는 있어도 한 개인이 영웅이 될 순 없다. 어떤 팀원이 능력이 부족하다면, 다른 팀원들이 벌충해줘야 한다. 팀원이 자신의 단점에도 불구하고 최고의 능력을 발휘할 수 있도록 도와주는 것에 있어서 집단 압력(group pressure)과 팀 환경 만한 게 없다.

팀이 Sun/Solaris 솔루션을 사용하고 있었으므로 데이브는 그가 할 수 있는 최선을 다했다. 하지만 그는 자신의 기술이 Sun/Solaris 플랫폼으로 옮겨가기에는 아직 부족하다는 것을 알고는 의기소침해졌다. 팀은 좋은 데이터베이스 관리자가 필요했다.

스크럼은 경험 지향적이다. 팀은 언제든지 목표를 달성하기 위해 기능을 줄이거나 비용을 늘릴 수(예산이 허락한다면) 있다. 데이브의 업무는 달성되지 못했다. 우리는 무엇을 할 수 있었을까? 데이브는 한 번도 스크럼을 경험해 보지 못했고, 공약(commitments)을 지키기 위해 무언가를 할 수 있는 권한이 있다는 것도 알지 못했다. 나는 데이브에게 "공약을 지키기 위해 해 볼만한 게 있을까요?"라고 질문을 던졌다. 데이브는 전체 팀원들과 함께 자신의 문제에 대해 브레인스토밍을 한 후, 자신에게 주어진 권한을 사용해 오라클 데이터베이스 컨설턴트를 데려와 자신을 교육시켜 달라고 했다. 다행히도, 그는 Sun 총판으로부터 원하는 컨설턴트를 금방 구할 수 있었다. 이번 일에서 팀은 '할 수 없는 일에 집중하지 마라', '대신 공약을 지키기 위해 무엇을 할 수 있을지를 브레인스토밍하라' 라는 것을 알게 되었다. 이들 개개인은 한 팀으로서 약속했고 따라서 한 팀으로서 일해야 했다. 여기에는 팀의 실패만 있을 뿐 개인의 실패란 있을 수 없기 때문이다.

우선 먼저 자신이 스스로 최선을 다하고, 다른 사람들도 최선을 다하고 있다는 사실을 잊지 않으며, 언제든지 팀원을 도와주는 것이 중요하다. 여러 번의 스프린트를 통해서 팀은 각자의 장단점과 그걸 받아들이는 법과 어떻게 그것들을 조화시키며 보충할지에 대해 배우게 된다.

용기

헌신적으로 행동하고 열린 마음가짐과 용기를 갖고 다른 사람들이 존중해 줄 것이라 믿어라!

몇몇 소수의 사람만이 스크럼의 가치가 지켜지는 작업환경에서 일해 본 경험이 있을 것이다. 권한위임(empowerment)이라는 단어가 새로 유행하고 있지만 대부분의 조직은 아직도 상하 구조의 권위주의에 빠져 있다. 팀이 다른 방식으로 움직이기 위해서는 '용기'가 필요하다. 여기에서는 두 종류의 용기를 얘기하고 있다. 하나는 스크럼의 가치를 지원할 환경을 찾아내고자 하는 용기이고, 다른 하나는 비록 좀 시끄럽더라도 자신의 판단을 신뢰하고 관철시키려는 용기이다.

스크럼에 있어서 용기는 눈에 보이거나 손으로 잡을 수 있는 것이 아니다.

또한 이것은 비현실적인 영웅의 이야기도 아니다. 오히려 할 수 있는 최선을 다하기 위해 배짱과 결단이 필요한 것이다. 이는 포기하는 대신 어떻게 공약을 지킬지를 고심하는 고집이다. 이런 식의 용기는 영광스럽다기보다는 억척스러운 것에 가깝다. 데이브는 도움이 필요하다는 사실을 기꺼이 다른 사람들에게 알리고 다른 팀원들에게 어떻게 하면 좋을지를 물어볼 수 있는 용기가 있었다. 이러한 용기는 데이브가 자신의 필요에 따라 어떤 것을 할 수 있는 권한이 있다는 것을 알게 되었을 때 더 커질 수 있었다. 나는 데이브가 몇 주 동안 망설인 것을 알고 있었다. 그는 때때로 '충분히 잘하지 못한다'는 점 때문에 자신에 대해 분노하고 비난하기도 했다. 나는 그가 한 발 물러나서 책임을 다하기 위해 자신의 권한을 사용하도록 도와주었다. 데이브는 자신의 문제에 대한 해결책을 찾기 위해 자기 자신의 상상력과 지혜를 믿는 법을 알게 되었다. 자신의 일을 어떻게 할지를 결정할 수 있는 유일한 사람은 자신밖에 없다는 것을 배운 것이다.

스크럼이 모두에게 꼭 맞는 건 아니다. 하지만 복잡함과 계속 변경되는 요구사항, 불안정한 기술 사이에서 돌아가는 시스템과 씨름해야 하는 사람들에게는 스크럼이 가장 적합하다.

[Agile]　　　　Fowler, M. and J. Highsmith, The Agile Manifesto, Software Development, 9(8): 28-32, 2001.

[Crosby]　　　　Crosby P., Quality is Free: The Art of Making Quality Certain, Mentor Books, 1992.

[DeGrace]　　　DeGrace P. and Stahl L. H., Wicked Problems, Righteous Solutions: A Catalogue of Modern Software Engineering Paradigms, Englewood Cliffs, N.J., Yourdon Press, 1990.

[Dennett]　　　Dennett, D. C., Darwin's Dangerous Idea: Evolution and the Meanings of Life, New York, Simon & Schuster, 1995.

[Fowler]　　　Fowler, M.,Is Design Dead?, Software Development 9(4), 2001.

[Goldratt]　　Goldratt E., The Goal: A Process of Ongoing Improvement, North River Press Inc., Great Barrington, MA, 1992.

[Harris97]　　Harris M., Culture, People and Nature, Addison Wesley Longman, New York, 1997.

[Holland95]   Holland J., Hidden Order: How Adaptation Builds Complexity, Addison and Wesley, Reading, MA, 1995.

[Holland98]   Holland J., Emergence: From Chaos To Order, Addison and Wesley, Reading, MA, 1998.

[Kauffman93]   Kauffman S., The Origins of Order: Self-Organization and Selection in Evolution, Oxford University Press, Oxford, 1993.

[Kuhn]   Kuhn T., The Structure of Scientific Revolutions, The University of Chicago Press, Chicago 1970.

[Levy]   Levy, S., Artificial life: The Quest For A New Creation, New York, Pantheon Books, 1992.

[McConnell]   McConnell S., Rapid Development, Microsoft Press, 1996.

[Miller]   Miller G., The Magical Number Seven, Plus or Minus Two, Psychology Review, 1956.

[Peitgen]   Peitgen, Jurgens, and Saupe, Chaos and Fractals, New Frontiers of Science, Springer Verlag, 1992.

[ScrumPattern]   Beedle M., Devos M., Sharon Y., Schwaber K., Sutherland J., Scrum: A Pattern Language for Hyperproductive Software Development, Pattern Languages of Program Design, Harrison N., Foote B., Rohnert H. (editors), Addison-Wesley, 4: 637-651, 1999.

[Senge]   Senge P. M.,The Fifth Discipline: The Art and Practice Of The LearningOrganization, New York, Double day/Currency, 1990.

[Takeuchi and Nonaka]   Takeuchi H. and Nonaka I., The New New Product Development Game, Harvard Business Review (January 1986), pp. 137-146, 1986.

[Takeuchi and Nonaka]   Nonaka I., Takeuchi H.,The Knowledge Creating Company: How Japanese Companies Create the Dynamics of Innovation, Oxford University Press, Oxford 1995.

[Tunde]   Ogunnaike Babatunde A. and Harmon Ray W., Process Dynamics, Modelingand Control, Oxford University Press, 1994.

[Wegner]   Wegner, P.,Why Interaction Is More Powerful Than Algorithms, Communications of the ACM 40(5): 80-91, 1997.

[Weinberg]   Weinberg, G., Quality Software Management (all volumes 1-4), Dorset House, 1992-1997.

경험주의적인 프로세스 제어　129, 137, 146
경협주의적인 접근법　1
공용 자원팀　184
　　큰 프로젝트　188
공정 제어 이론
　　경험주의적인 접근　1
　　전문가　37

릴리스
　　릴리스 진척도　110
릴리스 백로그　111

마이크 비들　29
명시적 소프트웨어 개발 프로세스
　　부정확　146
명시적인 프로세스 제어 모델　136
문화 바꾸기, 173

반복 가능하게 정의된　156
백로그
　　릴리즈 백로그　111
　　백로그 그래프　124
　　백로그 기울기　120
　　스프린트 백로그　111
　　제품 백로그　112
백로그 그래프　108
복잡계 과학　165

복잡계 이론　130
복잡한 프로세스　137

사례 연구
　　아웃 소싱 회사　198
　　연금 보험 회사　192
　　인디비주얼 사　4, 151
소프트웨어
　　신제품 개발　156
　　지식 생성　162
소프트웨어 개발의 위기　162
소프트웨어 프로젝트
　　실패　3
스크럼
　　가치　217
　　기업 사명　216
　　몰입(flow)　176
　　문화　172
　　바꾸다　154
　　신규 프로젝트　92
　　실천법　49
　　여러 프로젝트에서 사용되는　179
　　자연 선택　171
　　재사용　181
　　조직 혁신　205
　　조직　169
　　지식 변환　163

진행중인 프로젝트 94
창발성 167
큰 프로젝트 188
피드백 주기 175
스크럼 룸 65
스크럼 마스터
변화를 이끌어 내는 208
정의 49
스크럼 방법론
정의 2
스크럼 팀
정의 57
스크럼의 가치
개방성 223
용기 227
자발적 헌신 218
존중 225
집중 220
스프린트
관리 112
스프린트 성향 116
스프린트 진척도 110
정의 80
스프린트 검토
정의 86
스프린트 계획 회의
정의 75
스프린트 백로그 110
시스템 개발 프로젝트
잡음 132

애자일 모델링 95
업무 능력 성숙도 모델 156
엑스브리드 30
요구사항
계속 추가되는 136
익스트림 프로그래밍 3
인덱스
일일 스크럼
세 가지 질문 69

장애물 제거 212
정의 64

자기 조직적인 프로젝트 팀 157
자기 조직화 체계(self-organizing systems) 165
특징 166
자연 선택 171
작업
작업 백로그 110
작업 패턴 116
재사용성 182
큰 프로젝트 188
제품
제품 진척도 110
제품 백로그 113
정의 52
제프 서덜랜드 16
지식 나선 164
지연 103
직접적인 관찰 108

창발성 167

켄 슈와버 26

팀
자율적으로 3

패러다임 전환 161
패턴
작업 패턴 116
퍼트 차트 142
프로세스
반복 가능하게 정의된 156
프로젝트 계획
그래프 102
프로젝트 팀
자기 조직적인 157